Magnetische Ausgleichsvorgänge in elektrischen Maschinen

Von

J. Biermanns

Vorsteher des Hochspannungslaboratoriums der AEG

Mit 123 Textfiguren

Springer-Verlag Berlin Heidelberg GmbH
1919

Ursprünglich erschienen bei Julius Springer in Berlin 1919
Softcover reprint of the hardcover 1st edition 1919

ISBN 978-3-662-42125-3 ISBN 978-3-662-42392-9 (eBook)
DOI 10.1007/978-3-662-42392-9

Vorwort.

Die sogenannten Ausgleichsvorgänge, die in elektrischen Maschinen bei plötzlichen Änderungen des jeweiligen Betriebszustandes auftreten und die ihre Entstehung ausnahmslos der in der betreffenden Maschine aufgespeicherten magnetischen Energie verdanken, haben meines Erachtens in der elektrotechnischen Praxis immer noch nicht diejenige Würdigung gefunden, die ihnen ihrer großen Bedeutung nach zukommt. Wohl sind in den letzten Jahren eine Reihe wesentlicher Arbeiten[1]) erschienen, die das Gebiet ziemlich erschöpfend behandeln und die einschlägigen Untersuchungen zu einem gewissen Abschluß gebracht haben, ich kann mich aber doch des Eindrucks nicht erwehren, daß die Ausgleichsvorgänge bisher nur ein Studium für Wenige geblieben sind.

Die Gründe hierfür mögen verschiedenen Ursprungs sein. Der in der Praxis stehende Ingenieur ist gewohnt, seine Überlegungen mit Hilfe des so überaus einfachen Vektordiagrammes anzustellen, das aber bei der Behandlung unstationärer Vorgänge in den meisten Fällen versagt. Zwar hat Dreyfus[1]) die Vektormethode etwas erweitert und dadurch ihre Anwendung auf eine gewisse Gattung von Ausgleichsvorgängen ermöglicht, hat damit aber bisher in der Praxis, wie er selbst eingestehen muß, nicht viel Gegenliebe gefunden. Das Vektordiagramm scheint mir im vorliegenden Falle doch nicht mehr einfach genug auszufallen und seine allgemeine Anwendbarkeit nicht genügend gesichert, als daß ich ein Abgehen von der bisher bewährten Behandlung unstationärer Vorgänge mit Hilfe der Differentialgleichungen empfehlen möchte. Das Studium der Ausgleichsvorgänge, die ich hier im Auge habe, erfordert ja nur die Kenntnis einiger weniger Differentialgleichungen, die sich zudem in einfachster Weise lösen lassen und vor allem auf elementare, jedem Ingenieur wohlvertraute Funktionen, nämlich auf Exponential- und trigonometrische Funktionen führen. Hat der Ingenieur sich erst etwas mathematisches Denkvermögen angeeignet, so kann meines Erachtens das Studium der Ausgleichsvorgänge mit Hilfe einfachster mathematischer Hilfsmittel keine wesentlich

---

[1]) Siehe Quellenverzeichnis.

größeren Schwierigkeiten bereiten als die Behandlung stationärer Vorgänge mit Hilfe des Vektordiagrammes.

Das vorliegende Buch ist aus der Praxis heraus entstanden und wendet sich an die Praxis. Demgemäß habe ich in einigen Fällen die Strenge der mathematischen Behandlung zugunsten größerer Klarheit und Übersichtlichkeit etwas zurücktreten lassen und mich mit gewissen Näherungslösungen begnügt, doch erreicht der dadurch bedingte Fehler, wie ein in einem Falle durchgeführter Vergleich mit der strengen Lösung beweist, niemals Werte, mit welchen der in der Praxis stehende Ingenieur noch zu rechnen gewohnt wäre. Ich habe mich stets bemüht, überall den physikalischen Kern herauszuschälen und habe, um das Verständnis zu erleichtern, weitestgehenden Gebrauch von der zeichnerischen Darstellung gemacht. Ferner habe ich zahlreiche Oszillogramme eingefügt und so dem Leser ermöglicht, sich jederzeit selbständig ein Urteil über die Leistungsfähigkeit der Theorie zu bilden. Daß die ins Zeichnerische übersetzte Lösung der Differentialgleichungen uns das Ergebnis direkt in einer Form darbietet, in der wir es im Oszillogramm zu sehen gewohnt sind, erscheint mir gerade als ein besonderer Vorzug.

Ich hoffe, dadurch das Studium der Ausgleichsvorgänge auch denjenigen Fachgenossen mundgerecht gemacht zu haben, welche der trockenen Theorie keinen besonderen Geschmack abgewinnen können. Nichts Neues sollte die vorliegende Arbeit bringen — sie lehnt sich in ihrer Darstellungsweise eng an verschiedene bekannte Veröffentlichungen an — sondern lediglich mit dazu beitragen helfen, die Kenntnis der sogenannten Ausgleichsvorgänge zum Allgemeingut der in der Praxis stehenden Ingenieure zu machen.

Berlin-Pankow, im Mai 1919.

J. Biermanns.

Inhaltsverzeichnis.

I. Allgemeines.

Als der Elektromaschinenbau die ersten Anfänge überwunden hatte und seine nun folgende beispiellose Entwicklung einsetzte, die zu immer gewaltiger gesteigerten Maschinenleistungen und gleichzeitig besserer Materialausnutzung führte, sah sich der Elektrotechniker bald vor Erscheinungen gestellt, die ihm bisher fremd waren und welchen er, obwohl sie gelegentlich verheerende Wirkungen zeitigten, zunächst hilflos gegenüberstand. Es ist merkwürdig, daß, obwohl die Theorie, soweit es sich um betriebsmäßige und stationäre Vorgänge handelte, bald auf eine sichere Grundlage gestellt und den Bedürfnissen der Praxis angepaßt wurde, das Wesen der Ausgleichsvorgänge lange in Dunkel gehüllt blieb. Erst die letzten Jahre haben hier, dank der intensiven Arbeit einer Reihe von Fachgenossen, Wandel geschaffen, und man kann wohl sagen, daß heute eine ziemliche Klärung eingetreten ist.

Wir sprachen im vorhergehenden von Ausgleichsvorgängen. Wir verstehen darunter solche nichtstationären Vorgänge, die bei der plötzlichen Störung des jeweiligen Gleichgewichtszustandes einer elektrischen Maschine ausgelöst werden und die zu dem neuen, den veränderten äußeren Bedingungen entsprechenden Zustande hinüberleiten. Dabei wird es sich in den meisten Fällen nicht um rein elektrische Vorgänge handeln. Denn in der Regel bedingen die Schwankungen der elektrischen Größen — Spannung, Strom, Feld — auch Pulsationen der mechanischen Größen — Drehmoment, Drehzahl — und eine strenge mathematische Behandlung ist gezwungen, diese sämtlichen Faktoren in ihrer gegenseitigen Abhängigkeit in den Kreis ihrer Betrachtungen einzubeziehen. Um aber den hierdurch bedingten mathematischen Schwierigkeiten aus dem Wege zu gehen, können wir die Zahl der Ausgleichserscheinungen in zwei Klassen einteilen, in solche, bei welchen die mechanischen Pendelungen der Maschine die Hauptrolle spielen, z. B. das Pendeln parallellaufender Synchronmaschinen und in solche, bei welchen die Änderung der mechanischen Größen nur nebenbei auftritt ohne für das Wesen des Ausgleichsvorganges selbst charakteristisch zu sein. Hierzu ein Beispiel.

Ein Synchronmotor, der an ein Netz angeschlossen sei, werde plötzlich kurzgeschlossen. Vor dem Kurzschluß waren in ihm ein gewisser mechanischer und ein gewisser magnetischer Energiebetrag aufgespeichert, die beide während des ungestörten Gleichgewichtszustandes zeitlich konstant blieben; der Motor nahm lediglich elektrische Energie aus dem Netz auf, die er, nach Abzug der Verluste, in Form mechanischer Energie an seine Welle weitergab. Nach eingetretenem Kurzschluß hört die Energiezufuhr aus dem Netz, da die Klemmspannung des Motors Null wird, auf, und der Motor bleibt sich selbst überlassen. Die Erfahrung lehrt nun, daß der Motor sich in wenigen Sekunden unter bedeutenden Stromstößen bis auf einen geringen, den Streufeldern und den Ohmschen Spannungsabfällen im stationären Kurzschluß entsprechenden Betrag entmagnetisiert und nach Erreichung des neuen Gleichgewichtszustandes, wenn wir von den stationären Verlusten absehen, mit einer um ein Geringes verminderten Drehzahl weiterläuft. Fast die gesamte, im Motor aufgespeicherte magnetische Energie wurde also im Momente des Kurzschlusses in Freiheit gesetzt und in ganz kurzer Zeit in den Ohmschen Widerständen der Wicklung vernichtet, ja, in diesen Vernichtungsprozeß wurde sogar ein Teil der im Motor aufgespeicherten lebendigen Energie mit hineingezogen. Man wird nun nicht etwa behaupten wollen, daß das geringe Abfallen der Drehzahl besonders charakteristisch für den Verlauf des eben geschilderten Vorganges wäre, im Gegenteil, derselbe hätte sich sicherlich genau so abgespielt, wenn wir uns den Motor mit einem Schwungrad von so großem Trägheitsmoment gekuppelt gedacht hätten, daß die dem Motor entzogene lebendige Energie keine Änderung der Winkelgeschwindigkeit des Systems hätte hervorbringen können.

Mit dieser zweiten Klasse der Ausgleichserscheinungen wollen wir uns im folgenden allein beschäftigen. Dabei können wir uns, außer durch Vernachlässigung des Einflusses der mechanischen Größen, unser Problem noch weiterhin vereinfachen. In jeder Maschine werden neben den magnetischen Feldern auch elektrische Felder auftreten und diese besitzen ebenfalls die Fähigkeit, Energie aufzuspeichern. Nun ist aber die in diesen Feldern aufgespeicherte Energie im Vergleich zur magnetischen Energie hier so geringfügig, daß wir den Einfluß der Kapazität der Wicklungen ohne weiteres vernachlässigen können. Wir scheiden dadurch eine Reihe von Erscheinungen aus, die sich den uns allein interessierenden überlagern ohne sie zu stören und die mehr in das Gebiet der Überspannungen gehören.

Bei den von uns zu betrachtenden Erscheinungen dient somit als Energiequelle lediglich die in dem betreffenden System aufgespeicherte magnetische und mechanische Energie, und das Charakteristische der Vorgänge besteht in einem Freiwerden der magnetischen Energie, beispielsweise unter kurzschlußähnlichen Erscheinungen. Es kann sich aber auch um den umgekehrten Fall handeln, nämlich um den Aufbau eines magnetischen Feldes z. B. infolge eines Einschaltvorganges, und die Feldenergie muß in diesem Falle von außen in Form elektrischer Energie zugeführt werden. Beide Fälle sind jedoch eng verwandt, sie gehorchen genau denselben mathematischen Gesetzen, und nur das Studium der besonderen Form, in welcher sich der eine oder andere Vorgang abspielt, wird im folgenden unsere Aufgabe sein.

II. Der einfach verkettete magnetische Fluß.

1. Die Energie des magnetischen Feldes.

Wenn ein magnetisches Feld einmal erregt ist, so bedarf es keiner äußeren Energiezufuhr, um erhalten zu bleiben; ebensowenig gibt es fortwährend Energie nach außen ab. Aber es repräsentiert einen ganz bestimmten, in ihm aufgespeicherten Energiebetrag, der bei seiner Entstehung aufgewendet werden mußte. Umgekehrt muß dieser Energievorrat wieder frei werden, wenn das Feld verschwindet.

Man kann sich diese Verhältnisse sehr bequem an einem Stahlmagneten veranschaulichen. Wir denken uns einen hufeisenförmigen Stahlmagneten. Im Ruhezustande findet in demselben keinerlei Energieumsetzung statt. Daß er jedoch befähigt ist, Arbeit zu leisten, bemerken wir, wenn wir seinen Polen ein Stück weiches Eisen nähern. Indem der Magnet dieses mit einer gewissen Kraft anzieht, leistet er mechanische Arbeit, gleichzeitig verschwindet das in der Umgebung des Magneten vorhanden gewesene Feld, indem das Eisen sämtliche Kraftlinien ansaugt[1]). Die potentielle Energie des vom Magneten ausgesandten Feldes hat sich somit in mechanische Arbeit umgesetzt. Entfernen wir umgekehrt das Eisenstück wieder, so müssen wir dem System mechanische Arbeit zuführen, die zum Wiederaufbau des magnetischen Feldes dient.

Uns interessiert nun vor allem die Größe des in einem magnetischen Felde aufgespeicherten Energiebetrages, denn die im magnetischen Felde aufgespeicherte Energie ist es, deren Freiwerden die in den folgenden Abschnitten erörterten Ausgleichsvorgänge ermöglicht.

[1]) Man darf sich nicht zu dem Trugschluß verleiten lassen, als wäre nun die ganze magnetische Energie vom Eisen aufgesaugt worden. Die magnetische Energiedichte dringt, wie wir wissen, nur in sehr geringem Maße in Eisen ein.

Wir betrachten ein beliebig gestaltetes magnetisches Feld. Die Feldstärke in irgend einem Punkte sei $\mathfrak{H}$[1]), die Permeabilität μ. Die magnetische Induktion in diesem Punkte ist dann

$$\mathfrak{B} = \mu \cdot \mathfrak{H},$$

und die sogen. magnetische Verschiebung:

$$\mathfrak{F} = \frac{\mu}{4 \cdot \pi} \cdot \mathfrak{H}.$$

Das vom magnetischen Felde erfüllte Medium befindet sich in einem Spannungszustande, der bei der Erzeugung des Feldes überwunden werden mußte; es wird folglich bei einer Verschiebung von der Feldstärke $\mathfrak{H}$ Arbeit geleistet. Die bei einer unendlich kleinen Verschiebung $d\mathfrak{F}$ geleistete Arbeit ist dann pro Volumeinheit:

$$dA = \mathfrak{H} \cdot d\mathfrak{F} = \frac{\mu}{4 \cdot \pi} \cdot \mathfrak{H} \cdot d\mathfrak{H}\ ^{2)}.$$

Für eine endliche Verschiebung folgt hieraus der Wert:

$$A = \frac{\mu}{4 \cdot \pi} \cdot \int_0^{\mathfrak{H}} \mathfrak{H} \cdot d\mathfrak{H} = \frac{\mu}{8 \cdot \pi} \cdot \mathfrak{H}^2.$$

Diese Arbeit bleibt als potentielle Energie im Felde je Volumeinheit aufgespeichert; man erhält also für die im ganzen Felde vorhandene Energie:

$$W = \frac{1}{8 \cdot \pi} \cdot \int \mu \cdot \mathfrak{H}^2 \cdot dv. \qquad 1)$$

Wir wollen den so gewonnenen Ausdruck für die aufgespeicherte magnetische Energie auf den durch die Fig. 1 dargestellten elektromagnetischen Kreis anwenden.

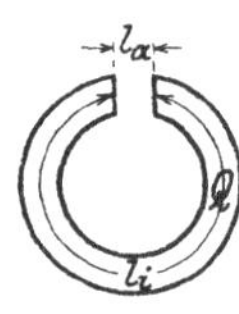

Fig. 1. Magnetischer Kreis.

Ein ringförmig gebogener Eisenkern von der Länge l_i und dem Querschnitt Q werde von $N \cdot i$ Amperewindungen umschlungen. Zwischen den Enden des Ringes befinde sich ein Luftspalt von der Länge l_a. Wir sehen von der Streuung an den Schlitzrändern ab, ferner von den Sättigungserscheinungen, so daß es uns gestattet ist, die Gl. 1) auch auf den Eisenkreis anzuwenden. Für den wirklichen Kreis werden unsere Entwicklungen somit nur näherungsweise gelten. Die Indexe a und i sollen sich auf den Luftspalt bzw. auf das Innere des Eisenkerns beziehen. Gl. 1) geht dann über in:

---

[1]) Deutsche Buchstaben bedeuten, wie üblich, Vektoren.

[2]) Gilt nur, falls μ unabhängig von $\mathfrak{F}$ und somit $d\mathfrak{F} = \frac{\mu}{4 \cdot \pi} \cdot d\mathfrak{H}$.

$$W = \frac{Q}{8 \cdot \pi} \cdot \left[\mu \cdot \mathfrak{H}_i^2 \cdot l_i + \mathfrak{H}_a^2 \cdot l_a\right].$$

Nun ist

$$\mu \cdot \mathfrak{H}_i = \mathfrak{H}_a = \mathfrak{B}$$

und damit wird

$$W = \frac{Q}{8 \cdot \pi} \cdot \mathfrak{B}^2 \cdot \left[\frac{l_i}{\mu} + l_a\right].$$

Bekanntlich ist der gesamte, in unserem magnetischen Kreis erzeugte Kraftlinienfluß:

$$\Phi = \mathfrak{B} \cdot Q = \frac{4 \cdot \pi \cdot N \cdot i}{\frac{l_i}{\mu} + l_a} \cdot Q.$$

Eliminiert man hieraus die Induktion $\mathfrak{B}$ und setzt den so gewonnenen Wert in die letzte Gleichung für W ein, so ergibt sich für die aufgespeicherte magnetische Energie:

$$W = \frac{Q}{8 \cdot \pi} \cdot \frac{(4 \cdot \pi \cdot N \cdot i)^2}{\frac{l_i}{\mu} + l_a} = \frac{1}{2} \cdot N \cdot i \cdot \Phi. \qquad 2)$$

In dieser Gleichung sind sämtliche Längen in cm und die Stromstärke in absoluten Einheiten einzusetzen, und man erhält dann die Energie in Erg. Um sie in mkg auszudrücken, sind die erhaltenen Zahlen durch $9{,}81 \cdot 10^7$ zu dividieren.

Wir wollen als Beispiel den Eisenkern eines Transformators von 15000 kVA normaler Leistung betrachten. Das magnetische Feld verlaufe zunächst vollkommen in Eisen, der Kern enthalte also keinen Luftspalt. Seine Abmessungen sind

$$Q = 3340 \text{ cm}^2,$$
$$l_i = 460 \text{ cm}.$$

Ferner ist

$$\mathfrak{B} = 16000,$$
$$\mu = 425,$$
$$N \cdot i = 750.$$

Damit ergibt sich: $W = 111$ mkg.

Man sieht, die in dem verhältnismäßig großen Eisenkern aufgespeicherte magnetische Energie ist nicht besonders groß.

Nun nehmen wir an, der Eisenkern sei an einer Stelle unterbrochen, und der Luftspalt habe eine Länge von 3 cm. Diese Anordnung dürfte den Verhältnissen des magnetischen Kreises einer Synchronmaschine entsprechen. Wir haben dann

$$l_a = 3 \text{ cm}$$
$$N \cdot i = 4550$$

und Gl. 2) ergibt:

$$W = 1100 \text{ mkg}.$$

Die aufgespeicherte magnetische Energie hat sich also trotz der geringen Länge des Luftspaltes auf den 10fachen Betrag vergrößert. Wir ziehen daraus die Lehre, daß bei Ausgleichsvorgängen in Maschinen viel größere magnetische Energien in Frage kommen als bei Transformatoren und daß ferner die magnetische Energie ihren Hauptsitz im Luftspalt hat. Dieses Ergebnis kann uns nicht überraschen, denn gerade zur Magnetisierung des Luftspaltes wird weitaus die meiste Magnetisierungsarbeit verbraucht.

2. Die Differentialgleichung des mit einem magnetischen Kraftflusse verketteten Stromkreises.

Ein ringförmig zusammengebogenes Solenoid ohne Eisenkern von der Länge l, dem Querschnitt Q und der Windungszahl N sei an eine Spannungsquelle angeschlossen. Die dem Stromkreis aufgedrückte Spannung sei E, dessen gesamter Ohmscher Widerstand r, die Stromstärke zu irgendeiner Zeit sei i und t bedeute endlich die Zeit. Wir wollen nun die Energiebilanz des so charakterisierten Stromkreises aufstellen.

Die dem Stromkreis von außen zugeführte Energie ist $E \cdot i \cdot dt$. Hiervon wird in den Ohmschen Widerständen ein Betrag von $r \cdot i^2 \cdot dt$ in Joulesche Wärme umgewandelt, der Rest wird im Solenoid als magnetische Energie aufgespeichert. Die zu irgendeiner Zeit im magnetischen Felde vorrätige Energie ist nach Gl. 2), da nach Voraussetzung $\mu = 1$:

$$W = 2 \cdot \pi \cdot \frac{Q \cdot N^2}{l} \cdot i^2.$$

Setzen wir der Kürze halber:

$$4 \cdot \pi \cdot \frac{Q \cdot N^2}{l} = L$$

und definieren damit den bekannten Selbstinduktionskoeffizienten des Solenoids, so können wir einfacher schreiben:

$$W = \frac{1}{2} \cdot L \cdot i^2.$$

Die Änderung des magnetischen Energievorrates in Abhängigkeit vom Strom ist, da L konstant:

$$\frac{dW}{di} = L \cdot i,$$

und es ist die bei einer kleinen Änderung des Stromes dem magnetischen Felde zugeführte Energie:

$$dW = L \cdot i \cdot di.$$

Wir können somit die Energiebilanz unseres Stromkreises in folgender Form anschreiben:

$$i \cdot L \cdot \frac{di}{dt} \cdot dt + r \cdot i^2 \cdot dt = E \cdot i \cdot dt. \tag{3}$$

Durch Division mit $i \cdot dt$ geht diese Gleichung über in:

$$L \cdot \frac{di}{dt} + r \cdot i = E. \tag{4}$$

Dies ist die bekannte Spannungsgleichung eines Selbstinduktion und Ohmschen Widerstand enthaltenden Stromkreises, ihr Integral ist:

$$i = \frac{1}{L} \cdot e^{-\frac{r}{L} \cdot t} \int E \cdot e^{+\frac{r}{L} \cdot t} \cdot dt + A \cdot e^{-\frac{r}{L} \cdot t} \tag{5}$$

A ist hierin die willkürliche Integrationskonstante.

Gl. 5) setzt uns in die Lage, jeden beliebigen, in dem betrachteten Stromkreise sich abspielenden Ausgleichsvorgang zu verfolgen, allerdings unter der Einschränkung, daß L konstant und somit Sättigungserscheinungen ausscheiden.

3. Betrachtung verschiedener Schaltvorgänge:

Der im vorigen Abschnitt behandelte Stromkreis werde an eine Gleichstromquelle angeschaltet. Da somit $E =$ konstans, geht Gl. 5) über in:

$$i = \frac{E}{r} + A \cdot e^{-\frac{r}{L} \cdot t}. \tag{6}$$

Die Integrationskonstante A ist aus dem Anfangszustand zu bestimmen. Im Schaltmoment, also zur Zeit $t = 0$, ist der Strom i noch Null. Setzt man diese speziellen Werte in die Gl. 6) ein, so ergibt diese

$$A = -\frac{E}{r}$$

und wir erhalten weiter

$$i = \frac{E}{r} \cdot \left(1 - e^{-\frac{r}{L} \cdot t}\right). \tag{7}$$

Der Strom springt im Schaltmoment also nicht plötzlich auf seinen Endwert, er steigt vielmehr allmählich nach einer Exponentialfunktion an, um seinen stationären, durch das Ohmsche Gesetz bedingten

Wert theoretisch erst nach unendlich langer Zeit zu erreichen, wie die Fig. 2 dies erkennen läßt. Dies wird eben dadurch bedingt, daß zunächst ein Teil der zugeführten elektrischen Leistung zum Aufbau des magnetischen Feldes verwendet wird, und erst wenn dieser Aufbau vollendet ist, wird die sämtliche zugeführte Energie in den Ohmschen Widerständen in Wärme umgesetzt.

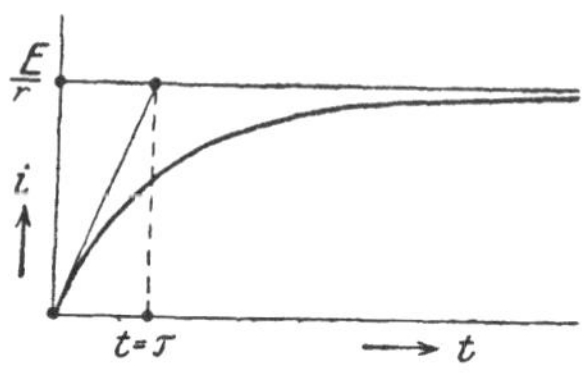

Fig. 2. Verlauf des Einschaltstromes.

Der reziproke Exponent $\frac{L}{r}$ wird $= T$ gesetzt und »Zeitkonstante« genannt, da T ein Maß für die Schnelligkeit des Anwachsens des Stromes ist.

Wir wollen nun einmal den umgekehrten Vorgang betrachten. Der Strom habe seinen stationären Wert $\frac{E}{r} = J$ erreicht und nun verschwinde zur Zeit $t = 0$ plötzlich die Spannung E, ohne daß jedoch der Stromkreis geöffnet werde. Dieser Fall ist praktisch gegeben durch Auftreten eines Kurzschlusses an der Stromquelle. Diese Bedingungen in die Gl. 6) eingesetzt, ergibt:

$$A = J$$

und wir erhalten für den Verlauf des Stromes

$$i = J \cdot e^{-\frac{t}{T}}. \tag{8}$$

Diese Gleichung sagt uns folgendes. Der Strom kann nach dem Ausbleiben der von außen aufgedrückten Spannung nicht plötzlich verschwinden. Die im magnetischen Felde aufgespeicherte magnetische Energie sucht ihn vielmehr, da sie an seine Existenz gebunden, in voller Stärke aufrechtzuerhalten und würde dies auch erreichen, wenn die Wicklung widerstandslos wäre. So verursacht aber das Fließen des Stromes einen ständigen Energieverlust, der nur von der aufgespeicherten magnetischen Energie gedeckt werden kann, und so muß also das magnetische Feld und damit der es aufrechterhaltende Strom langsam erlöschen, wie dies die Fig. 3 zeigt.

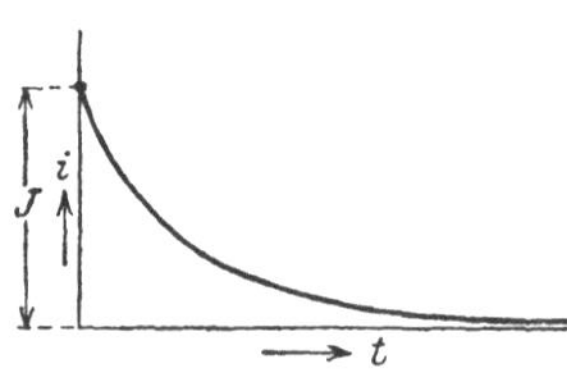

Fig. 3. Erlöschen des Stromes.

Daß wir mit dieser Interpretation der Gl. 8) das Richtige getroffen haben, läßt sich unschwer zeigen. Offenbar muß die vom Zeitpunkt $t = 0$ ab im Ohmschen Widerstande der Wicklung in Wärme umgesetzte Energie dem im magnetischen Felde aufgespeichert gewesenen Energievorrat äquivalent sein. Die gesamte, im Ohmschen Widerstande vernichtete Arbeit ist nun

$$W = \int_0^\infty i^2 \cdot r \cdot dt = J^2 \cdot r \cdot \int_0^\infty e^{-2 \cdot \frac{r}{L} \cdot t} \cdot dt = -\left[\frac{1}{2} \cdot J^2 \cdot L \cdot e^{-2 \cdot \frac{r}{L} \cdot t}\right]_{t=0}^{t=\infty} = \frac{1}{2} \cdot J^2 \cdot L.$$

Dies ist aber der uns bekannte Ausdruck für die im magnetischen Felde einer vom Strome J durchflossenen Induktivität L aufgespeicherte Energie.

Wir erkennen bereits das Wesen der Ausgleichsvorgänge, die in einem mit magnetischen Feldern verketteten Stromkreis einsetzen, sobald dieser von einem stationären Betriebszustande in irgendeinen andern stationären Zustand übergeführt wird. Daß ein solcher Übergang im allgemeinen nicht unvermittelt geschehen kann, ist leicht einzusehen; denn der erste Zustand hinterläßt im allgemeinen andere Stromwerte, als der zweite erfordern würde. Sollte nun der Strom sich plötzlich um einen endlichen Betrag ändern, so würde wegen der Selbstinduktion des Stromkreises eine unendlich hohe Spannung entstehen, was nicht möglich ist. Da springen nun die freien Schwingungen (das allgemeine Integral der Differentialgleichung) in die Bresche und überlagern sich dem zweiten Zustande so, daß ein stetiger Anschluß an den ersten Zustand erreicht wird. Nun kann dieser verschwinden, denn die freien Schwingungen halten den ihm entsprechenden Stromzustand noch aufrecht; im Laufe der Zeit klingen die freien Schwingungen infolge der Verluste ab, und der zweite Zustand bleibt allein bestehen.

Will man einen mit Selbstinduktion ausgestatteten Stromkreis im Gegensatz zu dem vorher betrachteten Beispiel dadurch stromlos machen, daß man ihn mittels eines Schalters öffnet (Fig. 4), so verläuft der Ausschaltvorgang im allgemeinen viel weniger harmlos. Der ungünstigste Fall wird dann gegeben sein, wenn nach dem Öffnen des Schalters der Strom plötzlich erlischt. Dann muß auch das mit dem Stromkreis verkettete magnetische Feld plötzlich verschwinden und das bedingt, wie wir wissen, das Auftreten einer sehr hohen Spannung an den Enden der Wicklung und damit an den Kontakten des Schalters. Eine einfache Überlegung gestattet, die Höhe dieser Spannung anzugeben. Die im magnetischen Felde aufgespeicherte Energie muß, da ihr keine Ausgleichsmöglichkeit gegeben ist, als solche plötzlich verschwinden und wird, dem Gesetze von der Erhaltung der Energie folgend, in irgendeiner andern Form wieder zum Vorschein

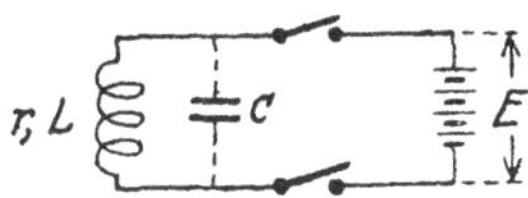

Fig. 4. Schaltungsschema der Unterbrechung.

kommen. Nun besitzen die zum Schalter führenden Leitungen, wie dies Fig. 4 andeutet, eine gewisse Kapazität C und damit das Vermögen, elektrische Energie aufzuspeichern. Die magnetische Energie wird sich also in elektrische Energie umsetzen, und wir können, wenn wir von den Verlusten absehen, folgende Beziehung anschreiben:

$$\frac{1}{2} \cdot L \cdot J^2 = \frac{1}{2} \cdot C \cdot e^2.$$

Hieraus ergibt sich die Höhe der Ausschaltüberspannung zu

$$e = J \cdot \sqrt{\frac{L}{C}}, \qquad 9)$$

und diese Gleichung führt, da C in der Regel sehr klein gegenüber L ist, $\left(\sqrt{\frac{L}{C}}\right.$ bewegt sich in der Größenordnung von $\left.1000\right)$ zu ganz erheblichen Überspannungen.

In Wirklichkeit stellt nun Gl. 9) nur einen oberen Grenzwert dar, der zum Glück niemals erreicht wird. Das liegt einesteils daran, daß beim Auseinandergehen der Schalterkontakte sich der Übergangswiderstand ständig vergrößert und daß vor allem der Ausschaltprozeß niemals ohne Lichtbogenbildung verläuft. Der aufgespeicherten magnetischen Energie ist also während des Ausschaltvorganges reichlich Gelegenheit gegeben, sich zum größten Teil in Wärme umzusetzen und das um so mehr, auf je längere Zeit man den Ausschaltvorgang erstreckt. Diese Verhältnisse werden am besten durch die Oszillogramme Fig. 5, 6 und 7 beleuchtet, die das Ausschalten einer mit Gleichstrom von ungefähr 1000 Amp gespeisten Induktivität von 0,7 Henry zeigen; einmal mittels gewöhnlichen Luftschalters, dann mittels Hörnerschalters (normale Bauart der meisten Gleichstrom-Maximalausschalter) und mittels Ölschalters. Beim Ausschalten mittels Ölschalters wurden am Schalter

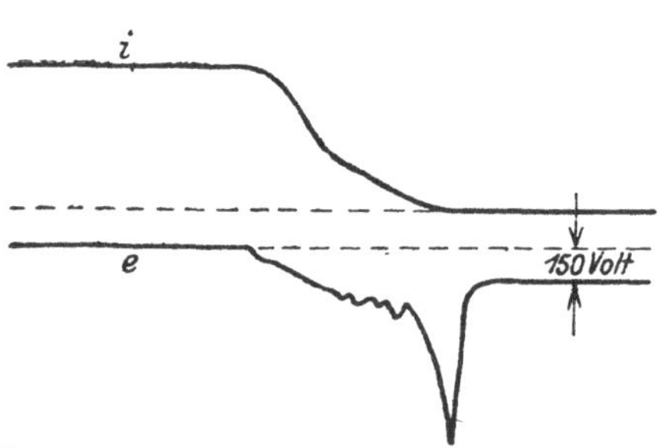

Fig. 5. Auschalten mittels Hebelschalters.

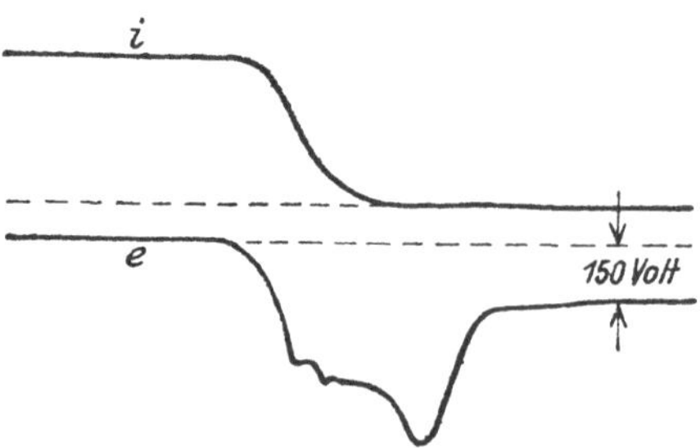

Fig. 6. Ausschalten mittels Hörnerschalters.

mittels Nadelspitzen Spannungen bis 7000 Volt festgestellt, während die normale Spannung nur 150 Volt betrug; dagegen spielt sich das Ausschalten mittels Hörnerschalters viel allmählicher ab, und die auftretende Spannung erreicht höchstens den doppelten Normalwert, ungefähr 300 Volt; auch zeigt die Spannungskurve während der Ausschaltperiode einen ganz glatten Verlauf, ohne irgendwelche scharfen Spitzen. Beim Hörnerschalter bleibt eben der Lichtbogen genügend lange Zeit stehen, so daß der aufgespeicherten magnetischen Energie genügend lange Zeit gegeben ist, sich restlos in Joulesche Wärme umzusetzen. Dagegen lehren uns die Versuchsergebnisse, daß Ölschalter in Gleichstromanlagen unter allen Umständen zu vermeiden sind.

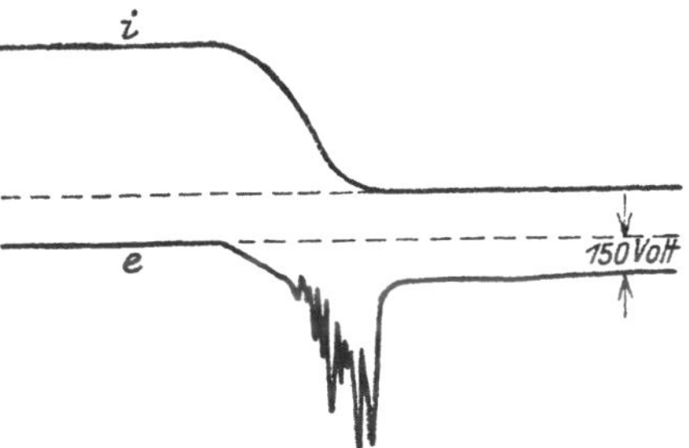

Fig. 7. Ausschalten mittels Ölschalters.

Legt man den Ohmschen Widerstand und Selbstinduktion enthaltenden Stromkreis an eine sinusförmige Wechselspannung, z. B.

$$E = E_m \cdot \sin(\omega \cdot t + \alpha),$$

wo E_m der Maximalwert und ω die elektrische Winkelgeschwindigkeit ist, so geht die Gl. 5) über in:

$$i = \frac{E_m}{Z} \cdot \sin(\omega \cdot t + \alpha - \operatorname{arctg} \omega \cdot T) + A \cdot e^{-\frac{t}{T}}. \qquad 10)$$

Hierin ist

$$Z = \sqrt{r^2 + \omega^2 \cdot L^2} \qquad 10a)$$

der Wechselstromwiderstand des Stromkreises, A wiederum die Integrationskonstante.

Zur Zeit $t = 0$ werde nun der Stromkreis plötzlich durch einen Schalter geschlossen. In diesem Augenblicke ist noch $i = 0$ und diese Anfangsbedingung ergibt für die Integrationskonstante

$$A = \frac{E_m}{Z} \cdot \sin(\operatorname{arctg}(\omega \cdot T) - \alpha).$$

Gl. 10) geht in diesem speziellen Falle somit über in:

$$i = \frac{E_m}{Z} \cdot \left[\sin(\omega \cdot t + \alpha - \operatorname{arctg} \omega \cdot T) + \sin\left(\operatorname{arctg}(\omega \cdot T) - \alpha\right) \cdot e^{-\frac{t}{T}}\right]. \qquad 11)$$

Der Strom setzt sich also aus zwei Teilen zusammen, erstens dem stationären Teil

$$i_s = \frac{E_m}{Z} \cdot \sin(\omega \cdot t + \alpha - \operatorname{arctg} \omega \cdot T),$$

der der Spannung E um den Winkel $\operatorname{arctg} \omega \cdot T = \varphi$ nacheilt und zweitens dem überlagerten Teil, dem Ausgleichsstrom

$$i_f = \frac{E_m}{Z} \cdot e^{-\frac{t}{T}} \cdot \sin\left(\operatorname{arctg}(\omega \cdot T) - \alpha\right),$$

der mit wachsender Zeit abklingt und nach unendlich langer Zeit verschwindet. Der überlagerte Strom i_f kann im äußersten Falle den Wert

$$i_f = \frac{E_m}{Z}$$

annehmen, nämlich wenn $e^{-\frac{t}{T}} = 1$, also z. B. $r = 0$ gesetzt wird, und $\sin(\operatorname{arctg} \omega \cdot t - \alpha) = 1$, d. h. $\alpha = 0$, also in dem Moment eingeschaltet wurde, wo die Spannung gerade ihren Nullwert durchläuft.

Nehmen wir vorübergehend einmal einen widerstandslosen Stromkreis an, den wir zur Zeit $t = 0$ an die Spannung $E = E_m \cdot \sin \omega \cdot t$ legen, so ist der physikalische Vorgang folgender:

Im stationär gewordenen Zustand würde der Spannung E ein Fluß Φ_s entsprechen. Zur Zeit $t = 0$ ist der Fluß tatsächlich Null, während er im stationären Zustand $-\Phi_{\max}$ sein sollte. Der sich tatsächlich ausbildende Fluß Φ muß aber der Bedingung genügen

$$E \equiv -\frac{d\Phi}{dt},$$

d. h. seine zeitliche Änderung muß in derselben Weise vor sich gehen, wie im stationären Zustand. Seine tiefste Lage befindet sich also im Diagramm auf der Nulllinie und er erreicht, wie dies die Kurve Φ der Fig. 8 zeigt, nach einer halben Periode den Wert $2 \cdot \Phi_{\max}$. Dasselbe gilt für den Strom, beide erscheinen um den Betrag ihrer Amplitude über die Abszissenachse erhoben.

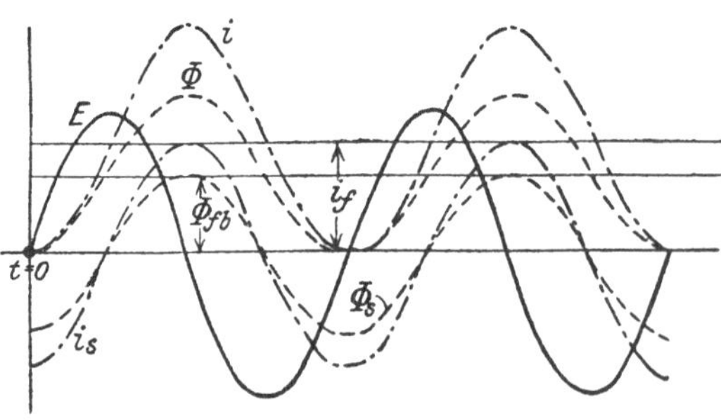

Fig. 8. Die übergelagerten Schwingungen beim Einschalten des widerstandslosen Stromkreises.

Folgende Vorstellung ergibt ein sehr anschauliches Bild. Über den stationären Fluß Φ_s scheint sich im Einschaltmoment ein konstanter Fluß $\Phi_f = \Phi_{\max}$ und über dem stationären

Strom i_s ein konstanter Strom (Gleichstrom) i_f gelagert zu haben. Das übergelagerte Gleichfeld bzw. der Gleichstrom werden im verlustlosen Stromkreis für alle Zeiten bestehen bleiben, Kraftlinienfluß und Strom pendeln also dauernd zwischen Null und ihrem doppelten Maximalwert hin und her.

Wird der Stromkreis zu einer beliebigen Zeit α eingeschaltet, wenn z. B. $E = E_m \cdot \sin \alpha$ ist, so lagert sich über das stationäre Wechselfeld Φ_s ein Gleichfeld $\Phi_f = \Phi_{\max} \cdot \cos \alpha$ und über den stationären Wechselstrom ein Gleichstrom $i = i_{\max} \cdot \cos \alpha$ (Fig. 9).

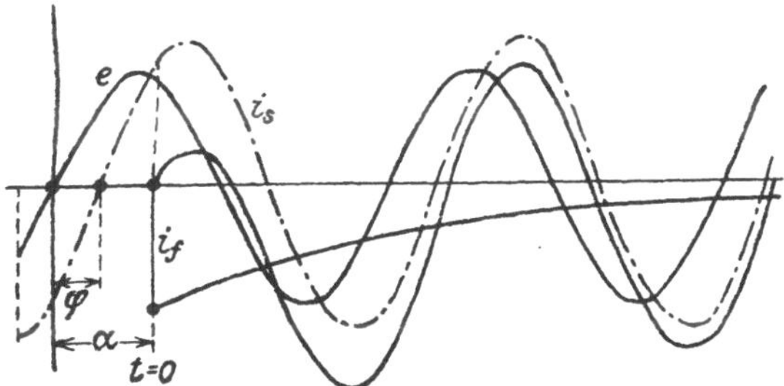

Fig. 9. Einschaltvorgang beim Stromkreis mit Ohmschen Widerstand.

Vernachlässigen wir jetzt den Ohmschen Widerstand nicht mehr, so klingt der überlagerte Gleichstrom bzw. das überlagerte Gleichfeld nach der Funktion $e^{-\frac{t}{T}}$ ab und Strom und Feld schwingen allmählich in den stationären Zustand ein. Die Größe der zeitlichen Dämpfung und damit die Zeitdauer des Einschaltvorganges, womit wir die Zeit bezeichnen wollen, bis Strom und Feld merklich in den eingeschwungenen Zustand übergegangen sind, ist also genau wie bei Gleichstrom durch die Funktion $e^{-\frac{t}{T}}$ gegeben, hängt also nur von den Konstanten L und r des Stromkreises ab und nicht von der Frequenz.

Fig. 10 zeigt ein Oszillogramm des Einschaltstromes einer Drosselspule ohne Eisen, der, wie wir gesehen, maximal gleich der doppelten stationären Amplitude werden kann. Im vorliegenden Fall erreichte der Stromstoß ungefähr den 1,8 fachen stationären Wert.

Fig. 10. Einschalten einer eisenlosen Drosselspule.

Der in einer Drosselspule auftretende Einschaltstrom läßt sich für einen beliebigen Einschaltmoment α sehr einfach aus dem stationären Strome i_s und dem überlagerten Gleichstrom bestimmen, der nach dem Vorhergehenden im Einschaltmoment den negativen Betrag des stationären Stromes hat und nach der Funktion $e^{-\frac{t}{T}}$ abklingt. Der maximale Stromstoß kann wegen dieses Abklingens, selbst bei Einschalten im ungünstigsten Moment (Spannung = 0) nicht mehr gleich der doppelten stationären Amplitude werden, sondern ist um jenen Betrag kleiner, um den der übergelagerte Gleichstrom bereits abgenommen hat, wenn das Maximum erreicht wird.

Wir bemerken also auch im Wechselstromkreise Ausgleichsvorgänge, die sich in Form eines zeitlich abklingenden Gleichstromes abspielen. Elektromagnetische Ausgleichsvorgänge dieser Form treten, wie wir auch bei unsern späteren Betrachtungen sehen werden, überall da auf, wo magnetische Energien gebunden oder in Freiheit gesetzt werden, ganz gleichgültig, wie der Stromkreis im übrigen beschaffen sein mag.

4. Das Schalten des sekundär offenen Transformators.

Fleming und Mordey[1]) haben zuerst gezeigt, daß beim Einschalten eines unbelasteten Transformators Stromstöße auftreten können, die nicht nur den normalen Leerlaufstrom, sondern sogar den normalen Belastungsstrom viele Male übertreffen. Der Grund hierfür ist nach dem Vorhergehenden unschwer einzusehen.

Nehmen wir zunächst an, daß der Ohmsche Widerstand r klein gegenüber der Reaktanz $L \cdot \omega$ und $\omega \cdot T$ groß gegen 1 ist, was bei Transformatoren, Motoren usw. ja praktisch immer der Fall ist, so lassen sich die Verhältnisse näherungsweise wie folgt darstellen.

Schaltet man zu einer beliebigen Zeit ein, wo die Spannung den Wert $E_m \cdot \sin\alpha$ hat, so sollte der im stationären Zustand die Wicklung durchsetzende Fluß $\Phi_m \cdot \cos\alpha$ sein. Im Einschaltmoment ist er aber tatsächlich Null, und es lagert sich über dem stationären Wechselfluß ein Gleichfluß, der sich im Einschaltmoment mit dem Wechselfluß zu Null ergänzt, d. h. der den Wert $-\Phi_m \cdot \cos\alpha$ hat und der infolge der Dämpfung allmählich wieder verschwindet. Der tatsächliche Fluß Φ ist somit durch Fig. 11 gegeben. Für den Strom liegen nun aber

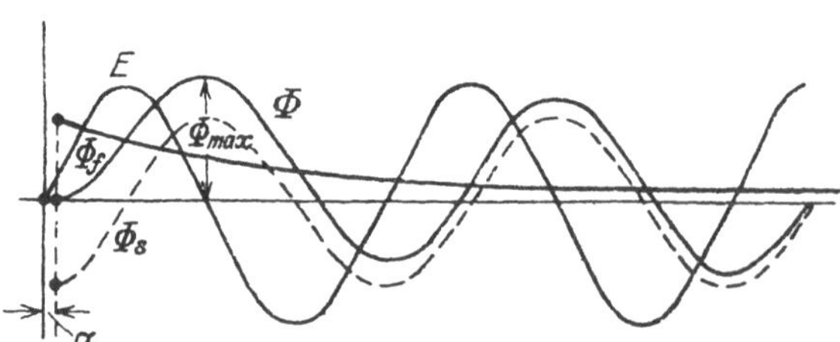

Fig. 11. Übergelagertes und resultierendes Feld beim Einschalten des leerlaufenden Transformators.

[1]) Journ. Inst. El. Eng. 1892, XXI, Seite 677.

die Verhältnisse, im Gegensatz zu den Betrachtungen des vorhergehenden Abschnittes insofern anders, als L und i nicht mehr durch eine lineare Beziehung miteinander verknüpft sind, sondern ihre gegenseitige Zuordnung vielmehr durch die Magnetisierungskurve des Eisenkernes gegeben ist. Hat z. B. der Eisenkern die durch die Fig. 12 gegebene Sättigungskurve und entsprechen dem stationären Zustande die Werte Φ_s und i_s, so können wir aus der Sättigungskurve des Transformators, wenn wir den Ohmschen Spannungsabfall gänzlich vernachlässigen, den dem maximalen Fluß Φ_{max} (der ungefähr $^1/_2$ Periode nach dem Einschalten erreicht wird) zugehörigen Magnetisierungsstrom i_{max} entnehmen. Wir sehen ohne weiteres, daß dieser Strom sehr viel Mal größer werden kann als der normale Magnetisierungsstrom i_s.

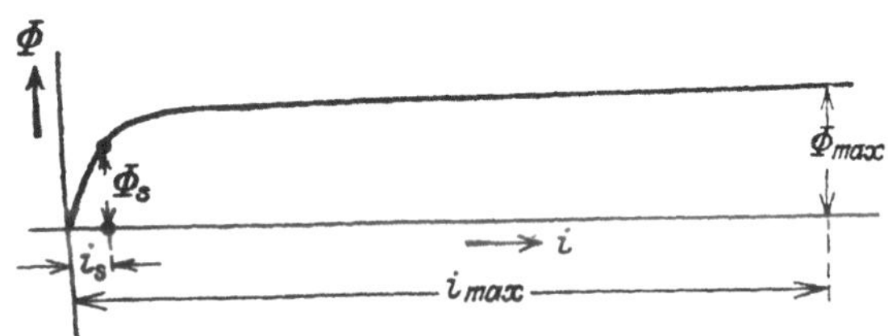

Fig. 12. Angenäherte Bestimmung des Einschaltstromstoßes.

Mit Hilfe der Sättigungskurve ließe sich also aus der verlangten Feldkurve, wie Hay dies schon tat, der Einschaltmagnetisierungsstrom näherungsweise ermitteln. Exakt ist das Verfahren schon deshalb nicht, weil die Induktivität einer Spule mit Eisen nicht konstant ist und das übergelagerte Gleichfeld infolgedessen nicht nach einer reinen e-Funktion, sondern besonders anfangs wegen der bei hohen Sättigungen kleinen Induktivität viel schneller abklingt. Immerhin gibt uns dieses Verfahren bereits wertvolle Fingerzeige.

Der Stromstoß wird, wie schon oben gezeigt, einen Maximalwert erreichen, wenn in dem Augenblicke eingeschaltet wird, wo die Spannung gerade Null ist, und dieser Maximalwert wird um so höher werden, je näher der stationäre Wert Φ_s des Flusses am Knie der Sättigungskurve liegt und je stärker die Sättigungskurve im Knie umbiegt und (bei gleichen Maßstäben) in ihrem oberen Teile geneigt ist, d. h. wenn der Weg des Kraftflusses möglichst vollständig aus Eisen besteht. Im letzten Jahrzehnt haben gerade die Siliziumlegierungen des Eisens durch ihre niedrigen Verluste es ermöglicht, mit höheren Werten der Induktion (12000 — 15000) als früher (10000) zu arbeiten. Aber gerade diese Eisenlegierungen haben niedrige Werte der Sättigung (d. h. flachen Verlauf der Magnetisierungskurve) und bei ihnen sind somit alle Vorbedingungen für die Ausbildung starker Stromstöße erfüllt. In der Tat haben auch erst mit der Einführung der Siliziumlegierungen die Einschaltstromstöße als eine lästige Begleiterscheinung Bedeutung erlangt. Ihre unangenehmen Wirkungen sind: Mechanische Beanspruchungen der Wicklung, Rückwirkung auf das Netz, Ansprechen von Sicherungen, Überstromschutzvorrichtungen und Relais.

Bisher haben wir angenommen, daß das Feld im Eisenkern zur Einschaltezeit Null ist. Dies braucht nun aber nicht notwendig der Fall zu sein, sondern es kann das Eisen bereits infolge der Remanenz eine Vormagnetisierung haben, die von wesentlichem Einfluß auf den Einschaltevorgang ist. Über den stationären Fluß Φ_s lagert sich dann nicht nur der obige Gleichfluß, dessen Anfangswert durch den Einschaltmoment bedingt ist, sondern außerdem der Remanenzfluß Φ_R. Für diesen Fall und Einschalten im ungünstigsten Zeitpunkt (Spannung = 0) kann man dann nach dem oben skizzierten Näherungsverfahren den höchstmöglichen Stromstoß aus der Sättigungskurve als denjenigen finden, der dem Fluß $\Phi_R + 2 \cdot \Phi_s$ zugeordnet ist.

Die beiden nachstehenden, an Transformatoren aufgenommenen Oszillogramme sollen die eben behandelten Vorgänge illustrieren.

Die Fig. 13 zeigt den Einschaltstrom eines 2 kW-Transformators, wenn in einem besonders ungünstigen Moment geschaltet wurde. Obwohl es sich um einen sehr kleinen Transformator handelt, erreicht

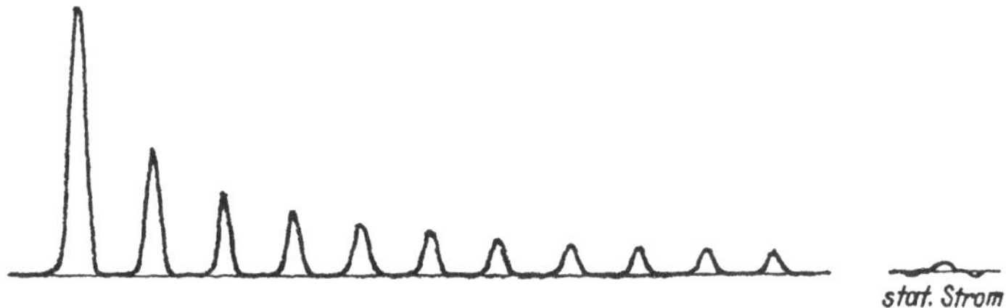

Fig. 13. Einschalten eines 2 kW-Transformators.

der maximale Stromstoß immerhin den 50fachen Betrag des stationären Leerlaufstromes. Linke hat eine sehr große Anzahl von Aufnahmen gemacht, nach denen der Stromstoß beim Einschalten bis zur 120fachen stationären Leerlaufamplitude anstieg. Da der Leerlaufstrom ungefähr 6—10% des normalen Vollaststromes beträgt, entsprechen diese Stromstöße dem 8—12fachen Vollaststrome. Bei großen Transformatoren, die sehr kleinen Widerstand und damit geringe Dämpfung des Einschaltvorganges haben, beobachtet man oft nach 20—30 Sekunden noch eine wesentliche Abweichung vom stationären Leerlaufstrom. Oszillogramm Fig. 14 ist charakteristisch hierfür. Es zeigt den Einschaltstrom eines 1250 kW-Transformators, wenn er direkt an einen großen Turbogenerator angeschaltet wird.

gleiterscheinung Bedeutung erlangt. Ihre unangenehmen Wirkungen sind: Mechanische Beanspruchungen der Wicklung, Rückwirkung auf das Netz, Ansprechen von Sicherungen, Überstromschutzvorrichtungen und Relais.

Bisher haben wir angenommen, daß das Feld im Eisenkern zur Einschaltezeit Null ist. Dies braucht nun aber nicht notwendig der Fall zu sein, sondern es kann das Eisen bereits infolge der Remanenz eine Vormagnetisierung haben, die von wesentlichem Einfluß auf den Einschaltevorgang ist. Über den stationären Fluß Φ_s lagert sich dann nicht nur der obige Gleichfluß, dessen Anfangswert durch den Einschaltmoment bedingt ist, sondern außerdem der Remanenzfluß Φ_R. Für diesen Fall und Einschalten im ungünstigsten Zeitpunkt (Spannung = 0) kann man dann nach dem oben skizzierten Näherungsverfahren den höchstmöglichen Stromstoß aus der Sättigungskurve als denjenigen finden, der dem Fluß $\Phi_R + 2 \cdot \Phi_s$ zugeordnet ist.

Die beiden nachstehenden, an Transformatoren aufgenommenen Oszillogramme sollen die eben behandelten Vorgänge illustrieren.

Die Fig. 13 zeigt den Einschaltstrom eines 2 kW-Transformators, wenn in einem besonders ungünstigen Moment geschaltet wurde. Obwohl es sich um einen sehr kleinen Transformator handelt, erreicht

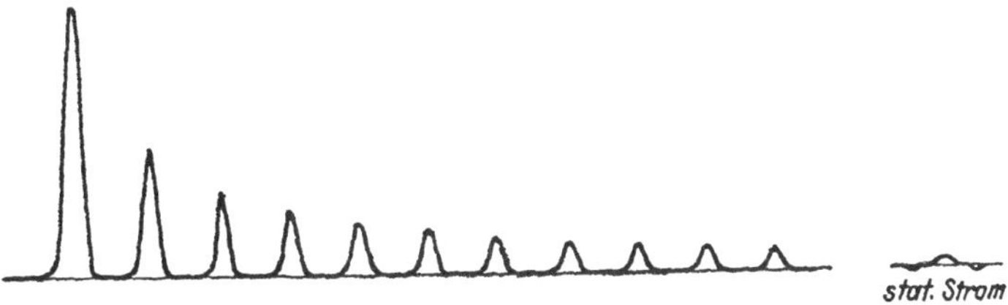

Fig. 13. Einschalten eines 2 kW-Transformators.

der maximale Stromstoß immerhin den 50fachen Betrag des stationären Leerlaufstromes. Linke hat eine sehr große Anzahl von Aufnahmen gemacht, nach denen der Stromstoß beim Einschalten bis zur 120fachen stationären Leerlaufamplitude anstieg. Da der Leerlaufstrom ungefähr 6—10% des normalen Vollaststromes beträgt, entsprechen diese Stromstöße dem 8—12fachen Vollaststrome. Bei großen Transformatoren, die sehr kleinen Widerstand und damit geringe Dämpfung des Einschaltvorganges haben, beobachtet man oft nach 20—30 Sekunden noch eine wesentliche Abweichung vom stationären Leerlaufstrom. Oszillogramm Fig. 14 ist charakteristisch hierfür. Es zeigt den Einschaltstrom eines 1250 kW-Transformators, wenn er direkt an einen großen Turbogenerator angeschaltet wird.

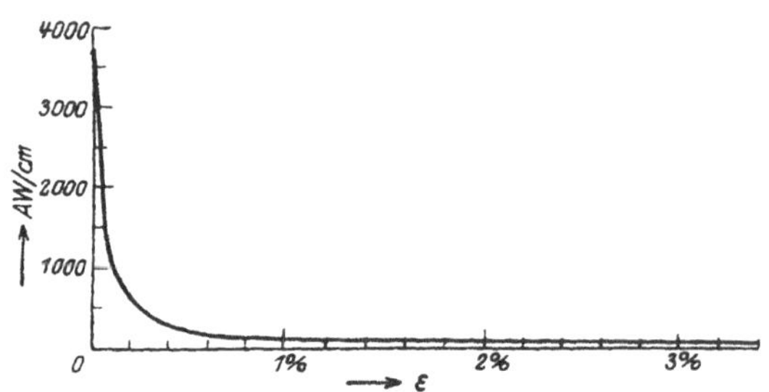

Fig. 16. Exakte Bestimmung des Einschaltstromstoßes. $B_{\text{norm}} = 12\,000$.

L_0 bezieht sich hierbei auf den geradlinigen Teil vor dem Knie der Magnetisierungskurve, bedeutet also den größtmöglichen Selbstinduktionskoeffizienten, den die Wicklung bei ganz geringer Eisensättigung besitzt. ε ist somit jener idielle kleinstmögliche prozentuale Ohmsche Spannungsabfall, welcher im Stromkreis vorhanden wäre, wenn mit der Sättigung noch erheblich unter das Knie der Magnetisierungskurve heruntergegangen würde. Der tatsächliche Ohmsche Spannungsabfall ist unter normalen Verhältnissen etwa 2,4 mal größer.

Die Figuren beziehen sich auf die Magnetisierungskurve eines Bleches mit 4% Siliziumlegierung, die Induktion im normalen Betriebszustande wurde zu 10 000, 12 000 und 15 000 angenommen, außerdem

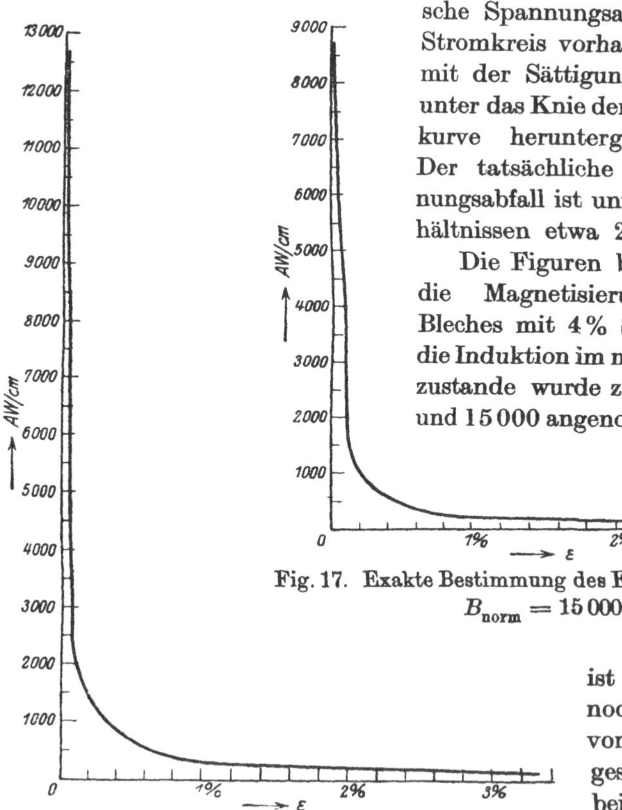

Fig. 17. Exakte Bestimmung des Einschaltstromstoßes. $B_{\text{norm}} = 15\,000$.

Fig. 18. Exakte Bestimmung des Einschaltstromstoßes. $B_{\text{norm}} = 15\,000$, $B_R = 5000$.

ist bei der Fig. 18 noch eine Remanenz von 5000 vorausgesetzt. Man sieht, bei einem Werte des Verhältnisses ε von 1 bis 3%, d. h. bei einem Ohmschen Spannungsabfalle von 3—8% wird bei den praktisch üblichen Werten der normalen Induktion die Höhe des Stromstoßes bereits genügend stark abgeschwächt. Die Schnittpunkte der Kurven mit den Ordinatenachsen ($\varepsilon = 0$) geben die nach dem Hayschen angenäherten Verfahren ermittelten Stromstöße.

Die Frage, wie die beim Einschalten von Transformatoren auftretenden, für das Netz höchst unerwünschten Stromstöße vermieden werden können, ist durch die Fig. 15—18 bereits beantwortet. Man schaltet dem Transformator einen künstlichen Widerstand vor und kann, wie die Figuren zeigen, durch geeignete Wahl des Widerstandes den Stromstoß beliebig klein halten. Die physikalische Erklärung hierfür ist die, daß infolge der durch den Widerstand künstlich vergrößerten Dämpfung das übergelagerte Gleichstromfeld bereits wesentlich abgeklungen ist, wenn der Wechselstrom zum erstenmal seinen Maximalwert erreicht. Die Induktion im Eisen kann sich dann nicht wesentlich über den normalen Wert erheben.

Oszillogramm Fig. 19 gibt zunächst den Einschaltstromstoß eines kleinen Transformators, der ungefähr gleich dem 50fachen stationären

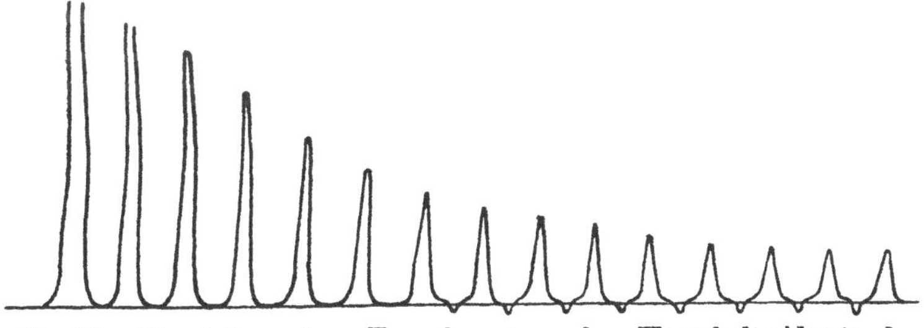

Fig. 19. Einschalten eines Transformators ohne Vorschaltwiderstand.

Leerlaufstrom ist. Die Oszillogramme 20 und 21 geben die Einschaltvorgänge, wenn der Vorschaltwiderstand so bemessen war, daß für den stationären Zustand die Spannung am Vorschaltwiderstand jeweils 5 bzw. 15% der Netzspannung war. Sie sind mit derselben Empfindlichkeit geschrieben wie Oszillogramm 19. Wir sehen daraus, daß mit zunehmendem Widerstand der erste Stromstoß kleiner wird, und daß die Dämpfung so groß ist, daß bereits nach einer Periode der Strom merklich auf den stationären Wert abgeklungen ist.

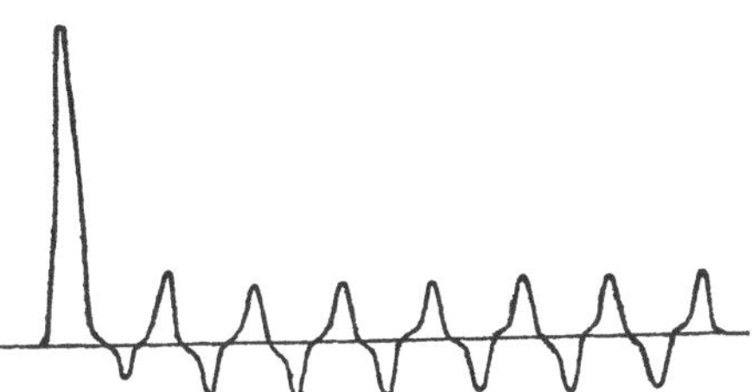

Fig. 20. Einschalten desselben Transformators mit Vorschaltwiderstand, der stationär 5% der Netzspannung verzehrt.

Für den stationären Zustand des Oszillogramms 21 stelle e (Fig. 22) den Vektor der Netzspannung dar, dann ist e_w die Spannung am Widerstand und e_t die Spannung am Transformator. Würde man den Widerstand nun plötzlich kurzschließen, so würde sich dieser Vorgang wie folgt vollziehen:

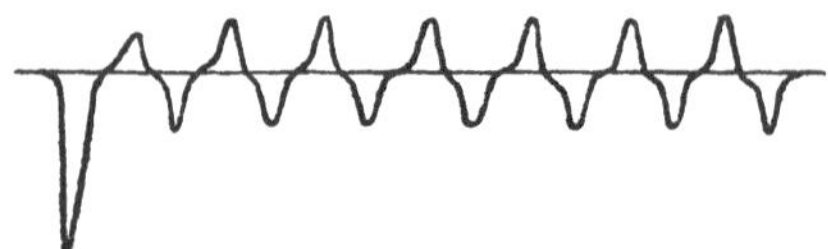

Fig. 21. Einschalten desselben Transformators mit Vorschaltwiderstand, der stationär 15 % der Netzspannung verzehrt.

Der neue, stationäre Zustand (Spannung e am Transformator) würde einen der Spannung e proportionalen Fluß erfordern. Über den im Einschaltmoment vorhandenen Fluß, der e_t proportional ist, würde sich ein e_w proportionaler Gleichfluß lagern. Für diesen Fluß kann man wieder aus der Magnetisierungskurve annähernd den Stromstoß entnehmen, und man sieht ohne weiteres ein, daß die jetzt auftretende Stromerhöhung nicht sehr bedeutend sein kann. Konstruiert man sich also einen Schalter, bei dem das Schaltmesser, bevor es den Hauptkontakt erreicht, einen Vorkontakt berührt (Fig. 23), und legt zwischen Haupt- und Vorkontakt den Widerstand, so läßt sich mit dieser Vorrichtung der Einschaltstoß praktisch vollkommen verhüten. Selbst bei schnellem Schalten beträgt die Zeit, während welcher der Widerstand eingeschaltet ist, erfahrungsgemäß mindestens $^1/_{50}$ Sekunde, und diese Zeit genügt nach den Oszillogrammen 20 und 21 vollkommen, um den ersten Vorgang merklich stationär werden zu lassen. Über den beim schnellen Einschalten eines solchen Schalters auftretenden Strom-

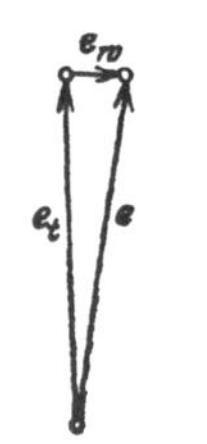

Fig. 22. Spannungsdiagramm bei vorgeschaltetem Widerstand.

Fig. 23. Vorkontaktschalter.

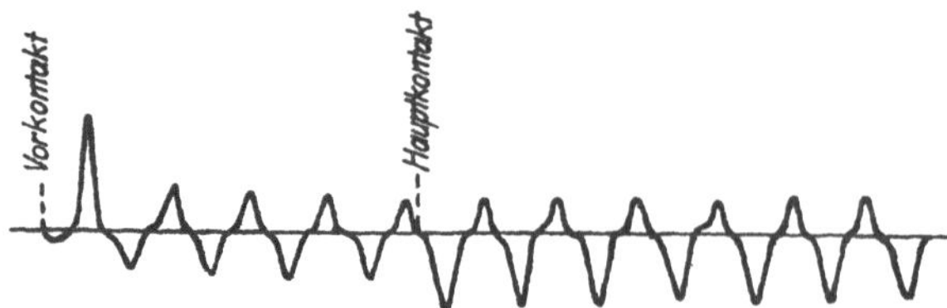

Fig. 24. Einschalten desselben Transformators wie bei Fig. 19, jedoch mit Vorkontaktschalter.

verlauf geben die Oszillogramme 24 und 25 Aufschluß. Hier sind aus sehr vielen Aufnahmen für zwei verschiedene Widerstände im Vorkontakt die charakteristischsten ausgewählt, die Oszillogramme 24 und 25 sind im gleichen Maßstabe geschrieben wie die Oszillogramme 19, 20 und 21. Die Größe des Widerstandes im Vorkontakt, ausgedrückt durch die prozentuale Spannung am Widerstand für stationären Zustand, war bei Oszillogramm 24 2%, bei Oszillogramm 25 10%. Wir sehen, daß hier der Einschaltstromstoß höchstens das 2—3fache des

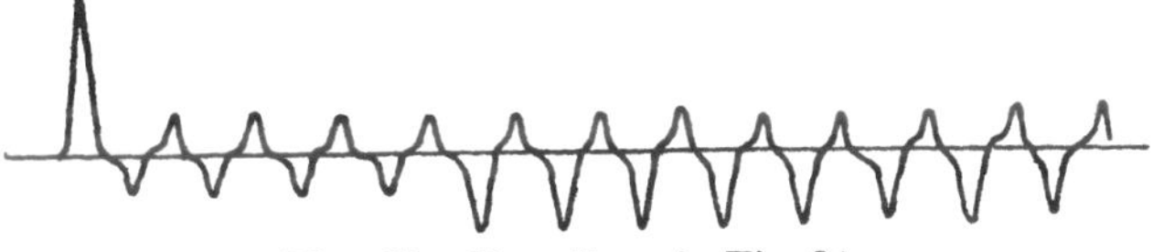

Fig. 25. Dasselbe wie Fig. 24.

stationären Leerlaufstromes, also lange nicht gleich dem Vollaststrom wird. Die Ergebnisse dieser, von Linke ausgeführten Versuche stehen demnach in guter Übereinstimmung mit den Resultaten der Rogowskischen Arbeit. Weitere Versuche ergaben, daß eine praktisch genügende Reduzierung des Stromstoßes noch erreicht wird, wenn der Widerstand der Vorstufe für stationären Zustand bis zu 50% der Netzspannung verzehrt.

Die Fig. 5 und 7 zeigten uns, daß beim Abschalten einer von Gleichstrom durchflossenen Induktivität unter Umständen beträchtliche Überspannungen entstehen können. Bei Wechselstrom liegen nun die Verhältnisse insofern anders, als die Stromkurve während jeder Periode zweimal betriebsmäßig durch Null geht und somit einem guten Schalter reichlich Gelegenheit geboten ist, den Stromkreis ohne alle Nebenerscheinungen zu unterbrechen. In der Literatur ist vielfach die Ansicht vertreten, daß der Ölschalter, und solche kommen heute in Hochspannungsanlagen ausschließlich zur Verwendung, unter allen Umständen im Nullpunkt des Stromes ausschaltet, das will heißen, daß, wenn auch der Schaltvorgang gleich nach dem Durchgang des Stromes durch Null eingeleitet wird, der nächste Wechsel noch den stationären Verlauf hat.

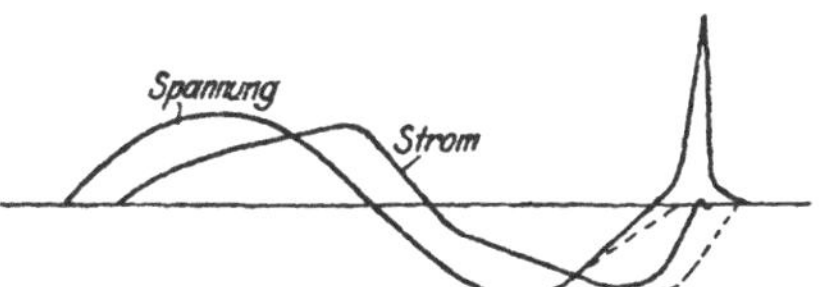

Fig. 26. Ausschalten eines Transformators.

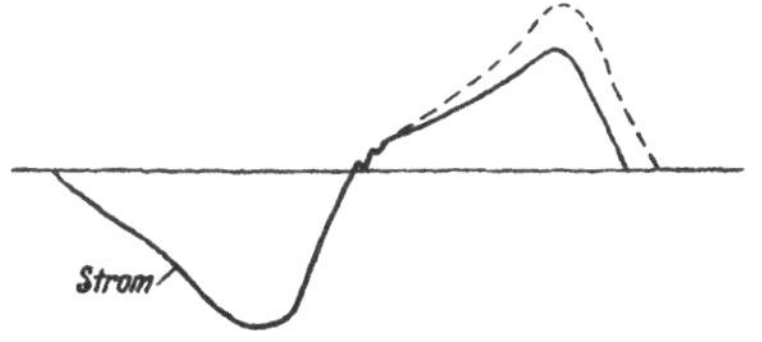

Fig. 27. Dasselbe wie Fig. 26.

Die Oszillogramme Fig. 26 und 27 zeigen, daß das nicht der Fall ist, sondern der begonnene Wechsel erscheint je nach dem Schaltmoment sehr stark verkürzt, hat aber im wesentlichen die Form der stationären Welle, und beim Durchgang durch Null reißt der Strom plötzlich ab. Besonders charakteristisch ist das Oszillogramm 27, wo ganz kurz vor dem Durchgang durch Null der Schaltprozeß eingeleitet wird. Die zu dieser Zeit bestehende hohe Spannung (große Phasenverschiebung) zündet jedoch den Lichtbogen zwischen den Schalterkontakten, und über diesen hat der nächste Stromwechsel noch fast normalen Verlauf. Bei schlecht konstruierten Schaltern, bei denen die Geschwindigkeit, mit der sich die Kontakte entfernen, zu klein ist, oder bei schlechter Kontaktbeschaffenheit, können sich zuweilen noch eine ganze Anzahl von Stromwechseln über den Lichtbogen ausbilden. Bei Hochspannungsmaschinen können diese Vorgänge zu erheblichen Überspannungen an den Wicklungen der Generatoren und Transformatoren führen und diese beschädigen, oder doch Überschläge an den Isolatoren und damit Betriebsstörungen verursachen.

Bei einigermaßen guten Ölschaltern lassen sich diese Nachzündungen jedoch vermeiden, und man erhält den Schaltvorgang der obigen Oszillogramme. Aber auch bei diesem glatten Ausschaltvorgang treten in den Transformatorwicklungen Spannungserhöhungen auf infolge der Verkürzung der letzten Stromwelle und des damit verbundenen schnellen Verschwindens des Feldes. Das Oszillogramm 26, das neben dem Strom auch die Spannung am Transformator zeigt, läßt dies deutlich erkennen. Bei einer Reihe von Versuchen wurde mittels Nähnadelfunkenstrecken an Transformatorwicklungen beim Ausschalten die 3—4fache Normalspannung festgestellt. Es sind dies Überspannungen, die durchaus unstatthaft sind, und man ist daher gezwungen, nach geeigneten Schutzmaßnahmen zu suchen.

Hier ist nun wieder der Vorstufenschalter der Retter in der Not. Ausgedehnte Versuche haben ergeben, daß bei passender Wahl des Vorschaltwiderstandes die erwähnten Überspannungen fast vollständig zum Verschwinden gebracht werden können. Rein theoretisch läßt sich über die Bemessung des Widerstandswertes wenig sagen, denn der Ausschaltvorgang wird durch eine ganze Reihe von Faktoren beeinflußt, die außerhalb jeder Berechnung liegen. Hier kann daher nur das Experiment entscheiden, und dieses ergab eine genügende Reduktion der Ausschaltüberspannung, wenn der Vorstufenwiderstand gleich der 4—5fachen Leerlaufimpedanz des Transformators war.

Nun hatten wir allerdings zur Bekämpfung des Einschaltstromstoßes Widerstandswerte gefunden, die wesentlich niedriger lagen. Da man stets trachten wird, mit einer Vorstufe am Schalter auszukommen und daher nur einen einzigen Widerstand zur Beseitigung der Überströme sowohl als der Überspannungen zur Verfügung hat, muß man eben einen Kompromiß schließen, was um so leichter erscheint, da, wie wir gesehen, noch verhältnismäßig hohe Widerstände eine genügende Dämpfung des Einschaltstromes herbeiführen.

III. Einfach verkettete magnetische Flüsse in elektrischer Wechselwirkung.

5. Die Rückwirkung des Einschaltstromes von Transformatoren auf das Netz.

Wir haben im vorhergehenden den Fall untersucht, daß ein einzelner Transformator auf ein sehr großes Wechselstromnetz geschaltet wird. Es bilden sich dann Stromstöße aus, die bei stark gesättigten Transformatoren sogar den normalen Vollaststrom um ein Vielfaches überschreiten können. Wenn nun mehrere Transformatoren an ein und dasselbe Netz angeschlossen sind, so fragt es sich, in welcher Weise jene Einschaltströme auf das Netz bzw. auf die übrigen Transformatoren zurückwirken. Eine solche Rückwirkung wird stets in mehr oder minder großem Maße zu bemerken sein. Denn infolge des unvermeidlichen Spannungsabfalles in den Zuleitungen und im Generator wird im Augenblicke des Einschaltens sowohl die Größe als der zeitliche Verlauf der Netzspannung Änderungen erfahren. Die magnetische Trägheit der bereits eingeschalteten Transformatoren und Motoren sucht solche plötzlichen Änderungen natürlich hintanzuhalten, und es bedarf zur Herbeiführung des neuen Gleichgewichtszustandes im Netz zunächst mal eines Ausgleichsvorganges zwischen dem neu hinzugeschalteten Transformator und dem Generator einerseits und, was uns hier besonders interessiert, zwischen dem neu eingeschalteten Transformator und den übrigen bereits eingeschalteten Transformatoren andererseits.

Diese Betrachtungen gelten nicht nur für Transformatoren, sondern für jeden Stromverbraucher, der die dem Netz entnommene Energie in magnetische Energie umwandelt, diese zeitweilig in sich aufspeichert und zeitweilig dem Netz wieder zurückgibt.

Müssen also einerseits solche Ausgleichsvorgänge ebenso in bereits eingeschalteten Transformatoren wie in dem neu hinzugeschalteten Transformator entstehen, so können die dadurch bedingten Ströme in den bereits eingeschalteten Transformatoren natürlich auch ebenso unangenehme Folgen zeitigen, wie in dem neu hinzugeschalteten Transformator. Allerdings werden die jeweiligen örtlichen Verhältnisse des Netzes und die Belastung eine große Bedeutung in bezug auf das Hervortreten dieser Erscheinungen an den bereits eingeschalteten

Transformatoren haben. Recht unangenehme Folgen beobachtete Kuhlmann unter folgenden Verhältnissen.

Von einer großen Kraftstation wurden mittels Kabel eine Anzahl Transformatorenstationen gespeist. Wurde nun in einer derselben, welche ziemlich weit entfernt von der Zentrale war, ein 1000 kVA-Transformator neu hinzugeschaltet, so entstand bei geeignetem Augenblickswerte der Netzspannung ein so gewaltiger Überstrom, daß der Überstromschutz diesen Transformator sofort wieder abschaltete. Gleichzeitig trat aber auch in einem an die gleichen Sammelschienen angeschlossenen leerlaufenden Transformator ein annähernd gleichgroßer Überstrom auf, so daß auch dieser Transformator durch seinen Überstromschutz wieder abgeschaltet wurde. Die ganze Station war also durch das Einschalten des 1000 kVA-Transformators stromlos geworden. Aber die Störung ging häufig sogar so weit, daß auch leerlaufende Transformatoren mit abgeschaltet wurden, die sich in einer einige Kilometer von der Versuchsstation entfernt liegenden zweiten Transformatorenstation befanden. Die Rückwirkungen auf das Netz waren also recht empfindliche.

Eine kurze mathematische Betrachtung wird uns sofort Klarheit über das Wesen der sich abspielenden Ausgleichsvorgänge bringen.

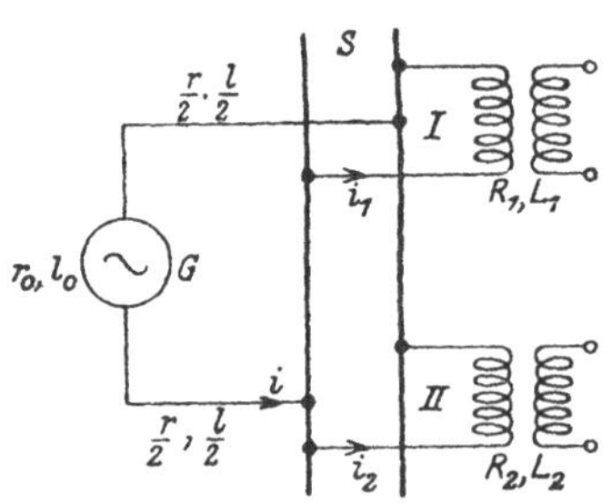

Fig. 28. Schaltungsschema.

Gegeben sei ein Wechselstromgenerator G (Fig. 28) mit dem inneren Widerstande r_0 und der Induktivität l_0. Er arbeite über eine Leitung vom Widerstande r und der Induktivität l auf eine Sammelschiene S. Von dieser zweigen die Leitungen zu den Primärwicklungen zweier Transformatoren I und II ab. Der primäre Wicklungswiderstand derselben sei R_1 und R_2 und die Induktivität L_1 und L_2. Der Generator erzeuge im Leerlauf eine EMK

$$E = E_m \cdot \sin(\omega \cdot t + \alpha).$$

Setzen wir zur Abkürzung

$$R = r_0 + r; \qquad L = l_0 + l$$

und bezeichnen wir mit i, i_1, i_2 die Augenblickswerte der Ströme in der Zuleitung, im Transformator I und im Transformator II, so können wir, wenn wir L_1 und L_2 zunächst als konstant betrachten, für jeden der beiden Transformatoren folgende Gleichung anschreiben:

$$L_1 \cdot \frac{di_1}{dt} + R_1 \cdot i_1 + L \cdot \frac{di}{dt} + R \cdot i = E, \qquad 12\text{a})$$

$$L_2 \cdot \frac{di_2}{dt} + R_2 \cdot i_2 + L \cdot \frac{di}{dt} + R \cdot i = E. \qquad 12\text{b})$$

Da

$$i = i_1 + i_2,$$

lassen sich diese Gleichungen auch schreiben

$$(L_1 + L) \cdot \frac{di_1}{dt} + (R_1 + R) \cdot i_1 + L \cdot \frac{di_2}{dt} + R \cdot i_2 = E, \qquad 13\text{a})$$

$$(L_2 + L) \cdot \frac{di_2}{dt} + (R_2 + R) \cdot i_2 + L \cdot \frac{di_1}{dt} + R \cdot i_1 = E. \qquad 13\text{b})$$

Wird Gl. 13a) mit L und Gl. 13b) mit $(L_1 + L)$ multipliziert, so folgt durch Subtraktion der ersten von der zweiten Gleichung:

$$i_1 = \frac{E \cdot L_1 - i_2 \cdot \big(R \cdot L_1 + R_2 \cdot (L_1 + L)\big) - (L \cdot L_1 + L_1 \cdot L_2 + L_2 \cdot L) \cdot \dfrac{di_2}{dt}}{R \cdot L_1 - R_1 \cdot L}$$

und hieraus

$$\frac{di_1}{dt} = \frac{L_1 \cdot \dfrac{dE}{dt} - \big(R \cdot L_1 + R_2 \cdot (L_1 + L)\big) \cdot \dfrac{di_2}{dt} - (L \cdot L_1 + L_1 \cdot L_2 + L_2 \cdot L) \cdot \dfrac{d^2 i_2}{dt^2}}{R \cdot L_1 - R_1 \cdot L}.$$

Setzt man diese Werte in Gl. 13b) ein, indem man noch zur Abkürzung setzt

$$\left.\begin{aligned} \varphi &= L \cdot L_1 + L_1 \cdot L_2 + L_2 \cdot L \\ \psi &= R \cdot (L_1 + L_2) + R_1 \cdot (L_2 + L) + R_2 \cdot (L_1 + L) \\ \delta &= R \cdot R_1 + R_1 \cdot R_2 + R_2 \cdot R \end{aligned}\right\} \qquad 14\text{a})$$

so ergibt sich

$$\varphi \cdot \frac{d^2 i_2}{dt^2} + \psi \cdot \frac{di_2}{dt} + \delta \cdot i_2 = L_1 \cdot \frac{dE}{dt} + R_1 \cdot E.$$

Da $E = E_m \cdot \sin(\omega \cdot t + \alpha)$, so läßt sich diese Gleichung auch schreiben:

$$\frac{d^2 i_2}{dt^2} + \frac{\psi}{\varphi} \cdot \frac{di_2}{dt} + \frac{\delta}{\varphi} \cdot i_2 = E_0 \cdot \sqrt{\frac{R_1^2 + \omega^2 \cdot L_1^2}{\varphi^2}} \cdot \sin\left(\omega \cdot t + \alpha + \operatorname{arctg} \frac{\omega \cdot L_1}{R_1}\right). \qquad 15)$$

Dies ist eine für i_2 lineare Differentialgleichung zweiter Ordnung mit Störungsfunktionen. Ihre Lösung, d. h. ihr vollständiges Integral, besteht bekanntlich aus zwei Summanden $i_{2s} + i_{2f}$. Es ist also

$$i_2 = i_{2s} + i_{2f}. \qquad 16)$$

i_{2s} ist der stationäre Leerlaufstrom des Transformators II, die sogenannte erzwungene Schwingung. i_{2f} ist der im Schaltmoment einsetzende Ausgleichsstrom, welcher bald nach dem Einschalten verschwindend klein wird, so daß der Strom i_2 dann ganz in den Strom i_{2s} übergeht.

Hier interessiert uns lediglich der Ausgleichsstrom i_{2f}. Er ist seinem Charakter nach ein Gleichstrom, und wir erhalten ihn, wenn wir die rechte Seite der Gl. 15) gleich Null setzen. Die erzwungene Schwingung dagegen kann leicht mit Hilfe des Vektordiagrammes gefunden werden. Aus Gl. 15) erhalten wir also für die freie Schwingung:

$$\frac{d^2 i_{2f}}{dt^2} + \frac{\psi}{\varphi} \cdot \frac{d i_{2f}}{dt} + \frac{\delta}{\varphi} \cdot i_{2f} = 0. \qquad 17)$$

Wenn A_1 und A_2 die willkürlichen Integrationskonstanten bedeuten, hat diese Gleichung folgende Lösung:

$$i_{2f} = A_1 \cdot e^{-\alpha_1 \cdot t} + A_2 \cdot e^{-\alpha_2 \cdot t}, \qquad 18)$$

wo α_1 und α_2 die Wurzeln der quadratischen Gleichung

$$\alpha^2 + \frac{\psi}{\varphi} \cdot \alpha + \frac{\delta}{\varphi} = 0$$

sind. Es ist also, wenn wir noch zur Abkürzung

$$\gamma = \sqrt{\psi^2 - 4 \cdot \varphi \cdot \delta} \qquad 14\text{b})$$

setzen,

$$\left.\begin{aligned} \alpha_1 &= \frac{\psi - \gamma}{2}, \\ \alpha_2 &= \frac{\psi + \gamma}{2}. \end{aligned}\right\} \qquad 19)$$

Um i_{1f}, den im Transformator I fließenden Ausgleichsstrom zu finden, ersetzen wir in der aus den Gl. 13) abgeleiteten Beziehung zwischen i_1 und i_2 i_1 durch i_{1f} und i_2 durch i_{2f} und setzen wieder $E = 0$. Dann wird

$$i_{1f} = \frac{\left[R_1 \cdot L_1 + R_2 \cdot (L_1 + L) - \frac{\psi - \gamma}{2}\right] \cdot A_1 \cdot e^{-\alpha_1 \cdot t} + \left[R \cdot L_1 + R_2 \cdot (L_1 + L) - \frac{\psi + \gamma}{2}\right] \cdot A_2 \cdot e^{-\alpha_2 \cdot t}}{R_1 \cdot L - R \cdot L_1}. \qquad 20)$$

Der in der Zuleitung fließende Ausgleichsstrom ist:

$$i_f = i_{1f} + i_{2f}$$

und somit

$$i_f = \frac{\left[R_1 \cdot L + R_2 \cdot (L_1 + L) - \frac{\psi - \gamma}{2}\right] \cdot A_1 \cdot e^{-\alpha_1 \cdot t} + \left[R_1 \cdot L + R_2 \cdot (L_1 + L) - \frac{\psi + \gamma}{2}\right] \cdot A_2 \cdot e^{-\alpha_2 \cdot t}}{R_1 \cdot L - R \cdot L_1}. \qquad 21)$$

Die Werte für i_f, i_{1f} und i_{2f} sind uns für $t = 0$ bekannt und seien mit i_{f0}, i_{1f0} und i_{2f0} bezeichnet. Sie ergeben sich ihrer Definition nach als die Differenz aus den Strömen am Anfang und am Ende des Ausgleichsvorganges. Wir geben den ersten den Index a, den letzteren den Index b. Dann ergibt sich

$$\left.\begin{aligned} i_{1f0} &= i_{1a} - i_{1b} \\ i_{2f0} &= i_{2a} - i_{2b} = 0 - i_{2b} = - i_{2b} \\ i_{f0} &= i_a - i_b = i_{1a} - (i_{1b} + i_{2b}) \end{aligned}\right\} \qquad 22)$$

Mit diesen Werten bestimmen sich nun die Integrationskonstanten aus Gl. 18) und 20) zu

$$\left.\begin{aligned} A_1 &= \frac{(i_{1a}-i_{1b})\cdot(R_1\cdot L - R\cdot L_1) + i_{2b}\cdot\left[R\cdot L_1 + R_2\cdot(L_1+L) - \frac{\psi+\gamma}{2}\right]}{\gamma}, \\ A_2 &= -\frac{(i_{1a}-i_{1b})\cdot(R_1\cdot L - R\cdot L_1) + i_{2b}\cdot\left[R\cdot L_1 + R_2\cdot(L_1+L) - \frac{\psi-\gamma}{2}\right]}{\gamma}. \end{aligned}\right\} \quad 23)$$

Damit ist das Problem gelöst, und wir wollen uns gleich an Hand eines Beispieles die Bedeutung der abgeleiteten Gleichungen klarmachen.

Es sei

$$E_m = 100 \text{ Volt}, \quad \omega = 314;$$
$$R_1 = 2{,}5, \quad R_2 = 2{,}5, \quad R = 3{,}25 \text{ Ohm};$$
$$L_1 = 1{,}4\cdot 10^{-2}, \quad L_2 = 1{,}4\cdot 10^{-2} \text{ Henry}, \quad L = 0.$$

Es handelt sich also um zwei gleiche Transformatoren. Die Maximalwerte der Ströme werden im folgenden mit großen Buchstaben bezeichnet.

Ist zunächst der Transformator I allein eingeschaltet, so nimmt derselbe einen Leerlaufstrom $J_{1a} = 13{,}9$ Amp. auf, der der Leerlaufspannung E_m um den Winkel $\varepsilon_{0a} = 37^\circ\, 15'$ nacheilt. Die Sammelschienenspannung ist auf einen Betrag $E_{1a} = 70$ Volt abgefallen und eilt dem Strome J_{1a} um einen Winkel $\varepsilon_{1a} = 60^\circ\, 12'$ vor. Ferner ist $J_a = J_{1a} = 13{,}9$ Amp., $J_{2a} = 0$.

Sind beide Transformatoren eingeschaltet, so ist im stationären Zustande

$$J_{1b} = J_{2b} = 10 \text{ Amp.}, \quad J_b = 20 \text{ Amp.},$$
$$E_{1b} = 50{,}5 \text{ Volt}, \quad \varepsilon_{0b} = 25^\circ\, 50' \text{ und } \varepsilon_{1b} = \varepsilon_{2b} = 60^\circ\, 12'.$$

Durch das Zuschalten des zweiten Transformators ist also die Sammelschienenspannung von 70 Volt auf 50,5 Volt gefallen. Der zweite Transformator werde eingeschaltet, wenn $E_{1a} = 0$ ist, und zwar ist dann, da $t = 0$, der Einschaltwinkel $\alpha = \varepsilon_{0a} - \varepsilon_{1a} = -23^\circ$ oder $\alpha = 180^\circ - 23^\circ = 157^\circ$. Wir wählen letzteren Wert, dann ist:

$$i_{1a} = 12{,}08 \text{ Amp.}, \qquad i_{1b} = 7{,}53 \text{ Amp.},$$

also

$$i_{1f0} = 4{,}55 \text{ Amp.}, \qquad i_{2f0} = 7{,}53 \text{ Amp.}$$

Ferner ergeben sich die Dämpfungsfaktoren zu

$$\alpha_1 = 180, \qquad \alpha_2 = 650$$

und die Integrationskonstanten zu

$$A_1 = -\ 6{,}04 \text{ und } A_2 = -\ 1{,}49.$$

Wir können jetzt die Gleichungen für die Ausgleichsströme anschreiben:

$$\begin{aligned} i_{1f} &= \ 6{,}04 \cdot e^{-180 \cdot t} - 1{,}49 \cdot e^{-650 \cdot t} = i_{1f}' + i_{1f}''; \\ i_{2f} &= -\ 6{,}04 \cdot e^{-180 \cdot t} - 1{,}49 \cdot e^{-650 \cdot t} = -\ i_{1f}' + i_{1f}''; \\ i_f &= -\ 2 \cdot 1{,}49 \cdot e^{-650 \cdot t} = +\ 2 \cdot i_{1f}''; \end{aligned}$$

mit deren Hilfe das Liniendiagramm Fig. 29 gezeichnet wurde.

Wir sehen hieraus, daß bei zwei gleich großen Transformatoren der Ausgleichsstrom in ihnen aus zwei Teilen i_{1f}' und i_{1f}'' besteht. Der erstere, i_{1f}' ist im Transformator I stets entgegengesetzt gerichtet wie im Transformator II. Er zirkuliert also nur zwischen den beiden Transformatoren. Der zweite Stromteil i_{1f}'' hat in beiden Transformatoren dieselbe Richtung. Er kommt vom Generator, und er allein fließt — natürlich in doppelter Stärke — in der Zuleitung. Wegen der stärkeren Dämpfung ist dieser Stromteil i_{1f}'' aber längst abgeklungen, während der erstere i_{1f}' noch kräftig zwischen den Transformatoren zirkuliert.

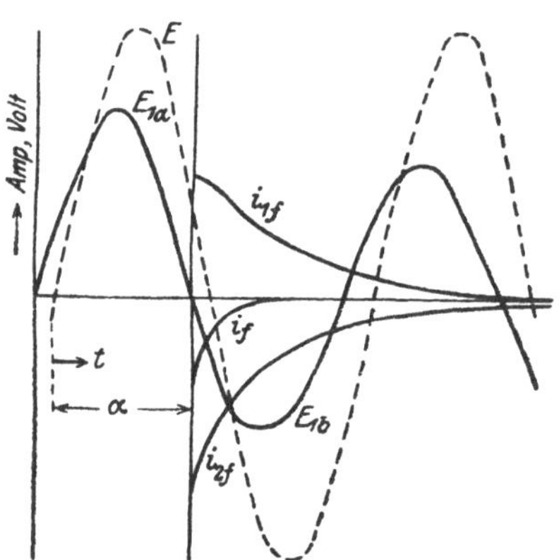

Fig. 29. Verlauf der Ausgleichsströme.

Ist der Wicklungswiderstand der Transformatoren sehr klein, handelt es sich also um große Transformatoren, so wird der Ausgleichsstrom zwischen den Transformatoren noch in voller Stärke bestehen, während der vom Generator kommende Aussgleichstrom i_f schon längst abgeklungen ist. Tatsächlich wird natürlich auch i_{1f}' mit der Zeit verschwinden, aber es dauert manchmal recht lange, bei großen Transformatoren bis zu einer Minute. Sind die Leistungen der Transformatoren ungleich und wird etwa der größere Transformator zuletzt eingeschaltet, so wird man bemerken, daß der bereits eingeschaltete kleinere Transformator fast seine ganze magnetische Energie an den großen Transformator abgibt, daß aber auch die vom Generator gelieferte Ausgleichungsenergie nicht unbedeutend ist infolge des großen Leistungsunterschiedes der Transformatoren.

Sehr wichtig ist noch der Fall, daß Widerstand und Induktivität von Generator und Zuleitung sehr klein sind. Eine einfache Rechnung führt zu dem zu erwartenden Ergebnis:

$$i_{2f} = -i_{2b} \cdot e^{-\frac{R_2}{L_2} \cdot t},$$
$$i_{1f} = 0.$$

Der bereits eingeschaltete Transformator beteiligt sich also nicht mehr an den Ausgleichsvorgängen.

Wir haben uns bis jetzt nur um die in Form gedämpfter Gleichströme verlaufenden Aussgleichströme bekümmert, weil diese als die Träger der magnetischen Energien uns besonders interessierten. Um die im Einschaltmoment sich tatsächlich ausbildenden Ströme zu erhalten, brauchen wir nur, solange L, L_1 und L_2 konstant, also die Sättigung gering ist, zu den Ausgleichsströmen i_f, i_{1f} und i_{2f} die stationären Ströme i_b, i_{1b} und i_{2b} zu addieren. Wie sich indes die Verhältnisse bei gesättigtem Eisen, also in Wirklichkeit gestalten, soll folgende Betrachtung lehren.

Transformator II werde in dem Moment eingeschaltet, in welchem die Spannung gerade die Nullinie passiert. Dann lagert sich, wie wir im vierten Abschnitt sahen, im Einschaltmoment über dem stationären Kraftlinienfluß im Eisenkern ein Gleichfluß, der dieselbe Größe besitzt und der die zu seinem Aufbau nötige Energie dem Netz entnimmt. Diese Vorstellung war damals gerechtfertigt, weil wir die Ergiebigkeit des Netzes als unendlich groß voraussetzten. Da dies nun nicht mehr der Fall ist, müssen wir annehmen, daß ein Teil der zum Aufbau dieses Gleichfeldes benötigten magnetischen Energie dem Transformator I entnommen wird. Das bedingt in diesem das Auftreten eines Gleichflusses von entgegengesetzter Richtung, der sich ebenfalls seinem stationären Flusse überlagert. Die Summe beider Flüsse führt in beiden Transformatoren zu erheblichen Sättigungen und damit zu bedeutenden Stromstößen. Die Stromstöße in dem bereits eingeschalteten Transformator I werden um so größer sein, je größer die vom Transformator II benötigte Energie, d. h. je größer er ist und um so weniger das Netz für die Energiezufuhr in Frage kommt, je größer also der Widerstand der Zuleitungen ist.

Daß diese Vorstellung zu richtigen Ergebnissen führt, sollen zwei, nachstehend wiedergegebene Oszillogramme beweisen. Diese wurden von **Kuhlmann** an zwei Transformatoren von 5 kVA aufgenommen, welche über ein Kabel von $^1/_{25}$ Ohm an einem großen Wechselstromnetz lagen. Bei Oszillogramm Fig. 31 war in das Kabel ein zusätzlicher Widerstand von 1 Ohm gelegt worden. Der Widerstand der Transformatorenwicklung betrug $^1/_{50}$ Ohm.

Man erkennt deutlich, daß die stationären Ströme i_1 und i_2 erst ganz allmählich erreicht werden und vorher starke Energiependelungen zwischen den beiden Transformatoren herrschen, denn i_1 und i_2 haben fast ständig entgegengesetztes Vorzeichen. Im Oszillogramm 31, bei dessen Aufname der Widerstand der Zuleitung künstlich vergrößert war, ist i_1 bereits nach zwei Perioden ebenso groß als i_2, während im Oszillogramm 30, also bei geringem Widerstand der Zuleitung, i_1 nach dieser Zeit erst $^1/_5$ von i_2 beträgt. Transformator I beteiligt sich also im Oszillogramm 31 relativ stärker an den Ausgleichsvorgängen.

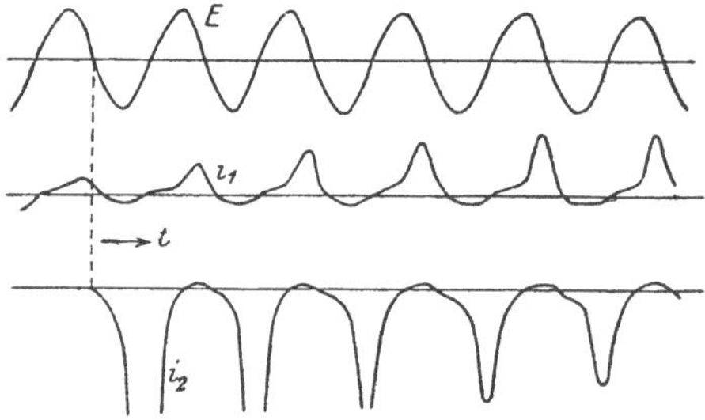

Fig. 30. Zuschalten eines 5 kW-Transformators zu einem zweiten Transformator gleicher Leistung.

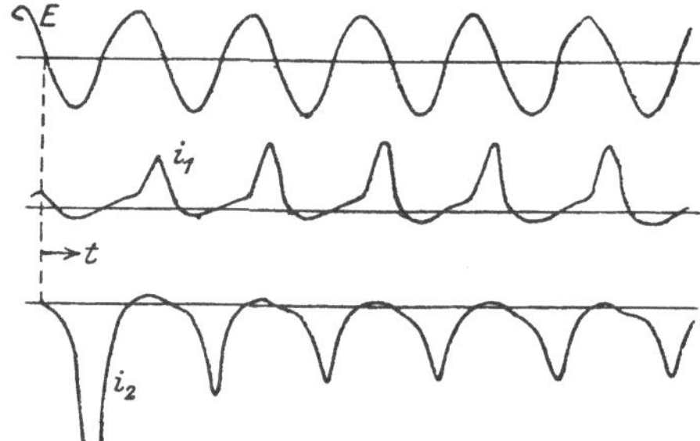

Fig. 31. Dasselbe wie Fig. 30, jedoch bei vergrößertem Widerstand der gemeinsamen Zuleitung.

Die Versuchsbedingungen waren infolge der kleinen Transformatorleistung dem Zustandekommen der betrachteten Ausgleichserscheinungen nicht besonders günstig. In der Praxis treten, wie bereits erwähnt, unter günstigen Bedingungen zwischen parallellaufenden Transformatoren wesentlich höhere Ausgleichsströme auf, die zu unangenehmen Störungen führen können. Zur Vermeidung dieser Störungen sind natürlich auch hier Vorstufenschalter vollkommen ausreichend.

Wir haben unsere sämtlichen bisherigen Betrachtungen auf einphasige Stromkreise bezogen. Drehstrom-Transformatoren verhalten sich prinzipiell ebenso, nur daß eben die Vorgänge, die wir bisher für eine Phase betrachteten, sich dann in allen drei Phasen wiederholen und übereinander lagern. Es besteht nur folgender Unterschied. Im Einphasenkreise hängt der Verlauf der Ausgleichsströme sehr vom Schaltmoment ab, dergestalt, daß, wenn z. B. die Einschaltung in dem Augenblicke erfolgt, in welchem die Spannung gerade ihren Maximalwert durchläuft, Ausgleichsströme überhaupt nicht auftreten. Denn in diesem Falle besteht, da der neue Gleichgewichtszustand sich ohnehin stetig an den alten anschließt, hierzu keine Notwendigkeit. Bei Drehstrom ist hingegen wegen der Phasenverschiebung von 120° zwischen den drei verketteten Spannungen ein solcher Schaltmoment nicht möglich, denn eine der drei Spannungen wird sich immer mehr oder weniger in der Nähe der Nullinie befinden. Beim Einschalten eines Drehstrom-Transformators sind somit unter allen Umständen Stromstöße zu erwarten.

IV. Der mehrfach verkettete magnetische Fluß zwischen ruhenden Wicklungssystemen.

6. Allgemeine Begriffe.

Unseren bisherigen Betrachtungen lagen Anordnungen zugrunde, welche aus *einer stromdurchflossenen Wicklung* und einem mit ihr *verketteten magnetischen Kraftlinienflusse* bestanden. Wir waren den Gesetzen dieser Verkettung nachgegangen und hatten gefunden, daß, wie die Verhältnisse auch sonst liegen mögen, Änderungen im elektrischen Beharrungszustande des Stromkreises stets auch entsprechende Änderungen der magnetischen Größen des Kraftlinienfeldes bedingten und umgekehrt. Denken wir uns nun zwei elektrisch vollkommen getrennte Wicklungen, die von einem gemeinsamen Kraftlinienflusse umschlungen werden, so wird diese Wechselwirkung zwischen jeder einzelnen Wicklung und dem magnetischen Felde in gleicher Weise bestehen, eine Wicklung wird also auch mittelbar auf dem Umwege über das gemeinsame magnetische Feld die andere Wicklung beeinflussen, und wir sagen in diesem Falle, beide Wicklungen sind durch ein magnetisches Feld miteinander verkettet. Ändern wir plötzlich den jeweiligen elektrischen Gleichgewichtszustand in einer der beiden Wicklungen, so ist das nicht möglich, ohne daß sich auch die andere Wicklung, sofern sie geschlossen ist, an den dadurch bedingten Ausgleichsvorgängen beteiligt und ihrerseits eine ganz bestimmte Rückwirkung nicht nur auf das magnetische Feld, sondern auch auf die erste Wicklung ausübt. Die Ausgleichsvorgänge werden dadurch zweifellos andere Formen annehmen, und die Erforschung derselben möge im folgenden unser Ziel sein. Unsere Aufgabe ist in diesem Kapitel noch verhältnismäßig einfach, denn wir werden uns zunächst auf ruhende Wicklungssysteme beschränken, eine Anordnung, die ihren vornehmsten Repräsentanten im Transformator besitzt.

Wir denken uns einen Transformator, der primär an einer Wechselspannung

$$E = E_m \cdot \sin \omega \cdot t$$

liegt und sekundär zunächst offen ist. Eine Einwirkung der Sekundärwicklung findet also nicht statt, und die Primärwicklung führt lediglich

lich den Magnetisierungsstrom, der, wenn wir von den Eisenverlusten und den Sättigungserscheinungen absehen, das Gesetz befolgt:

$$\left.\begin{aligned} i_0 &= i_{0m} \cdot \cos \omega \cdot t, \\ i_{0m} &= \frac{E_m}{L_1 \cdot \omega}, \end{aligned}\right\} \qquad 24)$$

wo

und L_1 der totale Selbstinduktionskoeffizient der Primärwicklung ist.

Wir wissen nun, daß die magnetische Verkettung des Kraftlinienfeldes im Eisen mit beiden Wicklungen niemals eine vollkommene ist, ein Teil des Kraftlinienflusses, die sogenannten Streukraftlinien, ist nur mit einer der beiden Wicklungen allein verkettet. Wir berücksichtigen dies, indem wir den Selbstinduktionskoeffizienten schreiben:

$$L_1 = L_{11} \cdot (1 + \tau_1). \qquad 25\text{a})$$

Man kann den Selbstinduktionskoeffizienten einer Wicklung auch definieren als die mit ihr verkettete Kraftlinienzahl, welche entsteht, wenn sie vom Strom 1 durchflossen wird[1]). Es entspricht somit L_{11} dem beide Wicklungen durchsetzenden gemeinsamen Kraftlinienflusse, während $L_{11} \cdot \tau_1$ den nur die Primärwicklung allein durchsetzenden verketteten Streufluß ergibt. τ_1 bezeichnet man als den primären Streuungskoeffizienten. In gleicher Weise kann man für die Sekundärwicklung schreiben:

$$L_2 = L_{22} \cdot (1 + \tau_2). \qquad 25\text{b})$$

Hier ist τ_2 der sekundäre Streuungskoeffizient und $L_{22} \cdot \tau_2$ der verkettete sekundäre Streukraftlinienfluß beim Sekundärstrom 1. Die Streuungskoeffizienten geben also das Verhältnis der Streukraftlinien zu den Nutzkraftlinien an.

Wir setzen:

$$\sqrt{L_{11} \cdot L_{22}} = M \qquad 25\text{c})$$

und bezeichnen damit den Koeffizienten der gegenseitigen Induktion. M läßt sich auch als die mit einer Wicklung verkettete Kraftlinienzahl definieren, wenn die andere, die Kraftlinien erzeugende Wicklung, vom Strom 1 durchflossen wird. Die vom gemeinsamen Felde in beiden Wicklungen induzierte EMK ist somit primär:

---

[1]) Ist also N die Windungszahl, Φ der jeweils mit einer Windung beim Strom 1 verkettete Kraftlinienfluß, so ist allgemein:

$$L = \sum_0^N \Phi,$$

und nur im besonderen Falle des technischen Transformators mit konzentrierten Wicklungen ist

$$L = N \cdot \Phi.$$

und sekundär:

$$\left.\begin{aligned} e_1 &= -i_{0m} \cdot L_{11} \cdot \omega \cdot \sin \omega \cdot t, \\ e_2 &= -i_{0m} \cdot M \cdot \omega \cdot \sin \omega \cdot t, \end{aligned}\right\} \qquad 26)$$

beide haben also, wie dies auch in dem in Fig. 32 dargestellten Leerlaufdiagramm des Transformators zum Ausdruck kommt, gleiche Richtung und sind gegenüber der Netzspannung um 180° verschoben. Die gesamte, in der Primärwicklung induzierte Spannung ist natürlich:

$$E' = -i_{0m} \cdot L_1 \cdot \omega \cdot \sin \omega \cdot t = -E.$$

Der dem Leerlauf entgegengesetzte Betriebszustand des Transformators ist der Kurzschluß, in ihm ist die sekundäre Klemmenspannung $= 0$, und die gesamte im Sekundärkreis induzierte EMK wird in dem Ohmschen und dem durch den Streufluß bedingten induktiven Spannungsabfall der Sekundärwicklung aufgezehrt. Da der Magnetisierungsstrom neben den Kurzschlußströmen wegen seines geringen Betrages vollkommen verschwindet, sind die primären und sekundären Amperewindungen gleich, und Primär- und Sekundärstrom i_1 und i_2 haben eine Phasenverschiebung von 180°. Für die Primärwicklung gilt somit, wenn e_k die Kurzschlußspannung des Transformators bedeutet und der Ohmsche Spannungsabfall vernachlässigt wird:

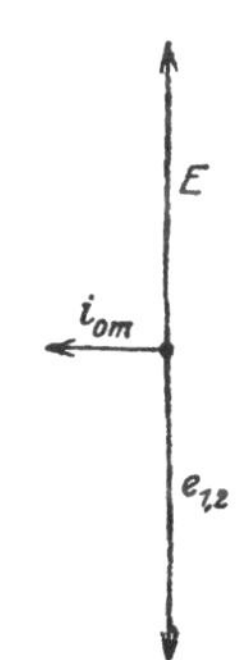

Fig. 32. Leerlaufdiagramm des Transformators.

$$e_k = i_1 \cdot L_1 \cdot \omega + i_2 \cdot M \cdot \omega,$$

ferner für die Sekundärwicklung:

$$0 = i_2 \cdot L_2 \cdot \omega + i_1 \cdot M \cdot \omega. \qquad 27)$$

Aus dieser letzteren Gleichung folgt sofort für das Stromübersetzungsverhältnis:

$$\frac{i_2}{i_1} = -\frac{M}{L_2} \qquad 28a)$$

und damit wird

$$e_k = i_1 \cdot L_1 \cdot \omega \cdot \left(1 - \frac{M^2}{L_1 \cdot L_2}\right) = i_1 \cdot L_1 \cdot \tau \cdot \omega. \qquad 28b)$$

Man bezeichnet

$$\tau = 1 - \frac{M^2}{L_1 \cdot L_2} = 1 - \frac{1}{(1 + \tau_1) \cdot (1 + \tau_2)} \qquad 29)$$

als den totalen Streuungskoeffizienten des Transformators, da er die gesamte Streuung desselben zum Ausdruck bringt, und $L_1 \cdot \tau$ als die primäre Kurzschlußreaktanz. Die sekundäre Kurzschlußreaktanz ist $L_2 \cdot \tau$. Man läßt also im einen Falle sämtliche Streukraftlinien in der Primärwicklung, im anderen Falle in der Sekundärwicklung auftreten, und man könnte $L_1 \cdot \tau$ bzw. $L_2 \cdot \tau$ auch als die auf die betreffende Wicklung bezogene totale Streuinduktivität des Transformators bezeichnen.

Etwas anderes ist die primäre Streuinduktivität L_s' und die sekundäre Streuinduktivität L_s''. L_s' ist der Teil des mit der Primärwicklung verketteten Kraftlinienflusses, der die Sekundärwicklung nicht induziert, also

$$L_s' = L_1 - M \cdot \frac{N_1}{N_2} = L_{11} \cdot \tau_1,$$

ebenso

$$L_s'' = L_2 - M \cdot \frac{N_2}{N_1} = L_{22} \cdot \tau_2,$$

wo N_1 die primäre und N_2 die sekundäre Windungszahl ist.

Somit ist der die Primärwicklung durchsetzende Streufluß

$$\Phi_s' = i_1 \cdot \frac{L_{11}}{N_1} \cdot \tau_1 = i_1 \cdot \frac{L_1}{N_1} \cdot \frac{\tau_1}{1 + \tau_1}, \tag{30a}$$

und der von der Sekundärwicklung erzeugte Streufluß:

$$\Phi_s'' = i_2 \cdot \frac{L_2}{N_2} \cdot \frac{\tau_2}{1 + \tau_2} = i_1 \cdot \frac{L_1}{N_1} \cdot \frac{\tau_2}{(1 + \tau_1) \cdot (1 + \tau_2)}. \tag{30b}$$

Die Summe beider:

$$\Phi_0 = \Phi_s' + \Phi_s'' = i_1 \cdot \frac{L_1}{N_1} \cdot \tau \tag{30c}$$

ergibt das gesamte, im Kurzschluß vorhandene magnetische Feld des Transformators. Hingegen ist das im Kurzschluß noch vorhandene gemeinsame Feld:

$$\Phi_g = \Phi_s - \Phi_s' = \Phi_s'' = i_1 \cdot \frac{L_1}{N_1} \cdot \frac{\tau_2}{(1 + \tau_1) \cdot (1 + \tau_2)}. \tag{30d}$$

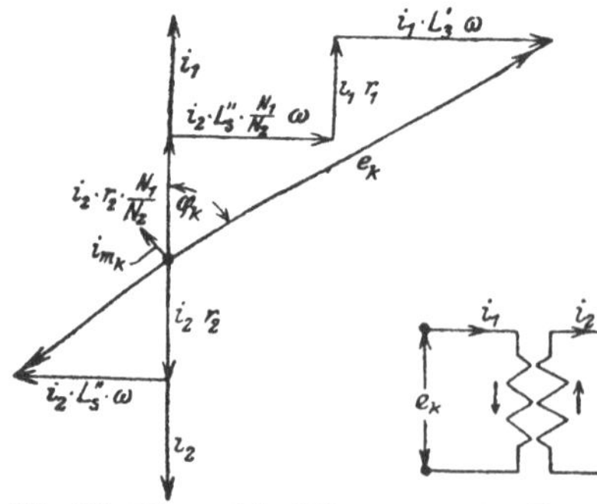

Fig. 33. Kurzschlußdiagramm des Transformators.

Wir müssen streng unterscheiden zwischen dem gemeinsamen Felde und dem gesamten magnetischen Felde des Transformators oder dem magnetischen Felde schlechtweg. Während, wie wir sahen, das gemeinsame Feld im vollkommenen Kurzschluß identisch ist mit dem sekundären Streufelde, setzt sich das gesamte magnetische Feld des Transformators aus den Streufeldern von

Primär- und Sekundärwicklung zusammen. Das gesamte magnetische Feld erfährt durch den Kurzschluß keine Verminderung, sofern nur die Primärspannung E ihren Leerlaufswert beibehält, also $e_k = E$.

Fig. 33 zeigt das bekannte Vektordiagramm des kurzgeschlossenen Transformators, an welchem die eben behandelten Verhältnisse leicht zu verfolgen sind.

7. Die Differentialgleichungen zweier durch einen magnetischen Kraftfluß verketteter Wicklungen.

Die allgemeinen Differentialgleichungen des Transformators sind schon von Helmholtz aufgestellt worden. Sie lauten für den sekundär kurzgeschlossenen Transformator:

$$\left.\begin{aligned} L_1 \cdot \frac{d i_1}{dt} + M \cdot \frac{d i_2}{dt} + r_1 \cdot i_1 &= E, \\ L_2 \cdot \frac{d i_2}{dt} + M \cdot \frac{d i_1}{dt} + r_2 \cdot i_2 &= 0. \end{aligned}\right\} \quad 31)$$

i_1 und i_2 sind die jeweiligen Momentanwerte der Ströme in Primär- und Sekundärwicklung, die Gleichungen vernachlässigen natürlich jegliche Eisenverluste und Sättigungserscheinungen. Dividieren wir die Gl. 31), durch $\sqrt{L_1}$ bzw. $\sqrt{L_2}$, so lassen sie sich umformen in

$$\frac{d i_1 \cdot \sqrt{L_1}}{dt} + \frac{M}{\sqrt{L_1 \cdot L_2}} \cdot \frac{d i_2 \cdot \sqrt{L_2}}{dt} + \frac{r_1}{L_1} \cdot i_1 \cdot \sqrt{L_1} = \frac{E}{\sqrt{L_1}},$$

$$\frac{d i_2 \cdot \sqrt{L_2}}{dt} + \frac{M}{\sqrt{L_1 \cdot L_2}} \cdot \frac{d i_1 \cdot \sqrt{L_1}}{dt} + \frac{r_2}{L_2} \cdot i_2 \cdot \sqrt{L_2} = 0.$$

Setzen wir

$$\frac{r_1}{L_1} = \frac{r_2}{L_2} = \frac{r}{L},$$

ordnen wir also beiden Wicklungen gleiche Zeitkonstanten zu, was bei Transformatoren wegen des gleichen primären und sekundären Kupfergewichtes sehr angenähert zutrifft, setzen wir ferner der Kürze halber:

$$i_1 \cdot \sqrt{L_1} = j_1,$$
$$i_2 \cdot \sqrt{L_2} = j_2,$$

so folgt durch Addition, bzw. Subtraktion beider Gleichungen:

$$\frac{d(j_1 + j_2)}{dt} \cdot \left(1 + \frac{M}{\sqrt{L_1 \cdot L_2}}\right) + (j_1 + j_2) \cdot \frac{r}{L} = \frac{E}{\sqrt{L_1}},$$

$$\frac{d(j_1 - j_2)}{dt} \cdot \left(1 - \frac{M}{\sqrt{L_1 \cdot L_2}}\right) + (j_1 - j_2) \cdot \frac{r}{L} = \frac{E}{\sqrt{L_1}}.$$

Diese Gleichungen haben nun folgende Lösung für die freien Schwingungen:

$$j_{1f} + j_{2f} = A' \cdot e^{-\alpha_1 \cdot t},$$
$$j_{1f} - j_{2f} = A'' \cdot e^{-\alpha_2 \cdot t},$$

wo

$$\alpha_1 = \frac{r}{L} \cdot \frac{1}{1 + \frac{M}{\sqrt{L_1 \cdot L_2}}},$$

$$\alpha_2 = \frac{r}{L} \cdot \frac{1}{1 - \frac{M}{\sqrt{L_1 \cdot L_2}}}.$$

Wir erhalten somit für Primär- und Sekundärstrom

$$\left.\begin{aligned} i_{1f} &= A_1 \cdot e^{-\alpha_1 \cdot t} + A_2 \cdot e^{-\alpha_2 \cdot t}, \\ i_{2f} &= \sqrt{\frac{L_1}{L_2}} \cdot [A_1 \cdot e^{-\alpha_1 \cdot t} - A_2 \cdot e^{-\alpha_2 \cdot t}], \end{aligned}\right\} \qquad 32)$$

wo A_1 und A_2 die willkürlichen Integrationskonstanten sind und die Schwingungskonstanten geschrieben werden können

$$\alpha_{1,2} = \frac{r}{L} \cdot \frac{1 \mp \sqrt{1 - \tau}}{\tau}. \qquad 33)$$

Auf die Bestimmung der erzwungenen Schwingungen, also des stationären Kurzschlußstromes aus Gl. 29), wollen wir verzichten, da dieser bequemer aus dem Vektordiagramm abzuleiten ist und uns letzten Endes besonders die freien Schwingungen, also die Ausgleichsströme interessieren.

Besonders einfache Verhältnisse ergeben sich, wenn Primär- und Sekundärwicklung gleiche Windungszahl besitzen. Dann ist nämlich $L_1 = L_2$ und es wird

$$\left.\begin{aligned} i_{1f} &= A_1 \cdot e^{-\frac{r}{L+M} \cdot t} + A_2 \cdot e^{-\frac{r}{L-M} \cdot t}, \\ i_{2f} &= A_1 \cdot e^{-\frac{r}{L+M} \cdot t} - A_2 \cdot e^{-\frac{r}{L-M} \cdot t}. \end{aligned}\right\} \qquad 34)$$

Wir werden diesen Spezialfall den folgenden Betrachtungen zugrunde legen, da wir dann die physikalischen Vorgänge besonders deutlich erkennen werden.

8. Das Schalten des sekundär kurzgeschlossenen Transformators.

Der sekundär kurzgeschlossene Transformator werde zur Zeit $t = 0$ primärseitig an eine Gleichstromspannung E gelegt. Im Schaltmomente ist

$$i_{1\,t=0} = 0\,,$$
$$i_{2\,t=0} = 0\,.$$

Sind die freien Schwingungen abgelaufen, also die Ausgleichsvorgänge beendet, so muß ferner sein

$$i_{1\,t=\infty} = \frac{E}{r_1}\,,$$
$$i_{2\,t=\infty} = 0\,.$$

Die Ausgleichsströme genügen somit den folgenden Anfangsbedingungen:

$$\left.\begin{aligned} i_{1f0} &= -\frac{E}{r_1}\,,\\ i_{2f0} &= 0\,. \end{aligned}\right\} \qquad 35)$$

Diese ergeben, in die Gl. 34) eingesetzt, folgende Werte für die Integrationskonstanten:

$$A_1 = A_2 = -\frac{E}{2\cdot r_1}\,,$$

und wir erhalten somit für die übergelagerten Ströme:

$$\left.\begin{aligned} i_{1f} &= -\frac{E}{2\cdot r_1}\cdot e^{-\frac{r}{L+M}\cdot t} - \frac{E}{2\cdot r_1}\cdot e^{-\frac{r}{L-M}\cdot t}\,,\\ i_{2f} &= -\frac{E}{2\cdot r_1}\cdot e^{-\frac{r}{L+M}\cdot t} + \frac{E}{2\cdot r_1}\cdot e^{-\frac{r}{L-M}\cdot t}\,. \end{aligned}\right\} \qquad 36)$$

Um die sich in den Wicklungen tatsächlich ausbildenden Ströme zu erhalten, müssen wir die Ausgleichsströme zu den nach Beendigung des Ausgleichsvorganges bestehenden stationären Stromwerten addieren. Dies ergibt im vorliegenden Falle:

$$\left.\begin{aligned} i_1 &= \frac{E}{r_1}\cdot\left(1 - \frac{1}{2}\cdot e^{-\frac{r}{L+M}\cdot t} - \frac{1}{2}\cdot e^{-\frac{r}{L-M}\cdot t}\right),\\ i_2 &= \frac{E}{r_1}\cdot\left(-\frac{1}{2}\cdot e^{-\frac{r}{L+M}\cdot t} + \frac{1}{2}\cdot e^{-\frac{r}{L-M}\cdot t}\right). \end{aligned}\right\} \qquad 37)$$

Dieses Ergebnis ist sehr interessant. Der Ausgleichsstrom in beiden Wicklungen besteht aus 2 Gliedern mit sehr verschieden starker Dämpfung. Der Anteil

$$i' = \frac{E}{2\cdot r_1}\cdot e^{-\frac{r}{L+M}\cdot t}\,,$$

mit einer Dämpfung, die nur etwa halb so groß ist, wie wir sie im 3. Abschnitt bei nur einer Wicklung kennen lernten, hat in beiden Wicklungen gleiches Vorzeichen und entgegengesetzte Richtung wie der aufgezwungene Strom. i' ist jener Strom, welcher der durch das

Anwachsen des gemeinsamen Feldes in beiden Wicklungen induzierten Gegen-EMK seine Entstehung verdankt, und wir sehen, daß sich beide Wicklungen in gleicher Weise an der Abwehr des entstehenden Feldes beteiligen. Wegen des doppelten Kupfergewichtes der beiden Wicklungen gegenüber einer einzigen ist natürlich auch die Zeitkonstante nun doppelt so groß. Der Anteil

$$i'' = \frac{E}{2 \cdot r_2} \cdot e^{-\frac{r}{L-M} \cdot t}$$

mit sehr starker Dämpfung (statt der doppelten Leerlaufinduktivität erscheint im Exponenten die vielmals kleinere Streuinduktivität) hat in beiden Wicklungen entgegengesetztes Vorzeichen, beide Ströme heben sich also in ihrer Wirkung auf das gemeinsame Feld auf. Die Ströme i'' werden durch die Gegen-EMK der sich um beide Wicklungen bildenden Streufelder hervorgerufen, daher ihr entgegengesetztes Vorzeichen und ihre durch die geringe Feldenergie bedingte starke Dämpfung. Während also die Streufelder recht schnell aufgebaut werden, dauert dies bei dem gemeinsamen Felde relativ lange. Man erkennt das letztere auch leicht, wenn man die Summe der Ströme i_1 und i_2 bildet, man erhält dann den gesamten Magnetisierungsstrom und damit den Verlauf des ihm proportionalen gemeinsamen Feldes. Es ist

$$i_1 + i_2 = \frac{E}{r_1} \cdot \left(1 - e^{-\frac{r}{L+M} \cdot t}\right).$$

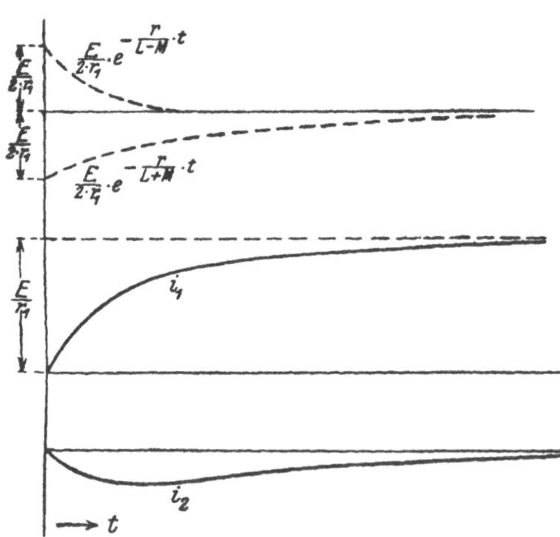

Fig. 34. Anschalten eines Transformators an eine Gleichstromspannung.

Die Fig. 34, welche den Verlauf der Einschaltströme in Primär- und Sekundärwicklung eines Transformators zeigt, bedarf nach dem Gesagten wohl keiner Erklärung mehr.

Wir wollen nun zu dem praktisch wichtigen Fall übergehen, daß ein sekundär kurzgeschlossener Transformator primärseitig an eine Wechselspannung angeschlossen wird. Der sich ausbildende stationäre Kurzschlußstrom sei auf der Primärseite i_{1k}, auf der Sekundärseite i_{2k}, die entsprechenden Augenblickswerte im Schaltmoment seien i_{1k0} und i_{2k0}. Die freien Schwingungen haben somit, wie man leicht feststellen kann, folgende Anfangswerte:

$$\left.\begin{aligned} \dot{i}_{1f0} &= -\dot{i}_{1k0}, \\ \dot{i}_{2f0} &= -\dot{i}_{2k0}, \end{aligned}\right\} \tag{38)}$$

und damit bestimmen sich die Integrationskonstanten zu

$$A_1 = -\frac{1}{2}\cdot(\dot{i}_{1k0} + \dot{i}_{2k0}),$$

$$A_2 = -\frac{1}{2}\cdot(\dot{i}_{1k0} - \dot{i}_{2k0}).$$

Nun ist aber sehr angenähert

$$\dot{i}_{1k0} = -\dot{i}_{2k0} = \dot{i}_{k0},$$

$$\dot{i}_{1k0} + \dot{i}_{2k0} = \dot{i}_{m0},$$

und die Integrationskonstanten lassen sich somit einfacher schreiben

$$A_1 = -\frac{\dot{i}_{m0}}{2},$$

$$A_2 = -\dot{i}_{k0}.$$

$\dot{i}_{m0}$ ist der Augenblickswert des Magnetisierungsstromes im Schaltmoment. Für die in Primär- und Sekundärwicklung im Einschaltmoment ausgelösten freien Schwingungen gewinnen wir somit die Gleichungen:

$$\left.\begin{aligned} \dot{i}_{1f} &= -\frac{\dot{i}_{m0}}{2}\cdot e^{-\frac{r}{L+M}\cdot t} - \dot{i}_{k0}\cdot e^{-\frac{r}{L-M}\cdot t}, \\ \dot{i}_{2f} &= -\frac{\dot{i}_{m0}}{2}\cdot e^{-\frac{r}{L+M}\cdot t} + \dot{i}_{k0}\cdot e^{-\frac{r}{L-M}\cdot t}. \end{aligned}\right\} \tag{39)}$$

Beim plötzlichen Einschalten des sekundär kurzgeschlossenen Transformators laufen zwei Ausgleichsvorgänge nebeneinander her, die wir getrennt betrachten wollen.

Der Kurzschlußstrom i_k kann nur dann vom Schaltmoment ab seinen ungestörten stationären Verlauf nehmen, wenn er in jenem Augenblicke gerade betriebsmäßig die Nullinie passieren würde. Ist dies nicht der Fall, wird also zu irgendeinem anderen Zeitpunkte geschaltet, so lagert sich über den stationären Kurzschlußstrom ein Gleichstrom, der diesen im Einschaltmoment zu Null ergänzt, also im Höchstfalle dessen Amplitudinalwert erreichen kann. Dieser Gleichstrom hat, wie die Gl. 39) zeigen, in Primär- und Sekundärwicklung entgegengesetzte Richtung, hebt sich also in seiner Wirkung auf das gemeinsame Feld auf und ist, da er nur von Streufeldern getragen wird, ziemlich stark gedämpft.

Auch das im Kurzschluß vorhandene gemeinsame Feld wird je nach dem Einschaltmoment durch ein sich ihm überlagerndes Gleichfeld zu Null ergänzt, es spielt sich also im kurzgeschlossenen Transormator noch ein zweiter Vorgang ab, den wir aber bereits im 4. Abschnitt kennen lernten. Der zur Aufrechterhaltung dieses Gleichfeldes nötige Magnetisierungsstrom wird, wie die Gl. 39) zeigen, von beiden Wicklungen in gleicher Weise gedeckt, während bekanntlich der stationäre Magnetisierungsstrom i_m nur von der Primärseite aus geliefert wird. Ist der Transformator groß im Vergleich zur Leistungsfähigkeit des Netzes, mit anderen Worten, fällt infolge des Kurzschlusses die Netzspannung stark ab, so besitzt das gemeinsame Feld und damit i_m nur geringe Höhe, i_{m0} ist also gegenüber i_{k0} zu vernachlässigen und in Primär- und Sekundärwicklung sind Ströme von gleicher Höhe zu erwarten, welche im ungünstigsten Falle die doppelte Höhe des stationären Kurzschlußstromes erreichen. Ist der Transformator hingegen klein im Vergleich zur Leistungsfähigkeit des Netzes, hält dasselbe also seine Spannung aufrecht, so können im Eisenkern, besonders wenn die sekundäre Streuung groß und das primäre Streufeld zum großen Teil im Eisen verläuft, infolge des übergelagerten Gleichfeldes hohe Sättigungen und damit in der Primärwicklung erhebliche Magnetisierungsstromstöße auftreten. Das Gleichstromglied in der Sekundärwicklung erreicht natürlich nur die halbe Höhe des dem übergelagerten Gleichfelde entsprechenden Magnetisierungsstromes. Während also in der Sekundärwicklung nur etwa der doppelte stationäre Kurzschlußstrom zu erwarten ist, können in der Primärwicklung, wenn die Streuung nicht zu klein ist, wesentlich höhere Stromstöße auftreten.

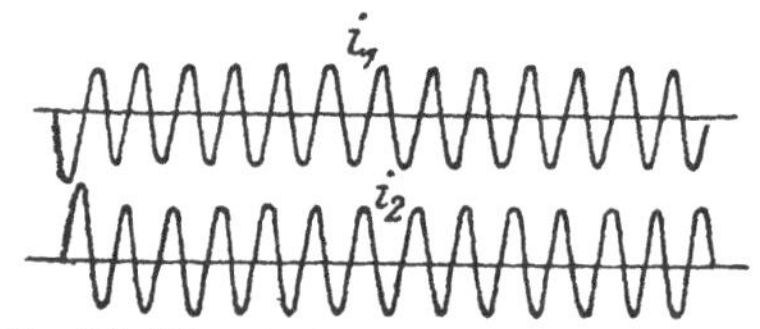

Fig. 35. Einschalten eines kurzgeschlossenen Asynchronmotors bei verminderter Spannung.

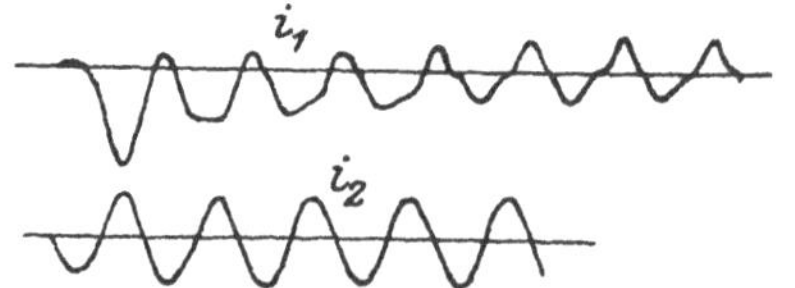

Fig. 36. Einschalten eines kurzgeschlossenen Asynchronmotors bei normaler Spannung.

Die Oszillogramme 35 und 36 bestätigen dies. Beide wurden an einem Asynchronmotor mit stillstehendem, kurzgeschlossenem Rotor aufgenommen, da Asynchronmotoren wegen ihrer größeren Streuung günstigere Versuchsbedingungen ergeben. Bei Oszillogramm 35 war die Spannung auf 30% des normalen Wertes erniedrigt worden, während sie bei Oszillogramm 36 die normale Höhe besaß. Im Oszillogramm 35 treten in Stator und Rotor gleich hohe Ströme auf, welche wegen der starken Dämpfung nur die 1,3fache Höhe des stationären Kurzschlußstromes erreichen, während im Oszillogramm 36 der Statorstrom den 4fachen Betrag des stationären Kurzschlußstromes annimmt. Der Rotorstrom zeigt keine nennenswerte Erhöhung.

9. Der plötzliche Kurzschluß des Transformators und seine Unterbrechung.

Der Fall wird meist so liegen, daß der Transformator primärseitig an ein Wechselstromnetz angeschlossen ist und daß nun auf der Sekundärseite plötzlich ein Kurzschluß auftritt. Wir wollen, da wir dann besonders einfache Anfangsbedingungen haben, annehmen, der Transformator laufe unbelastet und zur Zeit $t = 0$ werde die Sekundärwicklung plötzlich kurzgeschlossen.

Dann fließt vor Eintritt des Kurzschlusses in der Primärwicklung ein Magnetisierungsstrom i_m, die Sekundärwicklung ist stromlos. Nach Ablauf sämtlicher Ausgleichserscheinungen führen beide Wicklungen den stationären Kurzschlußstrom i_{1k} bzw. i_{2k}. Bezeichnen wir wieder die auf den Schaltmoment bezogenen Werte mit i_{m0}, i_{1k0} und i_{2k0}, so haben wir:

$$\left.\begin{aligned} i_{1f0} &= i_{m0} - i_{1k0} = A_1 + A_2 \\ i_{2f0} &= -\,i_{2k0} \qquad = A_1 - A_2 \end{aligned}\right\} \tag{40}$$

und daraus folgt

$$A_1 = \frac{1}{2}\cdot\big(i_{m0} - (i_{1k0} + i_{2k0})\big),$$

$$A_2 = \frac{1}{2}\cdot\big(i_{m0} - (i_{1k0} - i_{2k0})\big).$$

Nun ist wieder angenähert:

$$\begin{aligned} i_{1k0} &= -\,i_{2k0} = i_{k0}, \\ i_{1k0} + i_{2k0} &= i_{mk0}. \end{aligned}$$

und damit

$$A_1 = \frac{1}{2}\cdot(i_{m0} - i_{mk0}) = \frac{i_{m0}'}{2},$$

$$A_2 = \frac{i_{m0}}{2} - i_{k0} \qquad = \sim -\,i_{k0}.$$

i_{mk0} ist der dem im Kurzschluß vorhandenen gemeinsamen Felde entsprechende Magnetisierungsstrom, somit entspricht i_{m0}' jenem Anteil des Feldes, welches im Verlaufe des Kurzschlusses verschwindet. Denn schon infolge des in der Regel eintretenden Abfallens der Netzspannung wird das gemeinsame Feld im Kurzschluß immer kleiner sein als bei Leerlauf.

Die Gleichungen der übergelagerten Ströme lauten also:

$$\left.\begin{aligned} i_{1f} &= \frac{i_{m0}'}{2}\cdot e^{-\frac{r}{L+M}\cdot t} - i_{k0}\cdot e^{-\frac{r}{L-M}\cdot t}, \\ i_{2f} &= \frac{i_{m0}'}{2}\cdot e^{-\frac{r}{L+M}\cdot t} + i_{k0}\cdot e^{-\frac{r}{L-M}\cdot t}. \end{aligned}\right\} \tag{41}$$

Es treten also in beiden Wicklungen erstens zwei gleichgerichtete Ströme von geringer Stärke auf, welche die Schwächung des Feldes zu verhindern suchen, und zweitens zwei entgegengesetzt gerichtete Ströme, welche maximal die Höhe des Amplitudinalwertes des stationären Kurzschlußstromes erreichen, also wieder für diesen die Anfangsbedingungen herstellen. Es sind also beim plötzlichen Kurzschluß in beiden Wicklungen gleich große Stromstöße von maximal der doppelten Höhe des stationären Kurzschlußstromes zu erwarten.

Nicht so sehr praktisches als vielmehr theoretisches Interesse bietet der plötzliche Kurzschluß des Serientransformators, also eines Transformators, der vor und nach dem Kurzschluß den konstanten Primärstrom i_1 führt. Dieser selbe Strom ist vor dem Kurzschluß Magnetisierungsstrom, während er nach Ablauf der Ausgleichsvorgänge, wo das Feld im Transformator gering ist, zum weitaus größten Teil lediglich den sekundären Gegenamperewindungen die Wage hält. Beim Eintritt des plötzlichen Kurzsehlusses wird also fast die ganze, im Leerlaufzustande aufgespeichert gewesene mágnetische Energie im Transformator in Freiheit gesetzt.

Die Anfangsbedingungen für die Ausgleichsströme lauten im vorliegenden Falle:

$$\left.\begin{aligned} i_{1f} &= 0, \\ i_{2f} &= -\, i_{2k0} = \sim i_{10}. \end{aligned}\right\} \qquad 42)$$

Hieraus folgt

$$A_1 = \frac{i_{10}}{2},$$

$$A_2 = -\frac{i_{10}}{2},$$

und damit

$$\left.\begin{aligned} i_{1f} &= \frac{i_{10}}{2}\cdot e^{-\frac{r}{L+M}\cdot t} - \frac{i_{10}}{2}\cdot e^{-\frac{r}{L-M}\cdot t}, \\ i_{2f} &= \frac{i_{10}}{2}\cdot e^{-\frac{r}{L+M}\cdot t} + \frac{i_{10}}{2}\cdot e^{-\frac{r}{L-M}\cdot t}. \end{aligned}\right\} \qquad 43)$$

Während also in der Primärwicklung nur eine Stromerhöhung um höchstens 50% eintritt, erreicht der Kurzschlußstrom in der Sekundärwicklung wieder den doppelten stationären Wert. Die interessanteste Aussage der Gl. 43) besteht darin, daß beide Wicklungen das freiwerdende Feld abfangen und eine ganz allmählich verlaufende Umwandlung der magnetischen Energie in Joulesche Wärme vermitteln.

Hätten wir den Kurzschluß in dem Augenblicke eingeleitet, in welchem die Leerlaufspannung gerade ihr Maximum durchläuft, also die im Transformator aufgespeicherte Energie Null ist, so wären natürlich überhaupt keine Ausgleichsvorgänge aufgetreten.

Im stationären Kurzschluß herrscht an den Primärklemmen des Transformators, wenn wir vom Ohmschen Widerstand absehen, eine Spannung

$$e_k = i_1 \cdot L_1 \cdot \tau \cdot \omega,$$

die Leerlaufspannung ist

$$E = i_1 \cdot L_1 \cdot \omega.$$

Beiden Spannungen ist das gesamte, die Primärwicklung umschließende magnetische Feld proportional. Die durch den plötzlichen Kurzschluß in Freiheit gesetzte magnetische Energie hat mithin einen Betrag von

$$W_f = \frac{1}{2} \cdot i_{1\max}^2 \cdot L_1 \cdot (1 - \tau). \tag{44}$$

Unterbrechungsüberspannungen sind in dem Maße, wie wir sie beim Abschalten des leerlaufenden Transformators kennen lernten, bei der Unterbrechung des Kurzschlusses eines Transformators nicht möglich. Denn es wird stets eine der beiden Wicklungen, entweder direkt oder über den Stromerzeuger geschlossen und so imstande sein, das Feld mit Hilfe eines im Schaltmoment entstehenden Gleichstromes noch zunächst aufrecht zu erhalten. Diesen Vorgang zeigt Oszillogramm 37 sehr deutlich. Das Oszillogramm stellt die über einem Stromwandler aufgenommene Unterbrechung des Kurzschlußstromes eines Turbogenerators dar. Im Augenblicke t_0 riß der Lichtbogen im Ölschalter vorzeitig ab. Das Oszillogramm zeigt nun nicht etwa ein plötzliches Verschwinden des Stromes, was in Wirklichkeit ja eintrat, sondern der Generatorstrom scheint langsam als Gleichstrom abzuklingen. Es ist dies ein im Sekundärstromkreis des primär nunmehr offenen Stromwandlers auftretender Gleichstrom, welcher die zur Zeit der plötzlichen Unterbrechung im Stromwandler aufgespeicherte magnetische Energie bindet und eine langsam verlaufende Umwandlung derselben in Joulesche Wärme bewirkt. Es wird im Augenblicke der Unterbrechung nur die in den Streufeldern aufgespeicherte magnetische Energie frei und diese ist verhältnismäßig gering, kann also beträchtliche Überspannungen nicht hervorbringen.

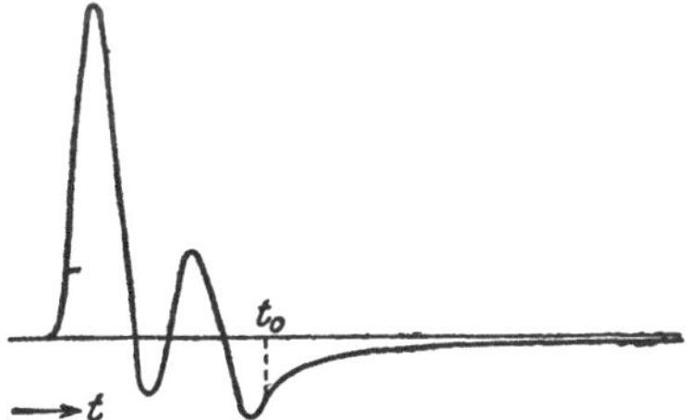

Fig. 37. Verlauf des Sekundärstromes eines Stromwandlers bei der plötzlichen Unterbrechung des Kurzschlusses auf der Primärseite.

Ist der Kurzschluß eines Transformators stationär geworden, so ist das gemeinsame Feld einmal um einen dem primären Streufeld entsprechenden Betrag kleiner geworden, dann um einen dem primären

Ohmschen Spannungsabfall und ferner um einen dem Spannungsabfall des Netzes entsprechenden Betrag. Wird nun der Kurzschluß sekundärseitig abgeschaltet und steigt die Netzspannung wieder sofort auf ihren alten Betrag, so wird sie im Transformator ein Feld vorfinden, dessen Stärke unter Umständen beträchtlich unter dem Sollwert liegt. Es wird also im Augenblicke der Unterbrechung ein neuer Ausgleichsvorgang einsetzen, dessen Verlauf wir bereits im vierten Abschnitt kennen lernten. Fig. 38 zeigt das Ein- und Abschalten des Kurzschlusses eines 5000 kVA-Transformators. Man sieht, wie sich an den

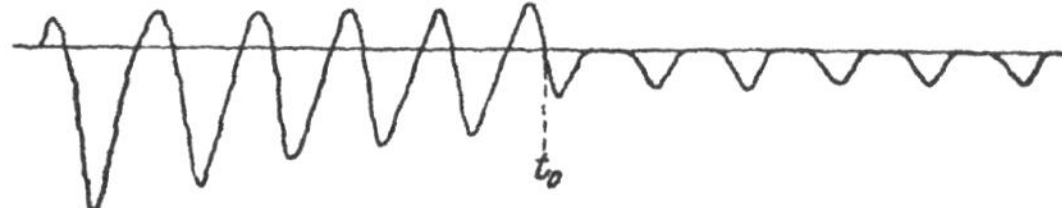

Fig. 38. Verlauf des Primärstromes eines Transformators bei der Unterbrechung des Kurzschlusses auf der Sekundärseite.

Kurzschlußstrom die bekannten Einschaltstromstöße stetig anschließen, doch ist ihre Höhe gegenüber der des maximalen Kurzschlußstromes gering und somit ihre praktische Bedeutung im vorliegenden Falle nicht groß.

V. Der mehrfach verkettete magnetische Fluß zwischen bewegten, einachsigen Wicklungssystemen.

10. Die Einphasen-Synchronmaschine im stationären Leerlauf und Kurzschluß.

Wir haben uns in diesem Kapitel mit den merkwürdigen Ausgleichsvorgängen zu befassen, die sich beim plötzlichen Kurzschluß der Einphasen-Synchronmaschine abspielen. Bevor wir indes die Analysierung dieser verwickelten Erscheinungen in Angriff nehmen, wollen wir kurz den Zustand des stationären Leerlaufes und Kurzschlusses betrachten, schon, um uns mit der Bedeutung der verschiedenen, auf die Maschine angewandten Induktionskoeffizienten vertraut zu machen.

Wir denken uns eine Maschine von einfachster Bauart, die nach Art eines Turbogenerators mit konstantem Luftraum und verteilter Erregerwicklung ausgeführt ist (Fig. 39). Stator und Induktor seien lamelliert, so daß Wirbelstromerscheinungen von nennenswerter Bedeutung sich nicht ausbilden können. Außerdem sei die Maschine während des ganzen Ausgleichsvorganges ungesättigt, d. h. ihre magnetische Charakteristik sei eine Gerade und ihre Selbst- und Gegeninduktivitätskoeffizienten konstante Größen. Daß wir sämtliche Eisenverluste vernachlässigen, wurde früher schon gesagt.

Diese Maschine denken wir uns entgegen dem Uhrzeigersinne mit der Winkelgeschwindigkeit ω (in Polteilungsgraden) angetrieben und bei offenem Stator mit einem Strom i_e erregt. Die in der Fig. 39 gezeichnete gegenseitige Stellung von Stator und Induktor — die schwarz ausgefüllten Kreise bedeuten bewickelte Nuten — entspreche dem Zeitpunkte $\omega \cdot t = 0$. Die Magnetamperewindungen erzeugen das stationäre, trapezförmige Hauptfeld, das bei genügend verteilter Wicklung im Stator eine sinusförmige EMK der Drehung hervorruft. Dabei befolgt das den Stator schneidende Hauptfeld, falls wir die Trapezlinie durch die äquivalente Sinuslinie ersetzen, relativ zum Stator das Zeitgesetz:

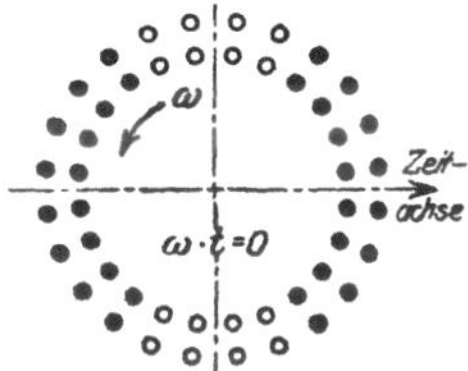

Fig. 39. Wicklungsanordnung der Einphasen-Synchronmaschine.

$$\Phi = i_e \cdot \frac{M}{N_2} \cdot \cos \omega \cdot t. \qquad 45)$$

Hier ist M der Koeffizient der gegenseitigen Induktion zwischen Stator und Erregerwicklung in der durch die Fig. 39 festgehaltenen gegenseitigen Lage. Wir wären zu demselben Resultat gekommen, wenn wir uns den Induktor stillstehend denken und statt dessen einen gegenseitigen Induktionskoeffizienten

$$M' = M \cdot \cos \omega \cdot t \qquad 46)$$

einführen. Tun wir dies, so vereinfachen wir die Behandlungsweise unseres Problems ganz erheblich, denn wir können dann die Wicklungen im übrigen als ruhend voraussetzen und ohne weiteres die allgemeinen Transformatorgleichungen auf dieselben anwenden.

Genau wie beim Transformator bezeichnen wir den Selbstinduktionskoeffizienten der Erregerwicklung, der dort die Primärwicklung entspricht, mit

$$L_1 = L_{11} \cdot (1 + \tau_1) \qquad 47a)$$

und den der Stator- oder Sekundärwicklung mit

$$L_2 = L_{22} \cdot (1 + \tau_2). \qquad 47b)$$

τ_1 und τ_2 sind der Streuungskoeffizient der Erreger- und der Statorwicklung, der totale Streuungskoeffizient des Generators ist wieder:

$$\tau = 1 - \frac{1}{(1 + \tau_1) \cdot (1 + \tau_2)}. \qquad 48)$$

Die in der Statorwicklung induzierte Leerlaufspannung ist nun:

$$N_2 \cdot \frac{d\Phi}{dt} = e_2 = -i_e \cdot M \cdot \omega \cdot \sin \omega \cdot t. \qquad 49)$$

Diese Gleichung entspricht genau der analogen Gl. 26) des Transformators. Nun aber beginnt das Neuartige an unserer Maschine. Wir denken uns den Stator plötzlich kurzgeschlossen, das ursprüngliche Gleichgewicht ist also aufgehoben und mit gewaltigen Stromstößen setzt ein Ausgleichsvorgang ein, der das System in den neuen Zustand des stationären Kurzschlusses überführt. Ist dieser erreicht, so wird ein Teil der Erregeramperewindungen durch die ihnen entgegenwirkenden Ankeramperewindungen neutralisiert, und die magnetische Energie unserer Maschine ist um einen entsprechenden Betrag vermindert worden. Das war schließlich auch beim Serientransformator der Fall. Die Verhältnisse werden aber bei der Einphasenmaschine dadurch schon im stationären Kurzschluß verwickelt und schwer zu übersehen, daß, während das vom Induktor ausgesandte Feld ein reines Drehfeld ist, der Stator auf dieses nur mit einem Wechselfeld reagieren kann. Wie diese beiden Felder nun zusammenarbeiten, möge die Fig. 40 zeigen. Vernachlässigen wir einen Augenblick den Ohmschen Widerstand der Statorwicklung, betrage also die Phasenverschiebung zwischen EMK und Kurzschlußstrom im Stator gerade 90°, so haben Erreger- und Statorfeld zur Zeit $\omega \cdot t = 0$ eine gegenseitige Lage, welche die Fig. 40a angibt; beide Felder heben sich also gegenseitig größtenteils auf, und ihre Differenz ergibt das Statorstreufeld. Die Fig. 40a—40e veranschaulichen, wie das Erregerfeld mit fortschreitender Zeit seine räumliche Lage relativ zum Stator ändert, wie ferner das Statorfeld seine einmal eingenommene räumliche Lage unverändert beibehält, dagegen im selben Tempo seine Intensität verändert. Nachdem der zweipolige Induktor eine halbe Umdrehung vollendet hat, nehmen Induktor- und Statorfeld wieder dieselbe gegenseitige Lage ein wie zu Anfang (vgl. Fig. 40e und 40a), das Statorfeld hat also relativ zum Hauptfelde eine volle Periode vollendet. Das heißt aber nichts anderes, als daß das Statorfeld den Induktor und damit die Erregerwicklung mit der Geschwindigkeit $2 \cdot \omega$ schneidet.

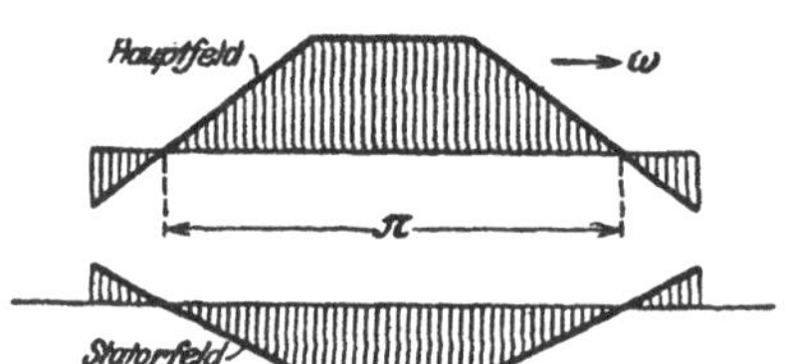

Fig. 40a. Zeitlicher Verlauf von Hauptfeld und Statorfeld im stationären Kurzschluß.

Sehr anschaulich ist folgende Betrachtungsweise. Nach einem bekannten Satze läßt sich jedes Wechselfeld in zwei gegenläufige Drehfelder mit je halber Amplitude und gleicher Winkelgeschwindigkeit wie das Wechselfeld zerlegen. Das eine dieser Drehfelder läuft synchron mit dem Induktor, es ist dasjenige, welches das Erregerfeld dauernd schwächt. Das gegenläufige Drehfeld schneidet den Induktor mit einer Geschwindigkeit, welche der doppelten Eigengeschwindigkeit des Induktors entspricht. Die Erregerwicklung bildet naturgemäß Gegenamperewindungen aus. Die unmittelbare Folge davon ist ein dem Erregerstrom sich überlagernder Wechselstrom von der doppelten Frequenz der Grundwelle des Statorstromes und ein dem Erregerfeld sich überlagerndes Wechselfeld von derselben Frequenz und annähernd der halben Höhe des ursprünglichen Erregerfeldes. Dieses übergelagerte Feld kann man sich wieder in zwei gegenläufige Drehfelder zerlegt

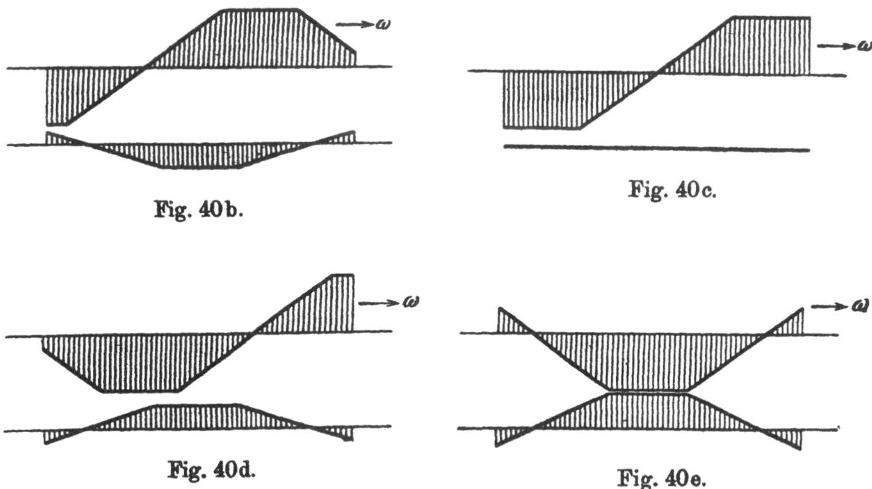

Fig. 40b. Fig. 40c.

Fig. 40d. Fig. 40e.

denken. Das eine derselben bewegt sich mit der Geschwindigkeit des Induktors relativ zum Stator, jedoch in entgegengesetzter Richtung, und schwächt den synchron mit ihm umlaufenden Teil des Statorfeldes. Das zweite Drehfeld dagegen schneidet den Stator mit der dreifachen Winkelgeschwindigkeit des Induktors, in ihm einen Strom von der dreifachen Frequenz der Grundwelle erzeugend. So wiederholt sich das Spiel immer weiter. Dem Erregerstrom lagern sich Oberschwingungungen der 2-, 4-, 6- usw.-fachen Frequenz der Grundwelle des Statorstromes, dem Statorstrom Oberschwingungen von der 3-, 5-, 7- usw.-fachen Frequenz der Grundwelle über. Die Höhe dieser Oberschwingungen nimmt, entsprechend den Streuungsverhältnissen des Stromerzeugers, nach einer geometrischen Progression ab. Durch Übereinanderlagerung dieser sämtlichen Schwingungen entstehen die bekannten Wellenbilder des einphasigen Kurzschlusses der Synchronmaschine.

Gerade das sich dem Erregerfeld überlagernde Wechselfeld doppelter Frequenz machte sich im Maschinenbau frühzeitig sehr unangenehm bemerkbar. Es tritt natürlich auch bei jedem dem Stator entnommenen Belastungsstrom auf und hat eine starke Vermehrung der Eisenverluste und damit hohe Übertemperaturen im Gefolge. Der Bau großer Einphasenstromerzeuger führte so anfänglich zu schweren Fehlschlägen, die, wäre man rechtzeitig im Besitze der theoretischen Grundlagen gewesen, leicht hätten vermieden werden können.

11. Die Lösung der Differentialgleichungen.

Wir gehen wieder aus von den allgemeinen Differentialgleichungen des Transformators. Diese lauten, da M' nun keine konstante Größe mehr ist, für den Induktor:

$$L_1 \cdot \frac{d i_1}{dt} + \frac{d M' \cdot i_2}{dt} + r_1 \cdot i_1 = r_1 \cdot i_e, \qquad 50\text{a)}$$

und für den kurzgeschlossenen Stator:

$$L_1 \cdot \frac{d i_2}{dt} + \frac{d M' \cdot i_1}{dt} + r_2 \cdot i_2 = 0. \qquad 50\text{b)}$$

Hierin ist r_1 der Ohmsche Widerstand der Erregerwicklung und r_2 der der Statorwicklung, i_e ist der eingestellte Erregerstrom. Ferner sind i_1 und i_2 die jeweiligen Momentanwerte der Ströme in der Erreger- und in der Statorwicklung. Setzen wir:

$$i_1 \cdot \sqrt{L_1} = j_1,$$
$$i_2 \cdot \sqrt{L_2} = j_2$$

und ersetzen wir M' durch seinen Wert aus Gl. 46), so lassen sich die Gl. 50) umformen in:

$$\frac{d j_1}{dt} + \frac{M}{\sqrt{L_1 \cdot L_2}} \cdot \frac{d j_2 \cdot \cos \omega \cdot t}{dt} + \frac{r_1}{L_1} \cdot j_1 = \frac{r_1 \cdot i_e}{\sqrt{L_1}},$$
$$\frac{d j_2}{dt} + \frac{M}{\sqrt{L_1 \cdot L_2}} \cdot \frac{d j_1 \cdot \cos \omega \cdot t}{dt} + \frac{r_2}{L_2} \cdot j_2 = 0.$$

Nun treffen wir wieder, ähnlich wie beim Transformator, die vereinfachende Annahme, daß Stator- und Induktorwicklung gleiche Zeitkonstanten oder, was dasselbe ist, gleiche Kupfergewichte besitzen mögen, denn bei gleicher Wicklungsanordnung sind ja die Zeitkonstanten den diesbezüglichen Kupfergewichten proportional. Wir schreiben somit:

$$\frac{r_1}{L_1} = \frac{r_2}{L_2} = \frac{r}{L} \tag{51a}$$

und führen ferner einen reziproken Kopplungsfaktor:

$$\sigma = \frac{\sqrt{L_1 \cdot L_2}}{M} = \frac{1}{\sqrt{1 - \tau}} \tag{51b}$$

ein. Dann gehen die Differentialgleichungen, wenn wir sie zueinander addieren bzw. voneinander subtrahieren, über in:

$$\frac{d(j_1 + j_2)}{dt} + \frac{1}{\sigma} \cdot \frac{d(j_1 + j_2) \cdot \cos \omega \cdot t}{dt} + \frac{r}{L} \cdot (j_1 + j_2) = \frac{r_1 \cdot i_e}{\sqrt{L_1}},$$

$$\frac{d(j_1 - j_2)}{dt} - \frac{1}{\sigma} \cdot \frac{d(j_1 - j_2) \cdot \cos \omega \cdot t}{dt} + \frac{r}{L} \cdot (j_1 - j_2) = \frac{r_1 \cdot i_e}{\sqrt{L_1}}.$$

Diese Gleichungen lassen sich durch Ausdifferenzieren der Produkte endlich umformen in:

$$\left.\begin{aligned} \frac{d(j_1 + j_2)}{dt} + (j_1 + j_2) \cdot \frac{\frac{r}{L} - \frac{\omega}{\sigma} \cdot \sin \omega \cdot t}{1 + \frac{1}{\sigma} \cdot \cos \omega \cdot t} &= \frac{r_1 \cdot i_e}{\sqrt{L_1}}, \\ \frac{d(j_1 - j_2)}{dt} + (j_1 - j_2) \cdot \frac{\frac{r}{L} + \frac{\omega}{\sigma} \cdot \sin \omega \cdot t}{1 - \frac{1}{\sigma} \cdot \cos \omega \cdot t} &= \frac{r_1 \cdot i_e}{\sqrt{L_1}}. \end{aligned}\right\} \tag{52}$$

Damit haben wir nun die Differentialgleichungen unseres Problems in einer Form, in welcher sie sich direkt integrieren lassen. Setzen wir die rechte Seite der Gleichungen gleich Null, so erhalten wir zunächst für die freien Schwingungen:

$$j_{1f} + j_{2f} = A' \cdot e^{-\ln(\sigma + \cos \omega \cdot t) - \frac{2 \cdot r}{L \cdot \omega} \cdot \sqrt{\frac{\sigma^2}{\sigma^2 - 1}} \cdot \operatorname{arctg}\left(\sqrt{\frac{\sigma - 1}{\sigma + 1}} \cdot \operatorname{tg} \frac{\omega \cdot t}{2}\right)},$$

$$j_{1f} - j_{2f} = A'' \cdot e^{-\ln(\sigma - \cos \omega \cdot t) - \frac{2 \cdot r}{L \cdot \omega} \cdot \sqrt{\frac{\sigma^2}{\sigma^2 - 1}} \cdot \operatorname{arctg}\left(\sqrt{\frac{\sigma + 1}{\sigma - 1}} \cdot \operatorname{tg} \frac{\omega \cdot t}{2}\right)}.$$

Hieraus ergeben sich die übergelagerten Ströme leicht zu:

$$\left.\begin{aligned} i_{1f} &= \frac{A_1}{\sigma + \cos \omega \cdot t} \cdot e^{-\alpha_1(t)} + \frac{A_2}{\sigma - \cos \omega \cdot t} \cdot e^{-\alpha_2(t)}, \\ i_{2f} &= \sqrt{\frac{L_1}{L_2}} \cdot \left[\frac{A_1}{\sigma + \cos \omega \cdot t} \cdot e^{-\alpha_1(t)} - \frac{A_2}{\sigma - \cos \omega \cdot t} \cdot e^{-\alpha_2(t)}\right], \end{aligned}\right\} \tag{53}$$

wo A_1 und A_2 die willkürlichen Integrationskonstanten und $\alpha_1\ (t)$ und $\alpha_2\ (t)$ eine Abkürzung für:

$$\left.\begin{aligned} \alpha_1(t) &= \frac{r}{L}\cdot\frac{2}{\omega}\cdot\sqrt{\frac{\sigma^2}{\sigma^2-1}}\cdot\operatorname{arctg}\left(\sqrt{\frac{\sigma-1}{\sigma+1}}\cdot\operatorname{tg}\frac{\omega\cdot t}{2}\right), \\ \alpha_2(t) &= \frac{r}{L}\cdot\frac{2}{\omega}\cdot\sqrt{\frac{\sigma^2}{\sigma^2-1}}\cdot\operatorname{arctg}\left(\sqrt{\frac{\sigma+1}{\sigma-1}}\cdot\operatorname{tg}\frac{\omega\cdot t}{2}\right). \end{aligned}\right\} \quad 54)$$

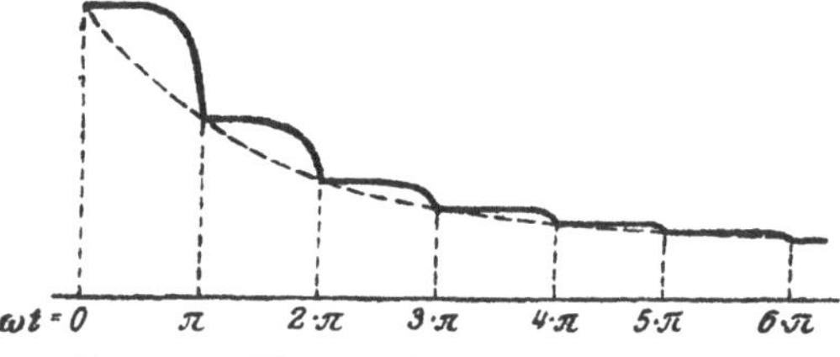

Fig. 41 a. Verlauf der Funktion $e^{-\alpha_1(t)}$.

Der Aufbau der Dämpfungsfunktionen α_1 und α_2 ist sehr bemerkenswert. Diese ergeben eine treppenförmig abfallende Kurve, deren Stufen sich an eine Exponentialfunktion anschmiegen (Fig. 41). Die Konstante dieser Exponentialfunktion stellt den Mittelwert der Dämpfungsfunktionen α_1 und α_2 dar, und zwar ist:

$$\alpha_m(t) = \alpha_{1m}(t) = \alpha_{2m}(t) = \frac{r}{L}\cdot\sqrt{\frac{\sigma^2}{\sigma^2-1}} = \frac{r}{L\cdot\sqrt{\tau}}\,. \quad 55)$$

Wir sehen, daß die freien Schwingungen unserer Maschine mit wachsender Zeit immer kleiner werden und schließlich ganz verschwinden. Die Stärke der Dämpfung hängt im wesentlichen vom Ohmschen Widerstand und der Streuinduktivität des Generators ab und ist unabhängig von der Frequenz.

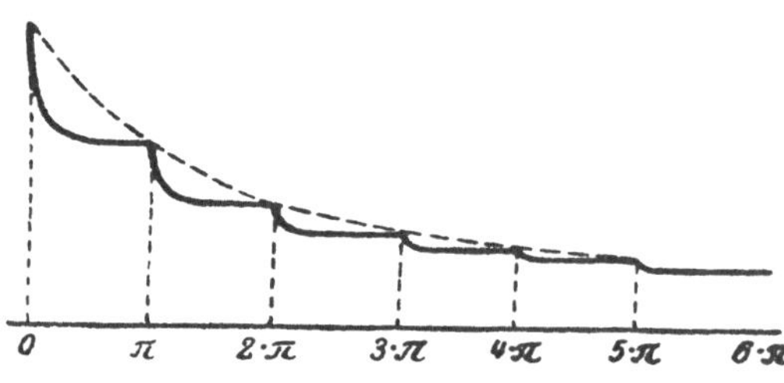

Fig. 41 b. Verlauf der Funktion $e^{-\alpha_2(t)}$.

Die Differentialgleichungen 52) ergeben außer dem allgemeinen noch ein partikuläres Integral, welches uns die Kenntnis der stationären Ströme vermittelt. Dasselbe lautet, solange der Ohmsche Widerstand der Wicklungen als klein betrachtet werden kann:

$$\left.\begin{aligned} i_{1st} &= \frac{i_e}{2}\cdot\left[\frac{\sqrt{\sigma^2-1}}{\sigma+\cos\omega\cdot t}+\frac{\sqrt{\sigma^2-1}}{\sigma-\cos\omega\cdot t}\right], \\ i_{2st} &= \frac{i_e}{2}\cdot\sqrt{\frac{L_1}{L_2}}\cdot\left[\frac{\sqrt{\sigma^2-1}}{\sigma+\cos\omega\cdot t}-\frac{\sqrt{\sigma^2-1}}{\sigma-\cos\omega\cdot t}\right]. \end{aligned}\right\} \quad 56)$$

Die Summe beider Integrale ergibt die vollständige Lösung unseres Problems. Die vollständigen Gleichungen für die im Induktor und Stator sich ausbildenden Ströme sind somit gegeben durch:

$$\left.\begin{aligned} i_1 &= i_{1st} + i_{1f}, \\ i_2 &= i_{2st} + i_{2f}. \end{aligned}\right\} \quad 57)$$

Diese Gleichungen geben jeden beliebigen, im kurzgeschlossenen Stromerzeuger sich abspielenden Ausgleichsvorgang wieder, vorausgesetzt, daß es gelingt, die Integrationskonstanten A_1 und A_2 richtig zu bestimmen. Diese sind aus den gegebenen Grenzbedingungen auszuwerten.

12. Der plötzliche Kurzschluß der Einphasen-Synchronmaschine.

Wir nehmen der Einfachheit halber an, der Stromerzeuger habe sich vor Eintritt des Kurzschlusses im Leerlauf befunden und zu irgendeinem Zeitpunkte $\omega \cdot t = \alpha$ werde der Stator plötzlich kurzgeschlossen. Diesen Voraussetzungen entsprechen folgende Anfangsbedingungen:

$$\left.\begin{aligned} i_1 &= i_e, \\ i_2 &= 0, \end{aligned}\right\} \text{ für } \omega \cdot t = \alpha, \quad 58)$$

die in die Gl. 57) einzuführen sind. Daraus ergeben sich dann folgende Werte für die Integrationskonstanten:

$$A_1 = \frac{i_e}{2} \cdot \left(\sigma + \cos\alpha - \sqrt{\sigma^2 - 1}\right),$$

$$A_2 = \frac{i_e}{2} \cdot \left(\sigma - \cos\alpha - \sqrt{\sigma^2 - 1}\right).$$

Damit haben wir das uns gestellte Problem gelöst, wir können nun ohne weiteres die vollständigen, den Vorgang des plötzlichen Kurzschlusses der Einphasen-Synchronmaschine beschreibenden Gleichungen angeben. Diese haben folgende Form:

$$\left.\begin{aligned} i_1 &= \frac{i_e}{2} \cdot \left[\frac{\sqrt{\sigma^2-1} + \left(\sigma + \cos\alpha - \sqrt{\sigma^2-1}\right) \cdot e^{-\alpha_1(t)}}{\sigma + \cos(\omega \cdot t + \alpha)} + \frac{\sqrt{\sigma^2-1} + \left(\sigma - \cos\alpha - \sqrt{\sigma^2-1}\right) \cdot e^{-\alpha_2(t)}}{\sigma - \cos(\omega \cdot t + \alpha)}\right], \\ i_2 &= \frac{i_e}{2} \cdot \sqrt{\frac{L_1}{L_2}} \cdot \left[\frac{\sqrt{\sigma^2-1} + \left(\sigma + \cos\alpha - \sqrt{\sigma^2-1}\right) \cdot e^{-\alpha_1(t)}}{\sigma + \cos(\omega \cdot t + \alpha)} - \frac{\sqrt{\sigma^2-1} + \left(\sigma - \cos\alpha - \sqrt{\sigma^2-1}\right) \cdot e^{-\alpha_2(t)}}{\sigma - \cos(\omega \cdot t + \alpha)}\right]. \end{aligned}\right\} \quad 59)$$

Ein Blick auf die eben angeschriebenen Gleichungen lehrt, daß der Verlauf des Ausgleichsvorganges, abgesehen von der zeitlichen Dämpfung nur durch die Größe des Kopplungsfaktors und damit durch den Betrag der totalen Streuung des Stromerzeugers beherrscht wird. Wie die Gesamtstreuung sich auf die Stator- und die Erregerwicklung verteilt, ist gleichgültig. Die übergelagerten Ausgleichströme sind nach einiger Zeit verschwunden, und es verbleiben dann lediglich die stationären Werte des Stator- und des Erregerstromes. Für $t = \infty$ gehen die Gl. 59) dann auch in die Gl. 56) über.

Die Fig. 42 und 43 zeigen die aus den Gl. 56) berechnete Kurvenform des stationären Stator- und Erregerstromes für $\sigma = 1,25$ und

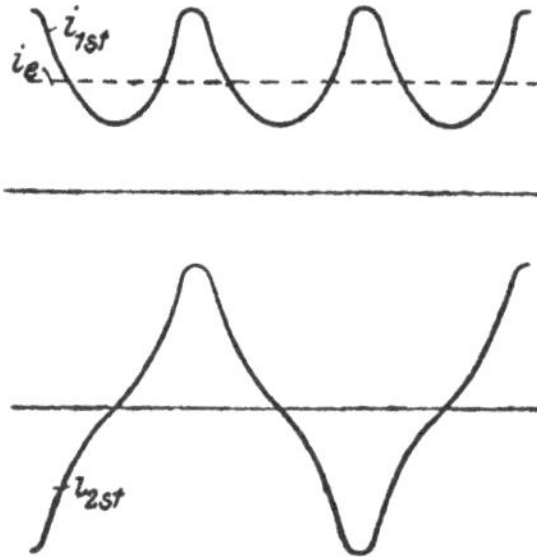

Fig. 42. Stationärer Stator- und Erregerstrom eines Stromerzeugers mit 35 % Gesamtstreuung.

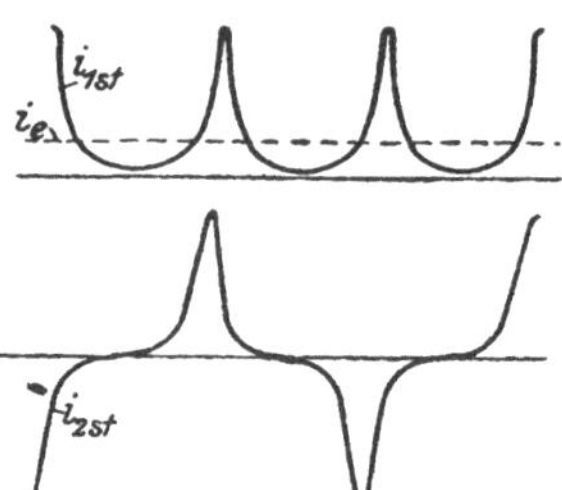

Fig. 43. Stationärer Stator- und Erregerstrom eines Stromerzeugers mit 6 % Gesamtstreuung.

$\sigma = 1,03$, entsprechend 35 und 6 % Gesamtstreuung des Stromerzeugers. Die Bilder entsprechen nach den Erörterungen des zehnten Abschnittes durchaus unseren Erwartungen. Es ist interessant zu sehen, wie die charakteristischen Erscheinungen des einphasigen Kurzschlusses sich mit abnehmender Streuung schärfer ausprägen; es fällt vor allem auf, daß bereits im stationären Kurzschluß ganz erhebliche Stromstöße auftreten können. Wir wollen einmal einen Grenzfall betrachten, der natürlich nur theoretisches Interesse beansprucht, nämlich den widerstands- und streuungslosen Generator. Die Stromspitzen wachsen mit abnehmender Streuung immer höher an, und für $\sigma = 1$, d. h. $\tau = 0$, entsteht das durch die Fig. 44 dargestellte Bild. In den Punkten $\omega \cdot t = 0,\ \pi,\ 2 \cdot \pi$ usw. springen die Ströme auf den Wert Unendlich, erheben sich aber im

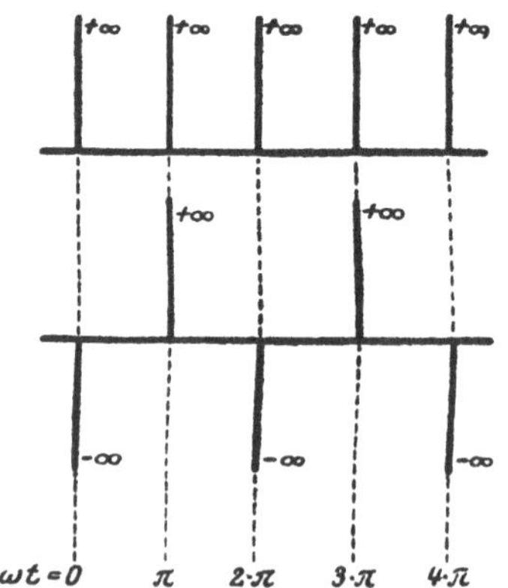

Fig. 44. Stator- und Erregerstrom des streuungs- und widerstandslosen Stromerzeugers.

übrigen nicht von der Nullinie. Dies ist gewiß ein merkwürdiges Verhalten der einphasig kurzgeschlossenen Synchronmaschine.

Aus Gl. 56) berechnet sich z. B. der größte Betrag, bis zu welchem der Erregerstrom im stationären Kurzschluß ansteigen kann, zu

$$i_{1\,st\,max} = \frac{i_e}{2}\cdot\left[\sqrt{\frac{\sigma+1}{\sigma-1}}+\sqrt{\frac{\sigma-1}{\sigma+1}}\right] = \sim\frac{i_e}{2}\cdot\sqrt{\frac{1+\sqrt{1-\tau}}{1-\sqrt{1-\tau}}}. \tag{60a}$$

Hingegen ergibt sich für den Effektivwert des stationären Erregerstromes angenähert:

$$i_{1\,st\,eff} = \sim i_e\cdot\sqrt[4]{\frac{1}{\tau}}. \tag{60b}$$

Fast dieselben relativen Überströme ergeben sich natürlich auch für den Stator.

Fig. 45 zeigt zwei mit Hilfe dieser Gleichungen berechnete Schaulinien, welche die Abhängigkeit des Maximal- sowie des Effektivwertes des stationären Erregerstromes von der Größe des Kopplungsfaktors σ vor Augen führen.

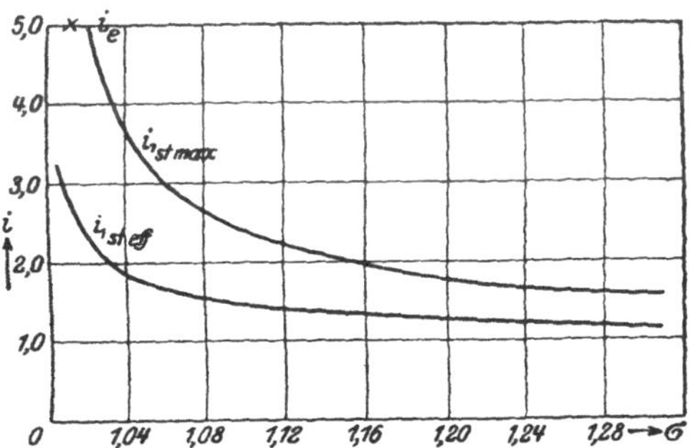

Fig. 45. Größe des maximalen und effektiven stationären Erregerstromes in Abhängigkeit von der Streuung.

Der zeitliche Mittelwert des stationären Erregerstromes während einer Halbperiode des Statorstromes, d. h. der Ausdruck

$$i_{1m} = \frac{1}{\pi}\cdot\int_0^{\pi} i_{st}\cdot dt$$

muß natürlich den Wert i_e besitzen. Der zeitliche Mittelwert des Statorstromes während einer Halbperiode ergibt sich zu

$$i_{2m} = \frac{2}{\pi}\cdot i_e\cdot\sqrt{\frac{L_1}{L_2}}\cdot\left[\operatorname{arctg}\sqrt{\frac{\sigma+1}{\sigma-1}} - \operatorname{arctg}\sqrt{\frac{\sigma-1}{\sigma+1}}\right]. \tag{60c}$$

Die Aussage dieser Gleichung ist in Fig. 46 in einer Schaulinie aufgetragen. Man sieht also, daß, obwohl mit abnehmender Streuung die Maximalwerte des stationären Erreger- und Statorstromes ganz beträchtliche Werte annehmen, deren zeitlicher Mittelwert niemals größer als i_e werden kann.

Der plötzliche Kurzschluß ist dadurch gekennzeichnet, daß bei seinem Eintritt im Stromerzeuger das volle Feld vorhanden ist, während hingegen im stationären Kurzschluß das Erregerfeld durch das im entgegenarbeitende Statorfeld eine starke Schwächung erfahren hat. Es ist somit anzunehmen, daß die Erscheinungen, die wir beim stationären Kurzschluß kennen lernten, sich beim plötzlichen Kurzschluß viel stärker ausprägen werden.

Der Verlauf des plötzlichen Kurzschlusses wird stark dadurch beeinflußt, in welcher relativen Lage sich bei seinem Eintritt das Erregerfeld gerade zur Statorwicklung befand. Wir wollen zunächst annehmen, die Achsen beider standen gerade senkrecht aufeinander, so daß also die Statorwicklung keine Kraftlinien umschlang; die Leerlaufspannung des Stators durchlief in jenem Augenblicke gerade ihr Maximum. Die Erregerwicklung hält ihr Feld fest und nimmt es mit der alten Geschwindigkeit um den Stator herum, dagegen ändert sich der räumliche Verlauf der Kraftlinien. Die kurzgeschlossene Statorwicklung sucht sich dem Eindringen der Kraftlinien durch Ausbildung von Gegenamperewindungen zu widersetzen, was ihr aber, da sie Streuung besitzt, nur teilweise gelingt. Der von ihr abgewiesene Teil des Erregerfeldes schließt sich als Streufeld um die Erregerwicklung. Das im Stromerzeuger vorhandene Feld hat sich also zum Teil, und zwar etwa zur Hälfte, in Streufelder umgesetzt, der Rest des Hauptfeldes bewegt sich synchron mit dem Induktor weiter. In den Wicklungen als den Trägern dieser Felder bilden sich demgemäß Ströme aus, die der Stärke der mit ihnen verketteten Streufelder und der Größe ihrer Streuinduktivität entsprechen. Bei der Erregerwicklung wird es sich in der Hauptsache, da die Felder relativ zu ihr stillstehen, um einen Gleichstrom, bei der Statorwicklung um einen Wechselstrom der normalen Frequenz handeln. Natürlich treten hinzu noch die verschiedenen Oberfelder, die wir beim stationären Kurzschluß kennen lernten. Der Anteil des Erregerfeldes, der sich als Streufeld um jede der beiden Wicklungen schlingt, ist umgekehrt proportional der Streuinduktivität der betreffenden Wicklung, hingegen ist der Betrag der Amperewindungen, deren jedes Streufeld zu seiner Existenz bedarf, der Streuinduktivität direkt proportional.

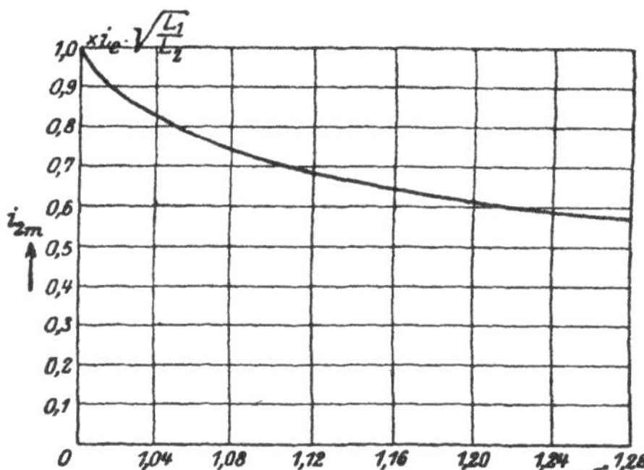

Fig. 46. Zeitlicher Mittelwert des Statorstromes in Abhängigkeit von der Streuung.

Stator- und Erregerwicklung erleiden also beim plötzlichen Kurzschluß gleiche Amperewindungs- und damit gleiche relative Stromstöße. Die Höhe dieser Stromstöße ist um das Verhältnis der Leerlaufinduktivität zur Streuinduktivität von Stator- und Erregerwicklung größer als der Magnetisierungsstrom. Unter dem Einfluß der Verluste verschwinden die Erscheinungen des plötzlichen Kurzschlusses mit wachsender Zeit.

Wir wollen nun den zweiten Extremfall betrachten, in welchem der plötzliche Kurzschluß gerade in dem Augenblicke erfolgt, in welchem Stator- und Erregerwicklung sich gegenüberstehen. Die Leerlaufspannung des Stators durchläuft in jenem Augenblicke gerade die Nullinie. War die Maschine vorher unbelastet, so umschlingt die Statorwicklung gerade das volle Erregerfeld. Sowohl Stator- und Erregerwicklung suchen das Feld festzuhalten, und unter dem Einfluß beider tritt eine Spaltung des Feldes in zwei Teile ein, deren einer dem Stator und deren anderer dem Induktor verbleibt. Es bildet sich also in beiden Wicklungen ein Gleichstrom aus, der die beiden Teilfelder aufrecht erhält. Ferner tritt auch in beiden Wicklungen ein Wechselstrom von der Grundfrequenz auf, da jede der Wicklungen sich relativ zu dem an der andern Wicklung haftenden Felde bewegt. Im Gegensatz zu dem vorher betrachteten Kurzschlußmoment bildet sich also diesmal noch in der Statorwicklung ein Gleichstrom aus, der die Höhe der Wechselstromamplitude des Statorstroms besitzt und in der Erregerwicklung ein Wechselstrom mit der Grundfrequenz, der sich dem Strome doppelter Frequenz überlagert und von derselben Höhe wie dieser ist. In dem zuletzt betrachteten Schaltmoment treten also, da beinahe das gesamte magnetische Feld der Maschine sich zeitweise in Streufelder auflöst, doppelt so hohe Stromstöße auf.

Fig. 47 zeigt den Vorgang des plötzlichen Kurzschlusses einer Einphasen-Synchronmaschine mit rund 20% totaler Streuung. Die Kurven wurden aus den Gl. 59) mit $\sigma = 1{,}1$ und $\alpha = 0$ berechnet. Es wurde also der ungünstigste Schaltmoment vorausgesetzt, in welchem die Statorspannung e_2 gerade den Nullwert durchläuft.

Die Figur bestätigt die Richtigkeit der eben angestellten Überlegungen aufs deutlichste. Wir bemerken außer der Oberschwingung doppelter Frequenz eine dem Erregerstrom sich überlagernde Stromwelle von der normalen Frequenz, die allmählich verschwindet, ferner ein dem Statorstrom sich überlagerndes, gleich stark gedämpftes Gleichstromglied. Beide besitzen dieselbe Höhe wie die Amplitude des ursprünglich vorhandenen Wechselstromgliedes. Hätten wir als Schaltmoment den Zeitpunkt $\alpha = \frac{\pi}{2}$ gewählt, so wären das erwähnte Gleichstromglied und das ihm zugeordnete, im Erregerstrom enthaltene

Wechselstromglied nicht aufgetreten, und der in beiden Wicklungen sich ausbildende größte Kurzschlußstrom hätte nur die halbe Höhe erreicht. Für zwischen diesen beiden Extremfällen liegende Schaltmomente tritt das Gleichstrom- bzw. Wechselstromglied nur teilweise auf und zwar nach Maßgabe des Cosinus des Schaltwinkels α.

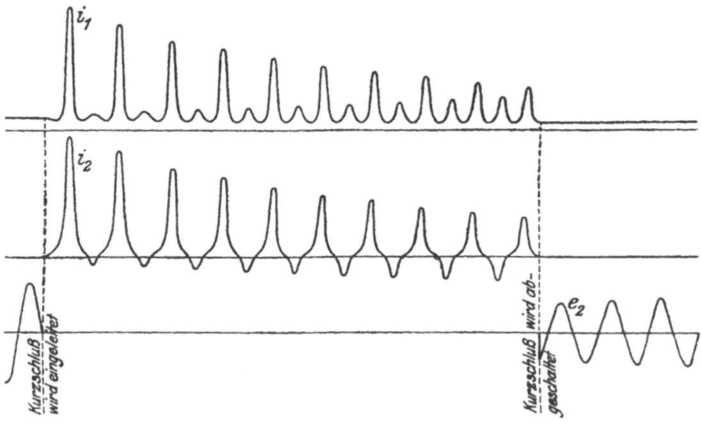

Fig. 47. Verlauf des plötzlichen einphasigen Kurzschlusses eines Stromerzeugers mit 18 % Gesamtstreuung.

Die größtmöglichen, in den Wicklungen des Stromerzeugers auftretenden Stromstöße ergeben sich aus den Gl. 59) für $\alpha = 0$ und $\omega \cdot t = \pi$ bei Vernachlässigung der bis zu diesem Zeitpunkt eingetretenen Dämpfung zu:

$$\left.\begin{aligned} i_{1\,\max} &= i_e \cdot \frac{\sigma^2 + 1}{\sigma^2 - 1} = i_e \cdot \left(\frac{2}{\tau} - 1\right), \\ i_{2\,\max} &= i_e \cdot \sqrt{\frac{L_1}{L_2}} \cdot \frac{2 \cdot \sigma}{\sigma^2 - 1} = i_e \cdot \frac{M}{L_2} \cdot \frac{2}{\tau}\,. \end{aligned}\right\} \quad 61)$$

Fig. 48 zeigt graphisch, was die letzte der eben niedergeschriebenen Gleichungen aussagt. Man sieht, daß die Wicklungen eines Stromerzeugers beim plötzlichen Kurzschluß gewaltige Stromstöße auszuhalten haben, Stator und Induktor werden übrigens, wie die Gleichungen aussagen, fast gleich stark beansprucht.

In der Praxis rechnet man meistens mit der Streureaktanz eines Generators, und man versteht darunter jene Streuung des Stators, welche den induktiven Spannungsabfall bei Belastung (also ohne die Ankerrückwirkung) hervorruft, bezogen auf den Vollaststrom J des Generators. Man drückt nun die Höhe des in der Statorwicklung auftretenden maximalen Stromstoßes dadurch aus, daß man diesen induktiven Spannungsabfall in Beziehung zur normalen Statorspannung bringt. Dies ist indessen, streng genommen, nicht richtig. Denn die Höhe des maximalen Kurzschlußstromes hängt, wie wir gesehen haben, von der resultierenden Streuung des Stators und des Induktors ab. Die zweite der Gl. 61) kann auch geschrieben werden:

$$i_{2\max} = 2 \cdot i_e \cdot \frac{M}{L_2 \cdot \tau} = 2 \cdot J \cdot \frac{i_e \cdot M \cdot \omega}{J \cdot L_2 \cdot \tau \cdot \omega}\,.$$

$i_e \cdot M \cdot \omega$ ist nach Gl. 49) die Leerlaufspannung des Stators, $J \cdot L_2 \cdot \tau \cdot \omega$ der induktive Spannungsabfall des Stromerzeugers, bezogen auf seinen Vollaststrom und seine totale Streuung. Der induktive Spannungsabfall des Stators allein wäre $J \cdot L_2 \cdot \tau_2 \cdot \omega$. Bezeichnen wir

$$x = 100 \cdot \frac{J \cdot L_2 \cdot \tau \cdot \omega}{i_e \cdot M \cdot \omega} \tag{62a}$$

als die prozentuale Streureaktanz des Stromerzeugers, so erhalten wir endlich

$$i_{2\max} = 2 \cdot J \cdot \frac{100}{x}\,. \tag{62b}$$

Der maximale Kurzschlußstrom eines Einphasen-Stromerzeugers ist also doppelt so groß als der mit 100 multiplizierte Vollaststrom, dividiert durch die prozentuale Streureaktanz von Stator und Induktor. Wie die gesamte Streureaktanz sich auf Stator und Induktor verteilt, ist gleichgültig.

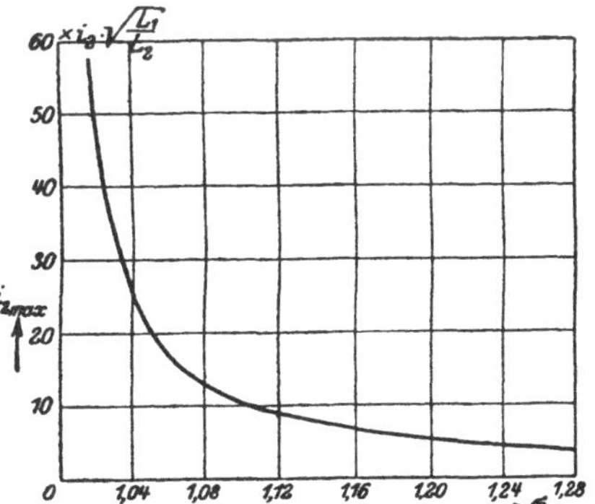

Fig. 48. Abhängigkeit des maximalen Stromstoßes in der Statorwicklung von der Gesamtstreuung.

Eine aufmerksame Betrachtung der Fig. 47 gibt auch Auskunft über das Schicksal des Hauptfeldes während des Kurzschlußvorganges. Das beide Wicklungen verkettende Feld wird zunächst vom Induktor, allerdings mit wachsendem Schlupf, mitgenommen[1]), während der

[1]) Sowohl die Fig. 47 als auch die später gezeigten Oszillogramme zeigen nämlich, daß der Erregerstrom i_1 während der ersten Viertelperiode des Kurzschlusses abnimmt, während der Statorstrom zunächst nur langsam ansteigt. Der Induktor gibt also einen Teil seiner Amperewindungen an den Stator ab, und das Hauptfeld wird sich natürlich in die Achse der resultierenden Erregeramperewindungen, d. h. in eine Zwischenlage zwischen den Achsen der Induktor- und der Statorwicklung einstellen. Dadurch wird der Trennungsprozeß des Hauptfeldes in zwei Teile, der nach Ablauf der ersten Viertelperiode einsetzt, vorbereitet.

Stator langsam beginnt, sein Streufeld aufzubauen. Dabei vermag er jedoch dem Hauptfelde zunächst nur wenig Energie zu entziehen. Nach einer Viertelperiode ungefähr hat das Hauptfeld die Mittellage zwischen Stator- und Induktorwicklung erreicht, und nun beginnt der Kampf beider Wicklungen um seinen Besitz. Induktor und Stator vergrößern ihre Amperewindungen mit großer Geschwindigkeit, damit ihr Streufeld aufbauend. Die in diesen Streufeldern sich aufspeichernde magnetische Energie wird zum geringen Teile dem Hauptfelde entzogen, der weitaus größte Teil aber stammt aus der kinetischen Energie der rotierenden Massen. Daß dem so sein muß, zeigt folgende Überlegung. Nach Gl. 2) ist die in einem magnetischen Kreise aufgespeicherte Energie $= \frac{1}{2} \cdot N \cdot i \cdot \Phi$, also gleich dem halben Produkt aus Amperewindungszahl und Kraftlinienfluß. Nun bleibt die Kraftlinienzahl, gleichviel wie sich die Kraftlinien räumlich verteilen mögen, zunächst annähernd konstant, dagegen erhöht sich, wie *Gl. 61) lehrt*, die Amperewindungszahl ganz gewaltig. Die magnetischen Felder haben also einen der Vergrößerung der Amperewindungszahl proportionalen Zuwachs an potentieller Energie erfahren, der nur aus der kinetischen Energie der sich drehenden Massen gedeckt werden konnte. Nach einer Halbperiode haben die Streufelder ihre größte Stärke erreicht, das Hauptfeld hat sich fast vollkommen aufgelöst und der Umwandlungsprozeß von kinetischer in magnetische potentielle Energie ist zum Stillstand gekommen. Dreht der Induktor sich nun weiter, so beginnen, sobald die Stellung $\omega \cdot t = \pi$ überschritten, die Kraftlinien der Streufelder sich zu vereinigen und bauen so das Hauptfeld wieder auf, das zunächst dem Induktor voreilt. Gleichzeitig vermindert sich wieder die im System aufgespeicherte magnetische Energie, d. h. das Polrad, das vorher mit großer Kraft zurückgestoßen wurde, wird nun wieder mit derselben Gewalt vorwärts geschleudert und erhält nun den größten Teil der ihm vorher entzogenen kinetischen Energie wieder zurück. Mit wachsender Annäherung des Induktors an seine Anfangsstellung strebt das Hauptfeld wieder der Mittellage zu, die es nach Vollendung einer Periode erreicht. Das Hauptfeld ist bis auf einen kleinen Betrag, der in Wärme umgesetzt wurde, wieder aufgebaut, und nun beginnt das Spiel von neuem.

Wäre der Kurzschluß eine Viertelperiode später eingetreten, so wäre nur ungefähr die Hälfte des Hauptfeldes von den Streufeldern aufgezehrt worden, die übrig gebliebene Hälfte hätte der Induktor mit über den Stator hinweggenommen, wobei sie ähnliche Schwankungen um die Polachse ausgeführt hätte. Die Schwingungen, die die magnetischen Kontrastwirkungen dem Induktor aufzuzwingen suchen, führt das beweglichere Feld eben aus. Auf derartige Schwankungen des Hauptfeldes läßt auch der eigenartige Aufbau der Dämpfungsfunktionen schließen.

Wie wir sahen, erreichen zur Zeit $\omega \cdot t = \pi$ die Streufelder ihre größte Stärke, und das gemeinsame Feld ist in jenem Augenblick auf seinen niedrigsten Wert herabgesunken. Seinen Restbetrag kann man, da Induktor- und Statorwicklung sich gerade, allerdings um 180° gegen die Anfangslage verdreht, gegenüberstehen, durch die algebraische Summe der Stator- und Rotoramperewindungen ausdrücken. Betrachten wir zunächst jenen Schaltmoment, der die höchsten Überströme ergibt ($\alpha = 0$), so erhalten wir mit Hilfe der Gl. 59) bzw. 61):

$$\left.\begin{aligned} \Phi_0 &= \left(i_{1\,\max} - \frac{N_2}{N_1} \cdot i_{2\,\max}\right) \cdot \frac{L_{11}}{N_1} = i_e \cdot \frac{L_{11}}{N_1} \cdot \frac{\tau_2 + \tau_2 \cdot \tau_1 - \tau_1}{\tau_2 + \tau_2 \cdot \tau_1 + \tau_1} = \\ &= \sim i_e \cdot \frac{L_1}{N_1} \cdot \frac{\tau_2 - \tau_1}{\tau_2 + \tau_1}. \end{aligned}\right\} \qquad 63\,a)$$

Diese Gleichung besagt, daß das gemeinsame Feld unter Umständen, nämlich wenn Erreger- und Statorwicklung gleiche Streuung besitzen, vollständig verschwindet, und das ist folgendermaßen zu verstehen. Das ursprüngliche Feld im Luftspalt spaltet sich bekanntlich und wird zwischen den beiden Wicklungen aufgeteilt, und auf jene Wicklung entfällt der größere Anteil, welche die kleinere Streuung besitzt. Hat sich der Induktor um 180° gedreht, so haben die beiden Feldanteile entgegengesetzte Richtung zueinander, und das Feld im Luftspalt ergibt sich als ihre Differenz, die natürlich bei gleich großen Feldanteilen, also gleicher Induktor- und Statorstreuung verschwindet. Wird der Kurzschluß eine Viertelperiode später eingeleitet $\left(\alpha = \frac{\pi}{2}\right)$, so findet, wie wir wissen, keine Feldspaltung statt. Für das verbleibende gemeinsame Feld ergibt sich in jenem Falle:

$$\Phi_0 = i_e \cdot \frac{L_{11}}{N_1} \cdot \frac{\tau_2 + \tau_2 \cdot \tau_1}{\tau_2 + \tau_2 \cdot \tau_1 + \tau_1} = \sim i_e \cdot \frac{L_1}{N_1} \cdot \frac{\tau_2}{\tau_2 + \tau_1}, \qquad 63\,b)$$

sein Restbetrag hängt also im wesentlichen von der Statorstreuung ab und ist bei gleichen Streuungsverhältnissen im Induktor und Stator gleich der Hälfte der ursprünglichen Stärke.

Man darf nun aber nicht annehmen, daß — den ungünstigsten Schaltmoment vorausgesetzt — das gemeinsame Feld während der ersten Halbperiode des Kurzschlusses durch die Streufelder aufgezehrt wird und dann verschwunden ist. Wir sahen vielmehr, daß nach einer weiteren Halbperiode die Streufelder wieder verschwunden sind und daß demgemäß das gemeinsame Feld wieder aufgebaut ist. Es klingt unter dem Einfluß der Verluste im Mittel nach der Gleichung

$$\Phi = i_s \cdot \frac{L_1}{N_1} \cdot \left[\sqrt{\tau} + \left(1 - \sqrt{\tau}\right) \cdot e^{-\frac{r}{L \cdot \sqrt{\tau}} \cdot t} \right] \qquad 64)$$

langsam ab.

Die durch die geschilderten magnetischen Kontrastwirkungen auf den Induktor ausgeübten Kräfte sind leicht zu berechnen. Gl. 2) ergibt die im Leerlauf in der Maschine aufgespeicherte magnetische Energie, welche während der ersten Halbperiode des Kurzschlusses um einen der Gl. 61) entsprechenden Betrag vermehrt wird. Dieser während einer bekannten Zeit zugeführte Energiebetrag ergibt direkt die mittlere Leistung während einer Halbperiode und damit auch die mittlere auf das Polrad ausgeübte Kraft Um die maximalen Druckkräfte zu erhalten, ist aus den Gl. 59) durch Differentiation die größte Änderungsgeschwindigkeit des Stromes zu bestimmen und dann ebenso zu verfahren.

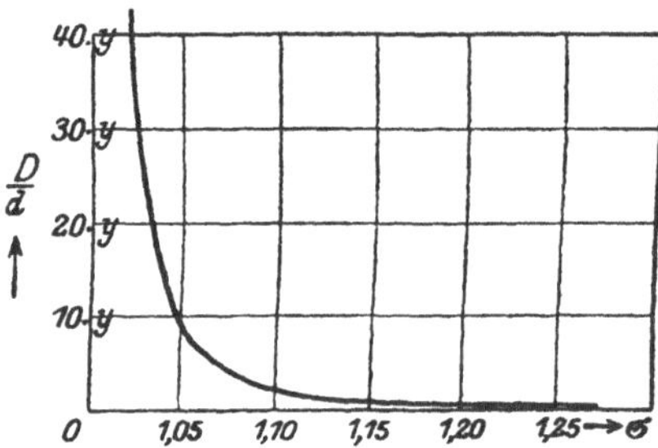

Fig. 49. Abhängigkeit des maximalen Drehmomentes von der Streuung.

Immerhin ist die Bedeutung dieser magnetischen Zug- und Druckkräfte nicht allzu groß, da sie ihre Richtung während jeder Periode mehrmals wechseln und dadurch von der Massenträgheit der einzelnen Teile des Polrades leicht überwunden werden.

Wir wollen indes unsere Aufmerksamkeit noch einer anderen während des plötzlichen Kurzschlusses zwischen Stator und Induktor auftretenden Kraftäußerung zuwenden, die im Gegensatz zu der eben betrachteten stets gleiche Richtung besitzt, und die der Konstrukteur wohl zu beachten hat; es ist die Größe des beim plötzlichen Kurzschluß infolge der Verluste zwischen Stator und Induktor auftretenden bremsenden Drehmomentes. Die jetzt zu behandelnde Energieumsetzung ist nicht umkehrbar, hat also einen dauernden Verlust an magnetischer und kinetischer Energie zur Folge und be-

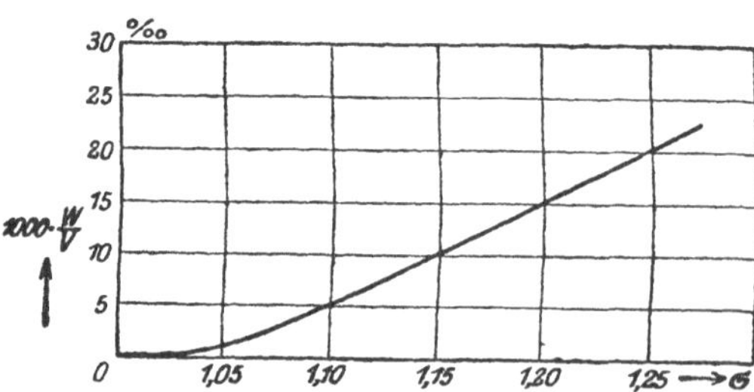

Fig. 50. Beitrag der freiwerdenden Feldenergie zur Deckung der Verluste.

wirkt so das allmähliche Absterben der Erscheinungen des plötzlichen Kurzschlusses.

Dieses gleichgerichtete Drehmoment hat seinen Ursprung natürlich ebenfalls in den magnetischen Kontrastwirkungen zwischen Induktor und Stator, es kommt dadurch zustande, daß die magnetischen Felder infolge der Verluste ständig abnehmen und infolgedessen die den Induktor bremsende Kraft ständig größer ist als die eine halbe Periode später auftretende Abstoßungskraft.

Im Leerlauf sind die Stromwärmeverluste in der Erregerwicklung

$$v = i_e^2 \cdot r_1 = y\,\%$$

der normalen Stromerzeugerleistung.

Zur Zeit $\omega t = \pi$ erreichen nach Gl. 59) die Kupferverluste im Stromerzeuger ihren Höchstwert

$$V = i_e^2 \cdot r_1 \cdot \frac{\sigma^4 + 6 \cdot \sigma^2 + 1}{(\sigma^2 - 1)^2}. \qquad 65\text{a)}$$

Neben diesem hohen Betrag der Stromwärmeverluste können wir die Eisenverluste unbedenklich vernachlässigen. Die ganze, durch die Kupferverluste aufgezehrte Leistung wird zum Teil von der kinetischen Energie der rotierenden Massen des Stromerzeugers bzw. von der Antriebsmaschine, zum anderen Teil jedoch von der freiwerdenden magnetischen Energie aufgebracht. Die zu Anfang im Generator aufgespeicherte magnetische Energie ist

$$m = \frac{1}{2} \cdot i_e^2 \cdot L_1 .$$

Hiervon setzt sich während der ersten Halbperiode für die Zeiteinheit annähernd ein Betrag von

$$W = \frac{1}{2} \cdot i_e^2 \cdot \frac{r}{L} \cdot L_1 \cdot \sqrt{\frac{\sigma^2}{\sigma^2 - 1}} = \frac{1}{2} \cdot i_e^2 \cdot r_1 \cdot \sigma \cdot \frac{\sqrt{(\sigma^2 - 1)^3}}{(\sigma^2 - 1)^2} \qquad 65\text{b)}$$

in Joulesche Wärme um. Die Maschine hat somit zur Deckung der Stromwärmeverluste eine maximale mechanische Leistung

$$W_m = i_e^2 \cdot r_1 \cdot \frac{\sigma^4 + 6 \cdot \sigma^2 + 1 - \frac{1}{2} \cdot \sigma \cdot \sqrt{(\sigma^2 - 1)^3}}{(\sigma^2 - 1)^2}$$

aufzubringen; das maximale, dieser Leistung entsprechende Drehmoment berechnet sich hieraus zu

$$D = d \cdot \frac{y}{100} \cdot \frac{\sigma^4 + 6 \cdot \sigma^2 + 1 - \frac{1}{2} \cdot \sigma \cdot \sqrt{(\sigma^2 - 1)^3}}{(\sigma^2 - 1)^2}, \qquad 66)$$

wo d das bei Vollastleistung des Stromerzeugers an seiner Welle angreifende Drehmoment bedeutet. Fig. 49, welche mit Hilfe der Gl. 66) gezeichnet wurde, läßt erkennen, daß bei Stromerzeugern mit kleiner Streuung ganz gewaltige Belastungsstöße auftreten. Damit erklärt sich auch der nicht unbedeutende Drehzahlabfall, den man beim plötzlichen Kurzschluß an Stromerzeugern mit nicht zu großer Streuung sehr regelmäßig beobachten kann. Bei einem Turbogenerator wurde z. B. schon ein Drehzahlabfall von 15% beobachtet.

Es ist übrigens interessant, daß nur ein verschwindend geringer Bruchteil der Stromwärmeverluste von der magnetischen Feldenergie gedeckt wird. Dieser Anteil nimmt zwar, wie Fig. 50 zeigt, mit wachsender Streuung des Stromerzeugers langsam zu, beträgt aber z. B. bei 20% Gesamtstreuung immer erst 5‰. Die während des Kurzschlußvorganges im Generator verbrauchte Leistung wird also von der kinetischen Energie der rotierenden Massen gedeckt, während die magnetische Energie des Feldes die Vorbedingungen zum Freiwerden jener Energie schafft.

13. Vergleich zwischen Theorie und Experiment.

Die Wiedergabe einer Reihe von Versuchsergebnissen an dieser Stelle dürfte nicht ohne Interesse sein. Denn es wird für den Leser nützlich sein, zu sehen, was die an der richtigen Stelle angewandte Theorie tatsächlich zu leisten vermag, und daß die zu ihrer Durcharbeitung aufgewandte Zeit sich doch in vielen Fällen lohnen dürfte.

Zu den nachstehend beschriebenen Versuchen wurde ein vierpoliger Dreiphasen-Asynchronmotor von 30 kVA und 1500 Umdr/min benutzt, von dem zwei in Reihe geschaltete Statorphasen mit Gleichstrom erregt wurden, dem Rotor konnte somit Drehstrom entnommen werden. Bei unserer Versuchsmaschine lagen infolgedessen die Verhältnisse insofern umgekehrt, als wir, um in Einklang mit den üblichen Bezeichnungen zu kommen, den feststehenden Teil als Induktor und den beweglichen Teil als Stator oder Anker zu bezeichnen haben. Natürlich ist dies ohne Einwirkung auf die Wirkungsweise der Maschine.

Unsere Versuchsmaschine unterscheidet sich insofern von praktisch ausgeführten Synchronmaschinen, als Anker und Induktor aus voneinander isolierten Eisenblechen aufgebaut sind. Ferner wurden die oszillographischen Aufnahmen bei einem Erregerstrom i_e gemacht, bei welchem wir uns noch unterhalb des Knies der Magnetisierungskurve befinden. Das sind aber gerade die Voraussetzungen, unter welchen wir die Differentialgleichungen des einphasigen Kurzschlusses abgeleitet haben. Die sonstige Bauart und insbesondere die Wicklungsanordnung unserer Versuchsmaschine entspricht genau den Verhältnissen, die wir bei Turbodynamos kennen. In dieser Beziehung hatten wir auch bei Ableitung der Gleichungen keine einschränkenden Annahmen gemacht. Wir können somit die Versuchsergebnisse benutzen, um mit ihrer Hilfe die Richtigkeit unserer Theorie zu überprüfen. Darüber hinaus konnten die Versuche auf manche Frage Auskunft erteilen, deren Beantwortung die Theorie große Hindernisse bereitet.

Die beschriebene Versuchsanordnung wurde aber noch aus einem anderen Grunde gewählt. Bei einem Asynchronmotor lassen sich nämlich die verschiedenen Streufaktoren und Induktionskoeffizienten der Wicklungen sehr bequem messen, während diese Messungen bei normalen Synchronmaschinen auf große Hindernisse stoßen.

Wir geben im folgenden diejenigen, durch Messung nach den üblichen Methoden bestimmten Daten unserer Versuchmaschine an, deren Kenntnis für die Beurteilung des Kurzschlußvorganges wesentlich ist. Die zunächst folgenden Angaben beziehen sich auf Reihenschaltung je zweier Phasen von Anker und Induktor, sie geben also die Verhältnisse des einphasigen Kurzschlusses wieder.

$$
\begin{aligned}
L_1 &= 23{,}2 \cdot 10^{-3} \text{ Henry},\\
L_2 &= 5{,}35 \cdot 10^{-3} \text{ Henry},\\
\tau &= 0{,}08,\\
\sigma &= 1{,}04,
\end{aligned}
$$

$$
\left.\begin{aligned}
\frac{r_1}{L_1} &= 1{,}3,\\
\frac{r_2}{L_2} &= 1{,}4
\end{aligned}\right\} \frac{r}{L} = \sim 1{,}35 \text{ Sek}^{-1},
$$

$$
a_m = \sim 5.
$$

Die Messung des Spannungsübersetzungsverhältnisses zwischen beiden Wicklungen ergab

$$
\begin{aligned}
\tau_1 &= 0{,}09,\\
\tau_2 &= -\,0{,}005.
\end{aligned}
$$

Man sieht den eigenartigen Einfluß der doppelt verketteten Streuung.

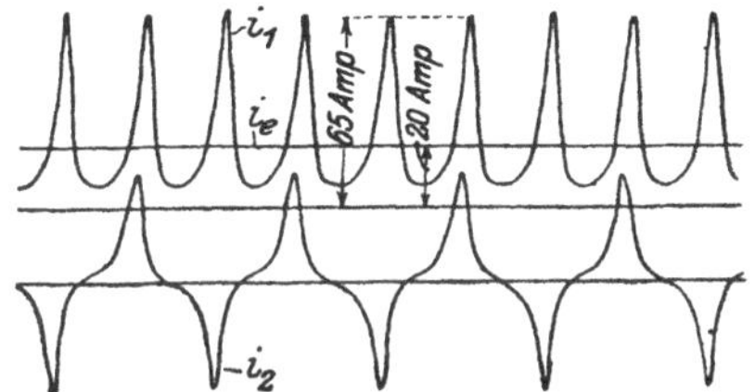

Fig. 51. Stationärer Erreger- und Statorstrom beim einphasigen Kurzschluß der Versuchsmaschine.

Der Vollständigkeit halber sei noch erwähnt, daß die Versuchsmaschine im Anker 4, im Induktor 3 Nuten für 1 Pol und Phase besaß und daß das Verhältnis der Windungszahlen beider 1 : 2 war. Wie man sieht, war die durch Gl. 6) geforderte Übereinstimmung der Zeitkonstanten bei unserer Maschine ziemlich genau erfüllt.

Von den aufgenommenen Oszillogrammen wird im folgenden eine Anzahl wiedergegeben werden. Bei sämtlichen Aufnahmen betrug der Erregerstrom $i_e = 20$ Amp., es entspricht dieser Wert ungefähr 60% der normalen Sättigung, ferner wurde die Maschine mit 600 Umdr./Min. angetrieben. Die in die Oszillogramme eingeschriebenen Zahlen bedeuten Maximalwerte.

Das Oszillogramm 51 zeigt den stationären Erreger- und Ankerstrom. Ein Vergleich mit der Fig. 43, die sich auf eine Maschine

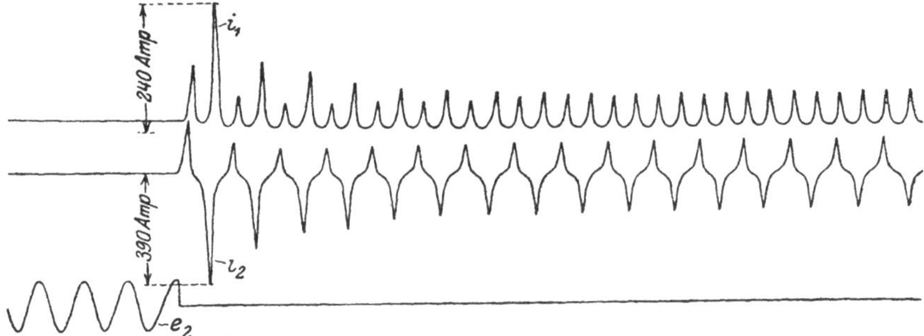

Fig. 52. Plötzlicher einphasiger Kurzschluß der Versuchsmaschine.

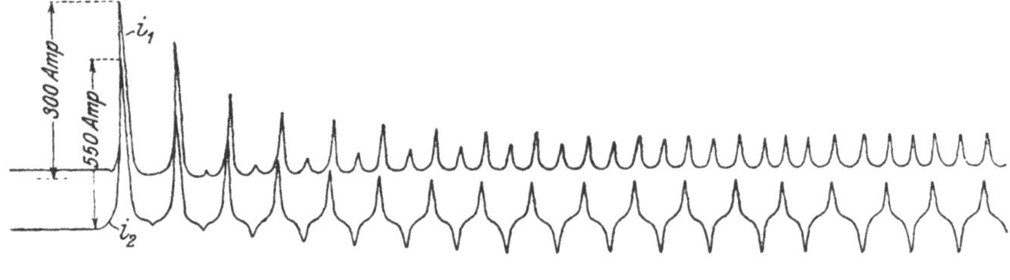

Fig. 53. Plötzlicher einphasiger Kurzschluß der Versuchsmaschine.

mit ähnlichen Streuungsverhältnissen bezieht, zeigt eine geradezu überraschende Ähnlichkeit zwischen dem Oszillogramm und den theoretisch ermittelten Wellenbildern. Nur bei genauem Hinsehen bemerkt man eine kleine Unsymmetrie der Ströme zu den Ordinaten 0, π, 2π usw., welche die Gl. 56) nicht ergaben. Dies erklärt sich indes dadurch, daß bei der Ableitung dieser Gleichungen der Ohmsche Widerstand der Wicklungen vernachlässigt wurde. Auf das Konto dieser Vernachlässigung ist es auch zu setzen, daß der aus Gl. 60a) berechnete Wert für $i_{st\,max}$ von 70 Amp. vom Oszillogramm, das 65 Amp. ergibt, nicht ganz erreicht wird.

Die Oszillogramme 52 und 53 zeigen den Vorgang des plötzlichen Kurzschlusses. Die untere der drei Oszillographenschleifen zeichnete stets die Spannung derjenigen Ankerphase auf, an welcher der Kurzschluß erfolgte. Wie man sieht, beziehen die Oszillogramme sich auf verschiedene Schaltmomente, indes hat in beiden Fällen der Induktor die charakteristischen Stellungen $\alpha = \frac{\pi}{2}$ und $\alpha = 0$ bereits überschritten. Das Oszillogramm Fig. 83, das unter denselben Verhältnissen aufgenommen wurde, kommt dem ungünstigsten Schaltmoment schon näher. Wir sehen in den Oszillogrammen alle charakteristischen Erscheinungen, die uns bereits die Theorie offenbarte, und wir haben nichts neues zu denselben zu sagen. Nach Gl. 61) ergibt sich die

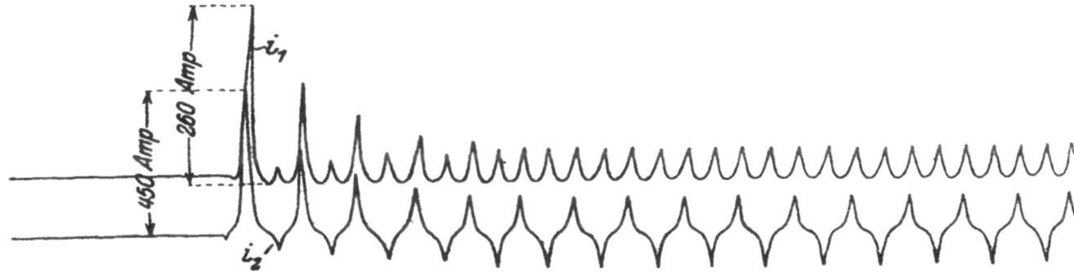

Fig. 54. **Plötzlicher einphasiger Kurzschluß der Versuchsmaschine bei Vorschaltung einer Drosselspule von 28% vor den Anker.**

größtmögliche Stromspitze im Anker zu 1080 Amp. Dies ist jedoch nur ein oberer Grenzwert, denn Gl. 61) berücksichtigt nicht die bis zur Erreichung der ersten Stromspitze eingetretene Dämpfung, die bei unserer kleinen Versuchsmaschine nicht unbedeutend ist. Um also das Oszillogramm Fig. 83 auf diesen Wert hin kontrollieren zu können, müssen wir die eingezeichnete Exponentialfunktion bis zum Schnitt mit der im Punkte $\omega \cdot t = 0$ eingezeichneten Ordinate bringen. Dieser Schnittpunkt ergibt einen oberen Grenzwert für den Ankerstrom von rund 1000 Amp. Die Übereinstimmung mit dem theoretisch ermittelten Wert ist als sehr befriedigend zu bezeichnen, wenn man bedenkt, daß es nicht sicher ist, ob das Oszillogramm auch genau den ungünstigsten Schaltmoment getroffen hat.

Bei Aufnahme der Oszillogramme 54 und 55 war die Streuung der Versuchsmaschine durch Vorschaltung von Drosselspulen vor den Anker künstlich vergrößert worden. Die vorgeschaltete Induktivität betrug im ersteren Falle $0{,}12 \cdot 10^{-3}$, im zweiten Falle $0{,}43 \cdot 10^{-3}$ Henry, entsprechend einer Vergrößerung der Streuinduktivität des Stromerzeugers um 28 bzw. 100%. Der Schaltmoment entspricht in beiden Fällen ungefähr den Verhältnissen des Oszillogramms 53, eine genaue Übereinstimmung ist natürlich niemals zu erzielen. Die aus dem Os-

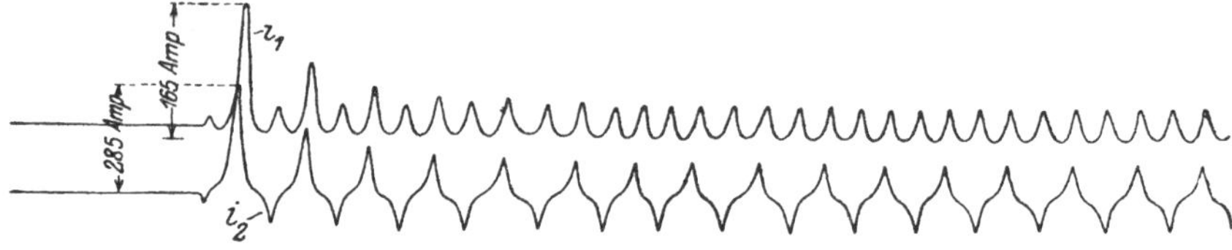

Fig. 55. Dasselbe wie Fig. 54, jedoch beträgt die Induktivität der Drosselspule 100 % der Kurzschlußreaktanz der Versuchsmaschine.

zillogramm entnommene maximale Größe des Statorstromes bleibt um 18 bzw. 95% hinter dem diesbezügl. Strom des Oszillogramms 53 zurück. Die Theorie fordert einen Rückgang des Stromes um 22 bzw. 100%. Man erkennt ferner, besonders im Oszillogramm 55, daß auch im stationären Kurzschluß die Stromspitzen bedeutend zurückgegangen sind.

Die Fig. 56 zeigt die oszillographische Aufnahme des plötzlichen Kurzschlusses eines Einphasen-Generators von 500 kW, 10000 Volt und 15 Perioden. Man sieht, daß auch die Synchronmaschine in ihrer wirklichen Ausführung mit massivem Induktor sich sehr gut in unsere Theorie einfügt. Der Kurzschlußstrom erreicht im Oszillogramm den 19fachen Wert des stationären effektiven Kurzschlußstromes, und das ist ein ganz ungeheurer Betrag.

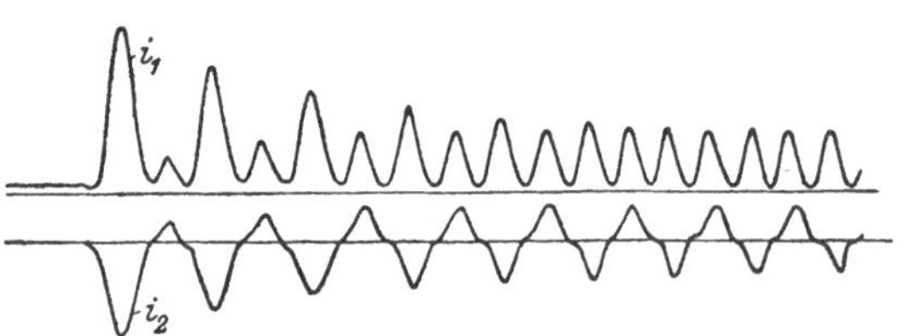

Fig. 56. Plötzlicher Kurzschluß eines Einphasengenerators von 500 kW.

14. Die Unterbrechung des Kurzschlusses.

Die Vorgänge beim plötzlichen Kurzschluß sind gekennzeichnet durch das Freiwerden der Energie des während des vorangegangenen

Belastungszustandes mit Induktor und Stator verkettet gewesenen magnetischen Feldes. Wir sahen, daß im stationären Kurzschluß nur mehr ein gemeinschaftliches Feld vorhanden ist, das lediglich zur Deckung des Ohmschen und induktiven Spannungsabfalles der Statorwicklung dient, also stark geschwächt ist. Ein großer Teil der ursprünglich in der Maschine aufgespeicherten magnetischen Energie wird also im Verlaufe des plötzlichen Kurzschlusses vernichtet. Umgekehrt wird somit bei der Unterbrechung des Kurzschlusses die Maschine zunächst mit einem stark geschwächten magnetischen Felde arbeiten, das erst wieder durch Energiezufuhr von außen auf die ursprüngliche Höhe gebracht werden muß.

Wir setzen voraus, der betr. Schaltapparat, es wird sich wohl meist um einen Ölschalter handeln, unterbreche ordnungsgemäß den Strom in dem Augenblicke, in welchem er betriebsmäßig durch Null geht, eine Voraussetzung, die nicht immer, jedoch wohl meistens erfüllt sein wird. Wir vernachlässigen ferner den Einfluß der bei Ölschaltern nur wenige Prozent der Generatorspannung betragenden Lichtbogenspannung. Wir setzen, mit anderen Worten, einen idealen Schalter voraus.

Da der Statorstrom im Augenblicke der Unterbrechung ohnehin Null ist, geht das Erlöschen desselben vor sich, ohne irgendwelche Nebenerscheinungen auszulösen. Die Statorspannung springt von Null auf ihren, der Stellung des Induktors, sowie der Stärke des Erregerfeldes entsprechenden Momentanwert und nimmt von da ab ihren regelmäßigen, sinusförmigen Verlauf. Der Erregerstrom hat im stationären Kurzschluß, wie die Figuren erkennen lassen, zu dem betrachteten Zeitpunkte einen kleineren Wert, als der Erregerspannung und dem Widerstand r_1 der Erregerwicklung entspricht. Der innere Grund ist der, daß, wie wir gesehen, im Kurzschluß nur mehr ein geschwächtes Hauptfeld vorhanden ist; da i_2 und damit das Statorfeld gerade gleich Null, ist die Größe von i_1 in dem betrachteten Zeitpunkte direkt ein Maß für die Stärke des im Kurzschluß noch vorhandenen gemeinsamen Feldes.

Aus Gl. 56) folgt für $\omega \cdot t = \frac{\pi}{2}$:

$$i_0 = i_e \cdot \sqrt{1 - \frac{1}{\sigma^2}} = i_e \cdot \sqrt{\tau}. \tag{67}$$

Diesem Strome ist das im stationären Kurzschluß noch vorhandene magnetische Feld proportional und es fällt um so sckwächer aus, je geringer die totale Streuung des Generators ist. Der Erregerstrom arbeitet sich nun von dem Anfangswerte i_0 nach Gesetzen, die wir im zweiten uud dritten Abschnitt kennen lernten, auf seinen vor dem

Eintritt des Kurzschlusses eingestellten Wert i_e hinauf, entsprechend der Gleichung:

$$i_1 = i_e + (i_0 - i_e) \cdot e^{-\frac{r}{L} \cdot t}. \tag{68)}$$

Gl. 68) vermittelt den Übergang vom Kurzschluß zum Leerlauf des Stromerzeugers. Im selben Maße, in welchem der Erregerstrom und damit das Hauptfeld anwächst, steigt natürlich auch die Statorspannung, um nach dem Eintreten stationärer Verhältnisse wieder ihren Leerlaufwert zu erreichen.

Fig. 57, welche für $\sigma = 1{,}1$ gezeichnet wurde, erläutert die eben beschriebenen Vorgänge. Man sieht, wie die Statorspannung im Augenblicke der Unterbrechung von Null auf ihren Amplitudinalwert springt und nun beginnt, sich auf ihren Leerlaufswert hinaufzuarbeiten, was bei großen Maschinen viele Sekunden erfordert.

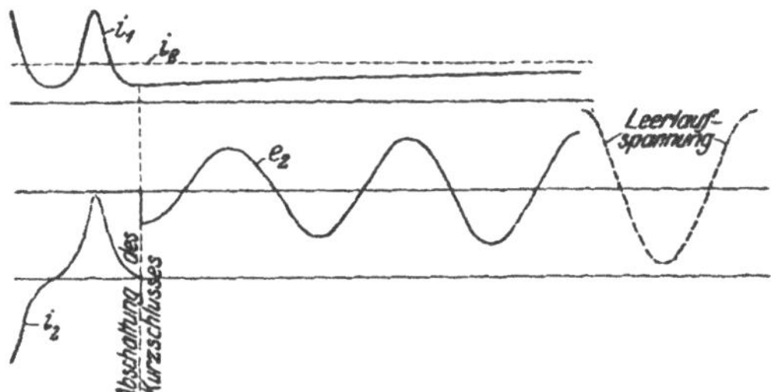

Fig. 57. Unterbrechung des einphasigen Kurzschlusses.

Wir haben gesehen, daß beim plötzlichen Kurzschluß das ursprüngliche gemeinsame Feld allmählich bis auf einen geringen, durch die Gl. 67) festgelegten Teilbetrag verschwindet. Die Geschwindigkeit, mit der das Feld abfällt, hängt von der Größe der Dämpfungskonstante α_m ab. Wird nun der Kurzschluß unterbrochen, bevor er stationär geworden ist, so wird sich bei der Unterbrechung eine höhere Statorspannung einstellen, als der Gl. 67) entspricht; die sich sofort einstellende Statorspannung wird sich um so mehr der ursprünglichen Leerlaufspannung nähern, je schneller der Kurzschluß unterbrochen wurde. Dies läßt sich aus der Fig. 47 deutlich herauslesen.

Die gepflogenen Erörterungen führen zu dem Schlusse, daß, wenn die vom Maschinenschalter zu bewältigende Abschaltleistung klein gehalten werden soll, es einen doppelten Vorteil bietet, den Kurzschluß nicht zu schnell abzuschalten. Denn es sinkt dann nicht nur der vom Ölschalter zu bewältigende Strom, sondern auch gleichzeitig die zur Aufrechterhaltung des Unterbrechungslichtbogens zur Verfügung stehende Spannung.

15. Näherungslösung der Differentialgleichungen der Einphasen-Synchronmaschine für den Fall verschiedener Zeitkonstanten von Induktor- und Statorwicklung.

Wir haben im 11. Abschnitt die Differentialgleichungen der kurzgeschlossenen Einphasen-Synchronmaschine in aller Strenge gelöst, mußten uns aber, um die mathematischen Schwierigkeiten zu begrenzen, auf einen Spezialfall beschränken; wir setzten unseren Betrachtungen eine Maschine mit gleich starken Wicklungen auf Induktor und Stator voraus. Diese Voraussetzung ist nun in den meisten Fällen nicht erfüllt, und ich möchte die Betrachtungen dieses Kapitels nicht abschließen, ohne wenigstens näherungsweise gezeigt zu haben, wie sich eine Maschine verhält, deren Wicklungen verschiedene Zeitkonstanten besitzen. Die Vernachlässigungen, die wir begehen werden, beruhen darauf, daß wir die Ohmschen Spannungsabfälle als klein gegenüber den induktiven Spannungsabfällen annehmen, eine Annahme, die im allgemeinen immer erfüllt sein wird. Da wir, wenigstens unter der bewußten Voraussetzung, die strenge Lösung kennen, ist es uns ein leichtes den begangenen Fehler abzuschätzen. Diese Möglichkeit ist uns schon deshalb besonders wertvoll, weil wir uns in den folgenden Kapiteln der besseren Übersicht halber von vornherein ähnliche Vernachlässigungen zuschulden kommen lassen werden, von deren Bedeutungslosigkeit wir uns hier überzeugen können.

Wir gehen aus von dem mit beiden Wicklungen verketteten Kraftlinienflusse. Derselbe hat für die Erregerwicklung einen Betrag:

$$\sum_0^{N_1} \Phi = L_1 \cdot i_e\text{ [1]}.$$

Unter der Voraussetzung eines kleinen Ohmschen Widerstandes klingt Φ nach Eintritt des Kurzschlusses nach einem Gesetz $e^{-a_1 \cdot t}$ allmählich auf einen geringen, dem stationären Kurzschluß entsprechenden Wert Φ_0 ab.

Ebenso ist mit der Statorwicklung ein Kraftlinienfluß verkettet, der zur Zeit $\omega \cdot t = 0$, also im Moment des Eintrittes des Kurzschlusses einen Wert

$$\sum_0^{N_2} \Phi' = M \cdot i_e \cdot \cos\alpha$$

besitzt. Φ' klingt nach Eintritt des Kurzschlusses, ebenfalls nach einem Gesetz $e^{-a_2 \cdot t}$, auf Null ab.

---

[1] Statt $\sum_0^{N_1} \Phi$ hätten wir auch einfacher $N_1 \cdot \Phi$ schreiben können, wenn wir nur unter N_1 die mit sämtlichen Kraftlinien verkettete Windungszahl verstehen.

Wir können für Induktor- und Statorwicklung somit folgende Gleichungen anschreiben:

$$L_1 \cdot i_1 + M \cdot i_2 \cdot \cos(\omega \cdot t + \alpha) = \sum_0^{N_1} \Phi_0 + \left(\sum_0^{N_1} \Phi_1 - \sum_0^{N_1} \Phi_0\right) \cdot e^{-a_1 \cdot t},$$

$$L_2 \cdot i_2 + M \cdot i_1 \cdot \cos(\omega \cdot t + \alpha) = \left(\sum_0^{N_2} \Phi'\right) \cdot e^{-a_2 \cdot t},$$

oder, da nach Gl. 67):

$$\sum_0^{N_1} \Phi_0 = L_1 \cdot i_e \cdot \sqrt{\tau}$$

und somit

$$\sum_0^{N_1} \Phi_0 + \left(\sum_0^{N_1} \Phi_1 - \sum_0^{N_1} \Phi_0\right) \cdot e^{-a_1 \cdot t} = L_1 \cdot i_e \cdot \left[\sqrt{\tau} + \left(1 - \sqrt{\tau}\right) \cdot e^{-a_1 \cdot t}\right],$$

$$\left(\sum_0^{N_2} \Phi'\right) \cdot e^{-a_2 \cdot t} = M \cdot i_e \cdot \cos\alpha \cdot e^{-a_2 \cdot t}:$$

$$i_1 + \frac{M}{L_1} \cdot i_2 \cdot \cos(\omega \cdot t + \alpha) = i_e \cdot \left[\sqrt{\tau} + \left(1 - \sqrt{\tau}\right) \cdot e^{-a_1 \cdot t}\right],$$

$$i_2 + \frac{M}{L_2} \cdot i_1 \cdot \cos(\omega \cdot t + \alpha) = \frac{M}{L_2} \cdot i_e \cdot \cos\alpha \cdot e^{-a_2 \cdot t}.$$

Wir haben damit zwei Gleichungen für die beiden Unbekannten i_1 und i_2 gewonnen, aus welchen diese ohne weiteres bestimmt werden können; das Ergebnis lautet:

$$\left.\begin{aligned} i_1 = \frac{i_e}{2} \cdot \Bigg[& \frac{\sqrt{\sigma^2 - 1} + \left(\sigma - \sqrt{\sigma^2 - 1}\right) \cdot e^{-a_1 \cdot t} + \cos\alpha \cdot e^{-a_2 \cdot t}}{\sigma + \cos(\omega \cdot t + \alpha)} + \\ & + \frac{\sqrt{\sigma^2 - 1} + \left(\sigma - \sqrt{\sigma^2 - 1}\right) \cdot e^{-a_1 \cdot t} - \cos\alpha \cdot e^{-a_2 \cdot t}}{\sigma - \cos(\omega \cdot t + \alpha)} \Bigg], \\ i_2 = \frac{i_e}{2} \cdot \frac{M}{L_2} \cdot \Bigg[& \frac{\sqrt{\sigma^2 - 1} + \left(\sigma - \sqrt{\sigma^2 - 1}\right) \cdot e^{-a_1 \cdot t} + \cos\alpha \cdot e^{-a_2 \cdot t}}{\sigma + \cos(\omega \cdot t + \alpha)} - \\ & - \frac{\sqrt{\sigma^2 - 1} + \left(\sigma - \sqrt{\sigma^2 - 1}\right) \cdot e^{-a_1 \cdot t} - \cos\alpha \cdot e^{-a_2 \cdot t}}{\sigma - \cos(\omega \cdot t + \alpha)} \Bigg]. \end{aligned}\right\} \quad 59\text{a)}$$

Jeder der Kurzschlußströme des Induktors und Stators besteht sonach aus drei Teilen, einem stationären Teil, einem Teil der mit dem Induktorfelde und einem Teil der mit dem Statorfelde abklingt. Derjenige Teil des Erregerstromes, der mit dem Induktorfelde abklingt. ist sozusagen als dessen Magnetisierungsstrom zu betrachten, und wir können infolgedessen die Dämpfungskonstante a_1 aus der Forderung berechnen, daß die durch das Verschwinden des Induktorfeldes freigewordene Elektrizitätsmenge zur Aufrechterhaltung seines Magnetisierungsstromes verwendet wurde. Dies ergibt die folgende Bedingungsgleichung:

$$r_1 \cdot \int_0^\infty \frac{i_e}{2} \cdot \left[\frac{\sigma - \sqrt{\sigma^2 - 1}}{\sigma + \cos(\omega \cdot t + \alpha)} + \frac{\sigma - \sqrt{\sigma^2 - 1}}{\sigma - \cos(\omega \cdot t + \alpha)}\right] \cdot e^{-a_1 \cdot t} \cdot dt =$$

$$= \sum_0^{N_1'} \Phi_1 - \sum_0^{N_1} \Phi_0 = i_e \cdot L_1 \cdot \left(1 - \sqrt{1 - \frac{1}{\sigma^2}}\right),$$

oder:

$$\int_0^\infty \frac{e^{-a_1 \cdot t}}{\sigma^2 - \cos^2(\omega \cdot t + \alpha)} \cdot dt = \frac{L_1}{\sigma^2 \cdot r_1}.$$

Das eben angeschriebene Integral läßt sich näherungsweise auflösen und zwar ist:

$$\int_0^\infty \frac{e^{-a_1 \cdot t}}{\sigma^2 - \cos^2(\omega \cdot t + \alpha)} \cdot dt = \left[-\frac{e^{-a_1 \cdot t}}{a_1} \cdot \frac{1}{\sigma^2 \cdot \sqrt{1 - \frac{1}{\sigma^2}}}\right]_0^\infty = \frac{1}{a_1 \cdot \sigma^2 \cdot \sqrt{\tau}}$$

und wir erhalten somit

$$a_1 = \frac{r_1}{L_1 \cdot \sqrt{\tau}}. \qquad 55a)$$

Bei der Berechnung der Dämpfungskonstante a_2 des Statorfeldes können wir ganz ebenso verfahren, wir stellen also folgende Bedingungsgleichung auf:

$$\frac{M}{L_2} \cdot r_2 \cdot \int_0^\infty \frac{i_e}{2} \cdot \left[\frac{\cos\alpha}{\sigma + \cos(\omega \cdot t + \alpha)} + \frac{\cos\alpha}{\sigma - \cos(\omega \cdot t + \alpha)}\right] \cdot e^{-a_2 \cdot t} \cdot dt =$$

$$= \sum_0^{N_2} \Phi' = M \cdot i_e \cdot \cos\alpha.$$

Hieraus folgt, ähnlich wie vorher:

$$\int_0^\infty \frac{e^{-a_2 \cdot t}}{\sigma^2 - \cos^2(\omega \cdot t + \alpha)} \cdot dt = \frac{L_2}{\sigma^2 \cdot r_2},$$

woraus:

$$a_2 = \frac{r_2}{L_2 \cdot \sqrt{\tau}}. \qquad 55a)$$

Setzen wir zunächst

$$\frac{r_1}{L_1} = \frac{r_2}{L_2} = \frac{r}{L},$$

so wird

$$a_1 \cdot t = a_2 \cdot t = \alpha_m(t)$$

und die für die plötzlichen Kurzschlußströme gewonnenen Gl. 59a) gehen in die Gl. 59) über, wenn wir nur in diesen $\alpha_1(t)$ und $\alpha_2(t)$ durch deren mittleren Wert $\alpha_m(t)$ ersetzen. Um das Ergebnis der Näherungslösung mit dem der strengen Lösung des 11. Abschnittes vergleichen zu können, brauchen wir also lediglich die Fig. 41 zu Rate zu ziehen.

Die strenge Theorie ergab für die zeitliche Dämpfung der Kurzschlußströme eine eigenartige Funktion, nämlich in graphischer Darstellung eine treppenförmig abfallende Kurve, die sich aber an eine e-Funktion anschließt und diese auf den Abszissen $\omega \cdot t = \pi, 2 \cdot \pi, 3 \cdot \pi \cdots$ berührt. Die umhüllende e-Funktion stellt also sozusagen den Mittelwert der durch die Fig. 41 dargestellten Kurven vor. Die angenäherte Theorie ergab von vornherein nur diese umhüllende e-Funktion. Nun erreichen die Kurzschlußströme ihre Amplitudinalwerte zu den Zeiten $\omega \cdot t = \pi,\ 2 \cdot \pi,\ 3 \cdot \pi \ldots$, für diese Zeitpunkte ergaben aber die Funktionen $e^{-a_{1,2} \cdot t}$ und $e^{-\alpha_{1,2} \cdot (t)}$ gleiche Werte und wir ersehen daraus, daß unsere Näherungslösung die Amplituden der Überströme in ihrer richtigen Höhe ergibt. Der Ohmsche Widerstand der Wicklungen bewirkt, wie Fig. 41 erkennen läßt, außer dem zeitlichen Absterben der Ausgleichsströme noch eine geringe Kurvenverzerrung der Stromwellen, insofern, als diese zu den Ordinaten in den Punkten $\omega \cdot t = \pi, 2 \cdot \pi, 3 \cdot \pi \ldots$ etwas unsymmetrisch erscheinen, was ja auch z. B. das Oszillogramm 51 erkennen ließ. Diese Unsymmetrie verschweigt die in diesem Abschnitt entwickelte Näherungslösung. Doch war die durch den Ohmschen Widerstand bewirkte Kurvenverzerrung schon bei unserer kleinen Versuchsmaschine, die zudem noch mit stark verringerter Umdrehungszahl lief, so gering, daß wir uns ohne weiteres mit der Näherungslösung begnügen können.

Lassen wir nun die Voraussetzung gleicher Zeitkonstanten von Induktor- und Statorwicklung fallen, so kommen wir zu dem Ergebnis, daß die an Induktor und Stator hängenden Teilfelder verschieden stark gedämpft sind, und zwar wird die Lebensdauer eines jeden Feldes nur durch die Eigenschaften derjenigen Wicklung bestimmt, die im Momente des Kurzschlusses von ihm Besitz ergriffen hat. Im übrigen werden die Erörterungen dieses Kapitels nicht berührt.

VI. Der mehrfach verkettete magnetische Fluß zwischen bewegten, symmetrischen Mehrphasensystemen.

16. Das stationäre Drehfeld der Asynchronmaschine.

Bei einphasigen Wicklungssystemen, die allein wir bisher betrachtet haben, fällt die Achse des magnetischen Kraftflusses stets mit der

Wicklungsachse zusammen, beide sind also auch räumlich mehr oder weniger starr miteinander verbunden. Mehrphasige, symmetrische Wicklungssysteme sind bekanntlich befähigt, Drehfelder auszubilden, das sind magnetische Felder, die sich bei gleichbleibender Form und Höhe mit gleichmäßiger Geschwindigkeit über das betr. Wicklungssystem hinwegbewegen. Das magnetische Feld ist also in seiner räumlichen Lage nicht mehr an die Wicklungsachsen gebunden, es kann vielmehr, je nach der jeweiligen momentanen Stromverteilung in den einzelnen Phasen, jede beliebige Stellung zu den Wicklungsachsen einnehmen. Diese Eigenschaft des magnetischen Feldes bedingt natürlich in symmetrischen Mehrphasenmaschinen ganz besondere Formen des Verlaufes magnetischer Ausgleichsvorgänge.

Unter symmetrischen Mehrphasenmaschinen verstehen wir elektrische Maschinen, welche in Stator und Rotor symmetrische Mehrphasensysteme tragen. Praktische Ausführungen dieser Maschinentype sind der mehrphasige Induktionsmotor sowie die mehrphasige Synchronmaschine mit konstantem Luftraum und einer Dämpferwicklung in der Achse des Querfeldes, vorausgesetzt, daß diese ebenso stark ausgebildet ist, wie die Erregerwicklung. Gleich stark aber, im Sinne unserer Theorie, nennen wir Stromkreise mit gleichen Zeitkonstanten $\frac{L}{r}$. Bei gleicher Wicklungsverteilung ist nämlich die Zeitkonstante direkt ein Maß für den ausgefüllten Wicklungsraum und damit für das Kupfergewicht einer Wicklung.

Es ist klar, daß, sofern es sich nur um symmetrische Mehrphasensysteme handelt, die Anzahl der Phasen für den Verlauf der Ausgleichserscheinungen belanglos ist. Wir werden daher, um Schreibarbeit zu sparen, unseren Betrachtungen zweiphasige Wicklungssysteme zugrunde legen.

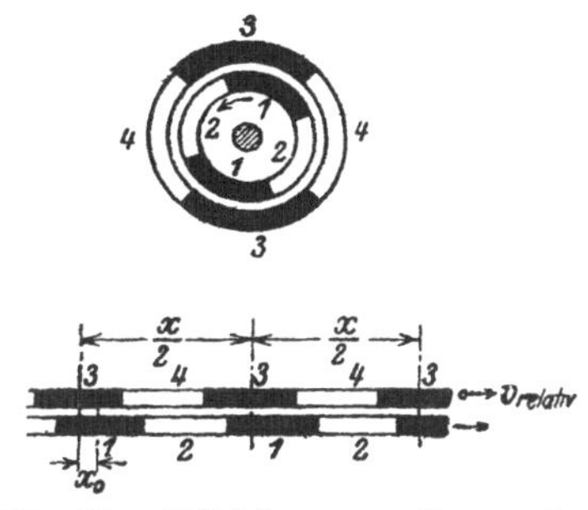

Fig. 58. Wicklungsanordnung der Asynchronmaschine.

Zunächst mögen kurz die Verhältnisse für den stationären Zustand eines zweipoligen Zweiphasen-Stators erläutert werden. In Fig. 58 sind die Stator- und Rotorwicklungen eines gewöhnlichen Zweiphasen-Induktionsmotors schematisch dargestellt. Die Spannungen an den beiden Phasen des Stators seien gegeben durch:

$$\left.\begin{aligned} e_3 &= E_m \cdot \sin(\omega \cdot t + \alpha), \\ e_4 &= E_m \cdot \sin(\omega \cdot t + \alpha - 90^\circ) \\ &= -E_m \cdot \cos(\omega \cdot t + \alpha). \end{aligned}\right\} \qquad 69)$$

Der Magnetisierungsstrom eilt der betr. Spannung, wenn wir zunächst einmal vom Ohmschen Widerstand absehen, um 90° nach, was wir in den folgenden Gleichungen zum Ausdruck bringen:

$$\left.\begin{aligned} i_3 &= -\,i_{m3} \cdot \cos(\omega \cdot t + \alpha), \\ i_4 &= -\,i_{m4} \cdot \sin(\omega \cdot t + \alpha), \end{aligned}\right\} \qquad 70)$$

wo

$$\left.\begin{aligned} i_{m3} &= \frac{E_m}{\omega \cdot L_3}, \\ i_{m4} &= \frac{E_m}{\omega \cdot L_4}. \end{aligned}\right\} \qquad 70\,a)$$

L_3 und L_4 sind die Selbstinduktionskoeffizienten der beiden Statorphasen. Da nach Voraussetzung

$$\left.\begin{aligned} L_3 &= L_4 = L, \\ i_{m3} &= i_{m4} = i_m. \end{aligned}\right\} \qquad 70\,b)$$

ist auch

Den Magnetisierungsströmen 70) entsprechen für die Einzelphasen Wechselfelder, die wir uns wieder durch Sinusfelder ersetzt denken. Jedes einzelne Feld besitzt im Luftspalt die maximale Feldstärke

$$\left.\begin{aligned} h &= c \cdot i, \\ c &= 0{,}4 \cdot \pi \cdot f_{aw} \cdot \frac{N}{\delta''}. \end{aligned}\right\} \qquad 71)$$

wo

Hierin ist N die Windungszahl einer Statorphase, δ'' die auf den Luftspalt reduzierte Kraftlinienlänge und f_{aw} der sogen. Amperewindungsfaktor. (Näheres siehe: Kittler, Allgemeine Elektrotechnik, III. Band 1910, Seite 78!) Bedeutet ferner noch X die doppelte Polteilung, x die Abszisse in einem durch den stillstehenden Rotor gelegten räumlichen Koordinatensystem, so ergeben sich folgende Gleichungen für die Wechselfelder im Luftspalt:

$$\left.\begin{aligned} F_3 &= c \cdot i_3 \cdot \sin \frac{2 \cdot \pi}{X} \cdot x \\ &= -\,c \cdot i_m \cdot \cos(\omega \cdot t + \alpha) \cdot \sin \frac{2 \cdot \pi}{X} \cdot x \\ F_4 &= c \cdot i_4 \cdot \cos \frac{2 \cdot \pi}{X} \cdot x \\ &= -\,c \cdot i_m \cdot \sin(\omega \cdot t + \alpha) \cdot \cos \frac{2 \cdot \pi}{X} \cdot x \end{aligned}\right\} \qquad 72)$$

Das resultierende Feld im Luftspalt folgt durch Superposition der beiden Wechselfelder:

$$F_r = F_3 + F_4$$

$$F_r = -c \cdot i_m \cdot \sin\left(\frac{2 \cdot \pi}{X} \cdot x + \omega \cdot t + \alpha\right),$$

$$= -c \cdot i_m \cdot \sin \frac{2\pi}{X} \cdot (x + v \cdot t + X'), \qquad 73)$$

wo

$$v = \frac{\omega}{2 \cdot \pi} \cdot X = \nu \cdot X. \qquad 73a)$$

(ν = Periodenzahl)

Nun stellt aber Gl. 73) nichts anderes als ein sich im Gegensinne des Uhrzeigers mit der Geschwindigkeit v bewegendes, räumlich sinusförmig verteiltes Drehfeld konstanter Amplitude dar. Denn das Argument $x + v \cdot t$ ändert seinen Wert nicht, wenn x um einen Betrag x_0 abnimmt und t gleichzeitig um einen Betrag t_0 wächst, so, daß $x_0 = v \cdot t_0$ (Fig. 59).

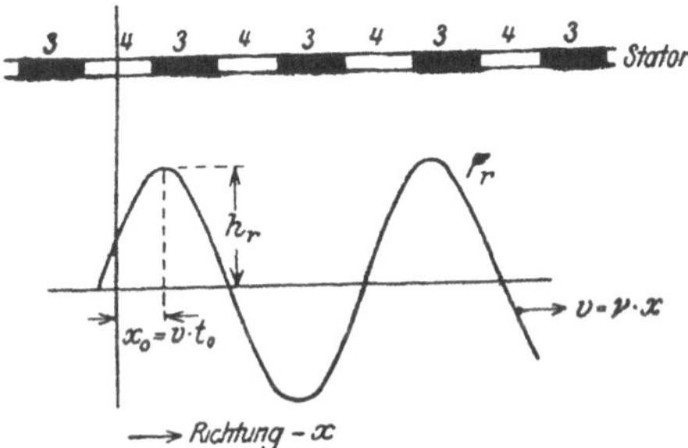

Fig. 59. Das resultierende Feld der leerlaufenden Asynchronmaschine.

17. Das Einschalten des Stators einer Asynchronmaschine bei offenem Rotor.

Bevor wir weiterschreiten, wollen wir die Ergebnisse der eben gepflogenen Betrachtungen gleich einmal auf die Untersuchung der Vorgänge anwenden, die sich beim plötzlichen Einschalten des Stators abspielen.

Der Einschaltvorgang möge zur Zeit $t = 0$ einsetzen, so daß also in diesem Moment die Spannungen dargestellt sind durch:

$$\left.\begin{aligned} e_3 &= E_m \cdot \sin\alpha, \\ e_4 &= -E_m \cdot \cos\alpha. \end{aligned}\right\} \qquad 74)$$

In diesem Augenblick ist noch kein Feld vorhanden (von Vormagnetisierung möge abgesehen werden). Von nun an aber ist die Ausbildung des Feldes durch die bekannten Induktionsgleichungen vorgeschrieben:

$$e_3 = N \cdot \frac{d\Phi_3}{dt} = E_m \cdot \sin(\omega \cdot t + \alpha),$$

$$e_4 = N \cdot \frac{d\Phi_4}{dt} = -E_m \cdot \cos(\omega \cdot t + \alpha),$$

wo Φ_3 und Φ_4 die Kraftlinienflüsse der beiden Phasen sind.

Hieraus folgt durch Integration:

$$\left.\begin{aligned} \Phi_3 &= -\frac{E_m}{N \cdot \omega} \cdot \cos(\omega \cdot t + \alpha) - A_1, \\ \Phi_4 &= -\frac{E_m}{N \cdot \omega} \cdot \sin(\omega \cdot t + \alpha) - A_2. \end{aligned}\right\} \qquad 75)$$

Die Integrationskonstanten A_1 und A_2 ergeben sich aus der Anfangsbedingung, nach der zur Zeit $t = 0$ das Feld $= 0$ ist. Die Gl. 75) lassen sich damit endgültig schreiben:

$$\left.\begin{aligned} \Phi_3 &= -\frac{E_m}{N \cdot \omega} \cdot [\cos(\omega \cdot t + \alpha) - \cos\alpha], \\ \Phi_4 &= -\frac{E_m}{N \cdot \omega} \cdot [\sin(\omega \cdot t + \alpha) - \sin\alpha]. \end{aligned}\right\} \qquad 75a)$$

Die beiden Glieder

$$\Phi_3' = -\frac{E_m}{N \cdot \omega} \cdot \cos(\omega \cdot t + \alpha),$$

$$\Phi_4' = -\frac{E_m}{N \cdot \omega} \cdot \sin(\omega \cdot t + \alpha)$$

geben das stationäre Drehfeld, während die Glieder

$$\Phi_3'' = \frac{E_m}{N \cdot \omega} \cdot \cos\alpha,$$

$$\Phi_4'' = \frac{E_m}{N \cdot \omega} \cdot \sin\alpha$$

übergelagerte Gleichfelder darstellen. Das resultierende übergelagerte Gleichfeld ist demnach:

$$\Phi_r'' = \frac{E_m}{N \cdot \omega}, \qquad 76)$$

d. h. seine Größe ist unabhängig vom Einschaltmoment, seine Form entspricht der Form des stationären Feldes, seine Achse fällt mit der Achse des stationären Drehfeldes im Einschaltmoment zusammen, sein Vorzeichen ist jedoch das entgegengesetzte des stationären Drehfeldes, so daß sich im Einschaltmoment stationäres und übergelagertes Feld zu Null ergänzen. (Anfangsbedingung.)

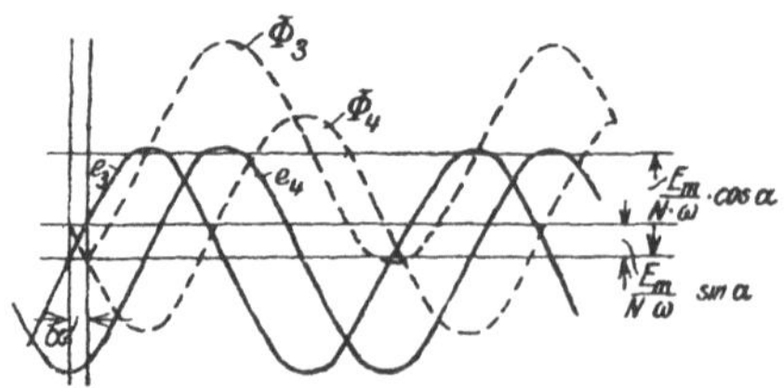

Fig. 60. Die übergelagerten Felder beim Einschalten der leerlaufenden Asynchronmaschine.

Den Feldern Φ_3 und Φ_4 entsprechen Magnetisierungsströme:

$$\left.\begin{aligned} i_3 &= c\cdot[\cos(\omega\cdot t+\alpha)-\cos\alpha],\\ i_4 &= c\cdot[\sin(\omega\cdot t-\alpha)-\sin\alpha].\end{aligned}\right\} \qquad 77)$$

Über die stationären Wechselströme in den beiden Phasen sind also den übergelagerten Gleichfeldern proportionale Gleichströme gelagert. Wäre der Ohmsche Widerstand der Wicklungen Null, so würden diese Gleichströme bis in alle Zeiten bestehen bleiben. Infolge der Verluste klingen sie jedoch, und mit ihnen die übergelagerten Gleichfelder, nach der Funktion $e^{-\frac{r}{L}\cdot t}$ ab.

Vormagnetisierung und variable Permeabilität haben hier qualitativ denselben Einfluß wie beim Einschalten von Transformatoren. Quantitativ hingegen können sie den Einschaltstromstoß nicht so stark beeinflussen, weil wegen des großen Luftspaltes einerseits die Remamenz viel kleiner ist als bei Transformatoren und andererseits auch die Sättigungskurve oberhalb des Knies nicht so flach verläuft.

Immerhin sind die beobachteten Einschaltstromstöße bei Motoren, insbesondere bei solchen mit geringem Luftspalt und großem Eisenweg (Schnelläufern) häufig ein Mehrfaches des Vollaststromes und deshalb sowohl für die Überstromschutzvorrichtungen wie auch für die Wicklung des Motors selbst wegen der großen Kräfte auf die Wickelköpfe äußerst unangenehm. Das Oszillogramm 61 gibt die Einschaltströme zweier Phasen eines 1500tourigen Drehstrommotors für 500 kW. Bei diesem Motor z. B. steigt der Einschaltstromstoß bis zum 14fachen Leerlaufstrom, entsprechend dem etwa 3fachen Vollaststrom an.

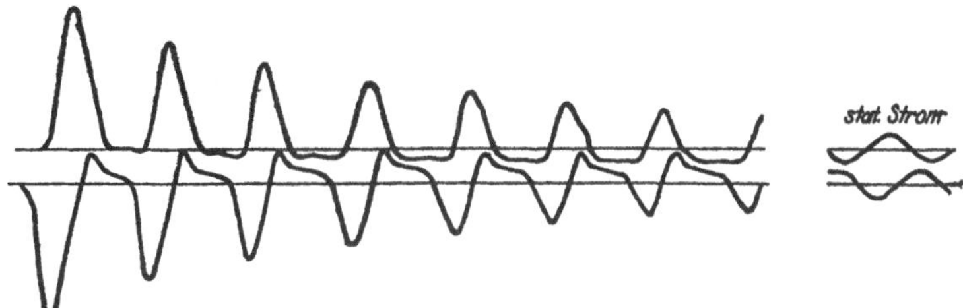

Fig. 61. Einschalten eines 500 kW-Asynchronmotors bei offenem Rotor.

Auch beim Asynchronmotor läßt sich der Einschaltstrom ganz wesentlich reduzieren, wenn man mittels eines Schalters mit Vorkontakt und Widerstand einschaltet. Da jedoch die physikalischen Vorgänge hier genau dieselben sind wie beim Einschalten des Transformators, können wir uns ein näheres Eingehen hierauf schenken.

18. Die Differentialgleichungen der Zweiphasen-Maschine mit unsymmetrisch bewickeltem Rotor.

Die von den vier Wicklungen im Luftraum ausgebildeten Teilfelder sind unter der Annahme einer sinusförmigen Verteilung in Fig. 62a in ein Koordinatensystem eingetragen, das relativ zum unsymmetrisch bewickelten Rotor festliegt. Auf dieses Koordinatensystem beziehen sich auch die Pfeile der Drehrichtung, und zwar bewege sich der Rotor mit der konstanten Winkelgeschwindigkeit ω im Gegensinne des Uhrzeigers. Die Zeitzählung endlich soll durch die Angabe bestimmt werden, daß im Augenblicke $t = 0$ die Phase 1 des Rotors und die Phase 3 des Stators sich gerade decken, so daß der Winkel, um welchen sich der Rotor gemäß der Fig. 62 aus dieser Anfangsstellung bereits entfernt hat, durch die Gleichung

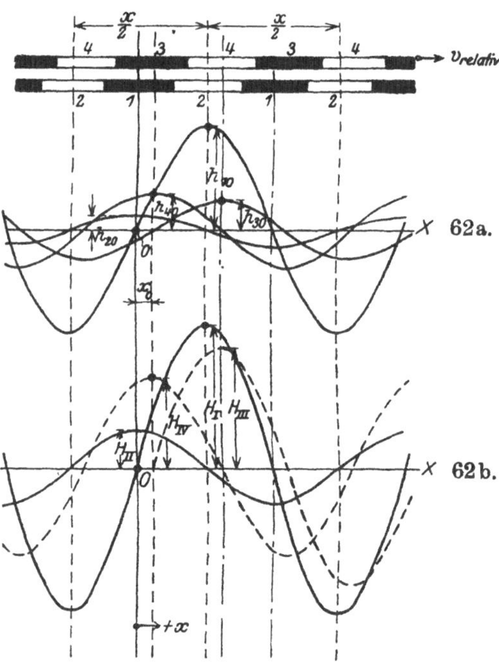

Fig. 62. Feldverteilung im Luftspalt der kurzgeschlossenen Mehrphasenmaschine.

$$\frac{2 \cdot \pi}{X} \cdot x_0 = \omega \cdot t_0$$

beschrieben werden kann.

Weshalb wir dem Rotor zwei unsymmetrische Wicklungen zuordnen, obgleich doch die Untersuchung einer derartigen Maschine gar nicht in unserer Absicht lag, wird im VII. Kapitel klar werden.

Die beiden von den Strömen i_1 und i_2 durchflossenen Wicklungen des Rotors bilden im Luftraum Sinusfelder aus mit den maximalen Ordinaten:

$$\left.\begin{aligned} h_{10} &= c_1 \cdot i_1, \\ \text{bzw.} \quad h_{20} &= c_2 \cdot i_2 \end{aligned}\right\} \qquad 78\text{a)}$$

und mit den Kraftlinienzahlen:

$$\left.\begin{aligned}\Phi_{10} &= \frac{L_{11}}{N_1}\cdot i_1,\\ \text{bzw.}\qquad \Phi_{20} &= \frac{L_{22}}{N_2}\cdot i_2.\end{aligned}\right\}\qquad 78\text{b)}$$

N_1 und N_2 sind die bezüglichen effektiven Windungszahlen, L_{11} und L_{22} die Selbstinduktionskoeffizienten der betreffenden Wicklungen, deren Zusammenhang mit den Feldfaktoren c leicht zu bestimmen ist.

Es ist nämlich der von einer Wicklung erzeugte gesamte Kraftlinienfluß:

$$\Phi = h_{\text{mittel}}\cdot\frac{X}{2}\cdot B = h\cdot\frac{X\cdot B}{\pi},\quad (B = \text{effektive Eisenbreite})$$

oder

$$\Phi = c\cdot i\cdot\frac{X\cdot B}{\pi}.$$

Hieraus folgt nun mit Gl. 78b) sofort für die beiden Rotorwicklungen:

$$\left.\begin{aligned}L_{11} &= c_1\cdot N_1\cdot\frac{X\cdot B}{\pi},\\ L_{22} &= c_2\cdot N_2\cdot\frac{X\cdot B}{\pi}.\end{aligned}\right\}\qquad 78\text{c)}$$

Die totalen Selbstinduktionskoeffizienten derselben Wicklungen sind wieder:

$$\left.\begin{aligned}L_1 &= L_{11}\cdot(1+\tau_1),\\ L_2 &= L_{22}\cdot(1+\tau_2),\end{aligned}\right\}\qquad 78\text{d)}$$

die Wicklungen erzeugen also Streuflüsse:

$$\left.\begin{aligned}\Phi_{1\tau} &= \Phi_{10}\cdot\tau_1\\ \text{und}\qquad \Phi_{2\tau} &= \Phi_{20}\cdot\tau_2.\end{aligned}\right\}\qquad 78\text{e)}$$

Im Gegensatz zum Rotor hat der Stator symmetrisch ausgeführte Wicklungen mit gleichen effektiven Windungszahlen N, gleichen Feldfaktoren c und demgemäß auch gleichen Ohmschen Widerständen r, Selbstinduktionskoeffizienten $L' = c\cdot N\cdot\frac{X\cdot B}{\pi}$ und Streuungskoeffizienten τ'. Seine Phasenströme i_3 und i_4 erzeugen im Luftraum die Teilfelder:

$$\left.\begin{aligned}h_{30} &= c\cdot i_3\\ \text{und}\qquad h_{40} &= c\cdot i_4\end{aligned}\right\}\qquad 79\text{a)}$$

mit den Kraftlinienzahlen:

und
$$\left.\begin{aligned}\Phi_{30} &= \frac{L'}{N}\cdot i_3\\ \Phi_{40} &= \frac{L'}{N}\cdot i_4,\end{aligned}\right\} \qquad 79\text{b)}$$

wozu sich noch die Streuflüsse:

und
$$\left.\begin{aligned}\Phi_{3\tau} &= \Phi_{30}\cdot\tau'\\ \Phi_{4\tau} &= \Phi_{40}\cdot\tau'\end{aligned}\right\} \qquad 79\text{c)}$$

addieren.

Da wir alle Sättigungserscheinungen vernachlässigen, so erhalten wir die resultierende Feldverteilung im Luftraum einfach durch Superposition der 4 Teilfelder 78a) und 79a), deren Ergebnis wir in der Form anschreiben:

$$\sum h = \left(\sin\frac{2\cdot\pi}{X}\cdot x\right)\cdot\left(h_{10} + h_{30}\cdot\cos\frac{2\cdot\pi}{X}\cdot x_0 + h_{40}\cdot\sin\frac{2\cdot\pi}{X}\cdot x_0\right) +$$
$$+ \left(\cos\frac{2\cdot\pi}{X}\cdot x\right)\cdot\left(h_{20} + h_{30}\cdot\sin\frac{2\cdot\pi}{X}\cdot x_0 + h_{40}\cdot\cos\frac{2\cdot\pi}{X}\cdot x_0\right).$$

Damit haben wir das resultierende Feld relativ zu dem gewählten Koordinatensystem in eine Sinus- und eine Cosinus-Komponente zerlegt, und da wir die Feldverteilung im Luftraum von vornherein in den Vordergrund unseres Interesses gerückt haben, so stellen diese Koordinaten unsere wichtigsten Unbekannten dar. Ihre Gleichungen lauten nach dem vorigen:

$$\left.\begin{aligned}H_{\text{I}} &= c_1\cdot i_1 + c\cdot i_3\cdot\cos\omega\cdot t + c\cdot i_4\cdot\sin\omega\cdot t,\\ H_{\text{II}} &= c_2\cdot i_2 - c\cdot i_3\cdot\sin\omega\cdot t + c\cdot i_4\cdot\cos\omega\cdot t.\end{aligned}\right\} \qquad 80)$$

Hätten wir das resultierende Feld im Luftraum nach den Wicklungsachsen des Stators zerlegt, so wären wir auf folgende Gleichungen gekommen (vgl. Fig. 62b!):

$$\left.\begin{aligned}H_{\text{III}} &= c_1\cdot i_1\cdot\cos\omega\cdot t - c_2\cdot i_2\cdot\sin\omega\cdot t + c\cdot i_3,\\ H_{\text{IV}} &= c_1\cdot i_1\cdot\sin\omega\cdot t + c_2\cdot i_2\cdot\cos\omega\cdot t + c\cdot i_4.\end{aligned}\right\} \qquad 81)$$

Der Kraftfluß der ersten Kompenente H_{III} wäre dann nur mit der ersten Phase, der Kraftfluß der zweiten Kompenente H_{IV} nur mit der zweiten Phase des Stators verkettet gewesen, und diese Zerlegung erscheint der vorausgeschickten vollkommen gleichwertig. Indes würde die analytische Behandlung dieses Falles größere Schwierigkeiten machen, insofern, als die Differentialgleichungen dann nicht mehr linear ausfallen, und deshalb wollen wir bei der Zerlegung nach den Koordinatenachsen bleiben. Der Übergang von einer Ausdrucksweise zur andern läßt sich ja jederzeit leicht bewerkstelligen mittels der einfachen Transformationsgleichungen:

$$\left.\begin{aligned} H_{\mathrm{I}} &= H_{\mathrm{III}} \cdot \cos\frac{2\cdot\pi}{X}\cdot x_0 + H_{\mathrm{IV}}\cdot\sin\frac{2\cdot\pi}{X}\cdot x_0\,, \\ H_{\mathrm{II}} &= H_{\mathrm{IV}} \cdot \cos\frac{2\cdot\pi}{X}\cdot x_0 - H_{\mathrm{III}}\cdot\sin\frac{2\cdot\pi}{X}\cdot x_0\,, \end{aligned}\right\} \quad 80\,\mathrm{a})$$

bzw.

$$\left.\begin{aligned} H_{\mathrm{III}} &= H_{\mathrm{I}} \cdot \cos\frac{2\cdot\pi}{X}\cdot x_0 - H_{\mathrm{II}}\cdot\sin\frac{2\cdot\pi}{X}\cdot x_0\,, \\ H_{\mathrm{IV}} &= H_{\mathrm{II}} \cdot \cos\frac{2\cdot\pi}{X}\cdot x_0 + H_{\mathrm{I}}\cdot\sin\frac{2\cdot\pi}{X}\cdot x_0\,. \end{aligned}\right\} \quad 81\,\mathrm{a})$$

Nach diesen Schritten sind wir nun endlich so weit, daß wir die Spannungsgleichungen der beiden Statorphasen anschreiben können:

$$\left.\begin{aligned} N\cdot\frac{X\cdot B}{\pi}\cdot\frac{dH_{\mathrm{III}}}{dt} + L'\cdot\tau'\cdot\frac{di_3}{dt} + i_3\cdot r = e_3\,, \\ N\cdot\frac{X\cdot B}{\pi}\cdot\frac{dH_{\mathrm{IV}}}{dt} + L'\cdot\tau'\cdot\frac{di_4}{dt} + i_4\cdot r = e_4\,. \end{aligned}\right\} \quad 82\,\mathrm{a})$$

Sämtliche in diesen Gleichungen enthaltene Unbekannte lassen sich mittels einfacher Umformungen auf die beiden Feldkomponenten H_{I} und H_{II} und die beiden Ströme i_1 und i_2 zurückführen. Wir multiplizieren zu diesem Zwecke die erste der Gl. 82a) mit $\cos\omega\cdot t$, die zweite mit $\sin\omega\cdot t$ und addieren beide Produkte.

$$N\cdot\frac{X\cdot B}{\pi}\cdot\left[\frac{dH_{\mathrm{III}}}{dt}\cdot\cos\omega\cdot t + \frac{dH_{\mathrm{IV}}}{dt}\cdot\sin\omega\cdot t\right] +$$
$$+ L'\cdot\tau'\cdot\left[\frac{d}{dt}(i_3\cdot\cos\omega\cdot t + i_4\cdot\sin\omega\cdot t) + \omega\cdot(i_3\cdot\sin\omega\cdot t - i_4\cdot\cos\omega\cdot t)\right] +$$
$$+ r\cdot(i_3\cdot\cos\omega\cdot t - i_4\cdot\sin\omega\cdot t) = e_3\cdot\cos\omega\cdot t + e_4\cdot\sin\omega\cdot t.$$

Dann multiplizieren wir die erste der Gl. 82a) mit $\sin\omega\cdot t$ und die zweite mit $\cos\omega\cdot t$ und subtrahieren die erste von der zweiten:

$$N\cdot\frac{X\cdot B}{\pi}\cdot\left[\frac{dH_{\mathrm{IV}}}{dt}\cdot\cos\omega\cdot t - \frac{dH_{\mathrm{III}}}{dt}\cdot\sin\omega\cdot t\right] +$$
$$+ L'\cdot\tau'\cdot\left[\frac{d}{dt}(i_4\cdot\cos\omega\cdot t - i_3\cdot\sin\omega\cdot t) + \omega\cdot(i_3\cdot\cos\omega\cdot t + i_4\cdot\sin\omega\cdot t)\right] +$$
$$+ r\cdot(i_4\cdot\cos\omega\cdot t - i_3\cdot\sin\omega\cdot t) = e_4\cdot\cos\omega\cdot t - e_3\cdot\sin\omega\cdot t.$$

Beachtet man jetzt aber, daß nach Gl. 80a) und 81a):

$$\frac{dH_{\mathrm{III}}}{dt}\cdot\cos\omega\cdot t + \frac{dH_{\mathrm{IV}}}{dt}\cdot\sin\omega\cdot t = \frac{dH_{\mathrm{I}}}{dt} - H_{\mathrm{II}}\cdot\omega\,,$$
$$\frac{dH_{\mathrm{IV}}}{dt}\cdot\cos\omega\cdot t - \frac{dH_{\mathrm{III}}}{dt}\cdot\sin\omega\cdot t = \frac{dH_{\mathrm{II}}}{dt} + H_{\mathrm{I}}\cdot\omega$$

und ferner nach Gl. 80):

$$i_3 \cdot \cos\omega \cdot t + i_4 \cdot \sin\omega \cdot t = \frac{1}{c} \cdot (H_\mathrm{I} - c_1 \cdot i_1),$$

$$i_4 \cdot \cos\omega \cdot t - i_3 \cdot \sin\omega \cdot t = \frac{1}{c} \cdot (H_\mathrm{II} - c_2 \cdot i_2),$$

so erhält man für das behandelte Gleichungssystem leicht die gesuchte Fassung:

$$\left[\frac{dH_\mathrm{I}}{dt} + \frac{r}{L} \cdot H_\mathrm{I} - \omega \cdot H_\mathrm{II}\right] - \left[c_1 \cdot \left(\frac{\tau'}{1+\tau'} \cdot \frac{di_1}{dt} + \frac{r}{L}\right) - c_2 \cdot \frac{\tau'}{1+\tau'} \cdot \omega \cdot i_2\right]$$
$$= \frac{c}{L} \cdot (e_3 \cdot \cos\omega \cdot t + e_4 \cdot \sin\omega \cdot t), \quad 83\mathrm{a})$$

$$\left[\frac{dH_\mathrm{II}}{dt} + \frac{r}{L} \cdot H_\mathrm{II} + \omega \cdot H_\mathrm{I}\right] - \left[c_2 \cdot \left(\frac{\tau'}{1+\tau'} \cdot \frac{di_2}{dt} + \frac{r}{L}\right) + c_1 \cdot \frac{\tau'}{1+\tau'} \cdot \omega \cdot i_1\right]$$
$$= \frac{c}{L} \cdot (e_4 \cdot \cos\omega \cdot t - e_3 \cdot \sin\omega \cdot t). \quad 83\mathrm{b})$$

Dabei bedeutet

$$L = L' \cdot (1 + \tau') \qquad 79\mathrm{d})$$

den totalen Selbstinduktionskoeffizienten einer Statorphase.

Die Spannungsgleichungen für die beiden Statorphasen bedürfen keiner besonderen Umformung mehr. Sie lauten:

$$\left.\begin{aligned} N_1 \cdot \frac{X \cdot B}{\pi} \cdot \frac{dH_\mathrm{I}}{dt} + L_{11} \cdot \tau_1 \cdot \frac{di_1}{dt} + i_1 \cdot r_1 = e_1, \\ N_2 \cdot \frac{X \cdot B}{\pi} \cdot \frac{dH_\mathrm{II}}{dt} + L_{22} \cdot \tau_2 \cdot \frac{di_2}{dt} + i_2 \cdot r_2 = e_2, \end{aligned}\right\} \qquad 82\mathrm{b})$$

oder auch, wenn man die totalen Selbstinduktionskoeffizienten aus Gl. 79d) einführt:

$$\frac{1}{1+\tau_1} \cdot \frac{dH_\mathrm{I}}{dt} + c_1 \cdot \left(\frac{\tau_1}{1+\tau_1} \cdot \frac{di_1}{dt} + \frac{r_1}{L_1} \cdot i_1\right) = \frac{c_1}{L_1} \cdot e_1, \qquad 83\mathrm{c})$$

$$\frac{1}{1+\tau_2} \cdot \frac{dH_\mathrm{II}}{dt} + c_2 \cdot \left(\frac{\tau_2}{1+\tau_2} \cdot \frac{di_2}{dt} + \frac{r_2}{L_2} \cdot i_2\right) = \frac{c_2}{L_2} \cdot e_2. \qquad 83\mathrm{d})$$

Die vier simultanen totalen Differentialgleichungen 83) sind die Grundgleichungen unseres Problems. Durch sie wird jeder nur mögliche Ausgleichsvorgang eindeutig beschrieben. Der besondere Charakter desselben, Kurzschluß oder Magnetisierung, wird erst durch die jeweiligen Anfangsbedingungen festgelegt. Die Differentialgleichungen sind aber, wie sofort auffällt, linear, d. h. die Koeffizienten der Unbekannten und ihrer Ableitungen sind sämtlich Konstante. Sie unterscheiden sich dadurch wesentlich von den Differentialgleichungen der

Einphasen-Synchronmaschine. Der lineare Charakter ihrer Differentialgleichungen ist typisch für die Mehrphasenmaschine. Denn er besagt, daß dieselbe nur einer ganz bestimmten elektrischen Eigenschwingung fähig ist, mittels welcher sich jeder gestörte Gleichgewichtszustand in den neuen Gleichgewichtszustand einschwingen muß. Wir haben also im Gegensatz zur Einphasen-Synchronmaschine nur immer eine ganz bestimmte Frequenz zu erwarten.

Das Ergebnis rechtfertigt aber auch den Gang unserer mathematischen Betrachtungsweise. Dadurch, daß wir unser Hauptaugenmerk auf die Feldverteilung im Luftspalt richteten, wurden wir unabhängiger von der relativen Lage zu den verschiedenen Wicklungssystemen. Wären wir direkt von den Strömen ausgegangen, so wären die Differentialgleichungen nicht mehr linear ausgefallen und infolgedessen wesentlich schwieriger zu behandeln gewesen.

Die Auflösung eines Systems von vier linearen simultanen totalen Differentialgleichungen ersten Grades nach einer der vier Unbekannten liefert eine gleichfalls lineare Differentialgleichung vierten Grades von der Form:

$$\frac{d^4x}{dt^4} + a\cdot\frac{d^3x}{dt^3} + b\cdot\frac{d^2x}{dt^2} + c\cdot\frac{dx}{dt} + d\cdot x = F(t). \qquad 84)$$

Die Zeitfunktion $F(t)$ rührt ausschließlich von den an die Wicklungen angelegten äußeren Spannungen her. Sie ist daher eine periodische Funktion der Zeit oder eine Konstante, und der neue Gleichgewichtszustand, den sie erzwingt, die erzwungene Schwingung, ist das sog. Partikulärintegral der Differentialgleichung. Da diese das Superpositionsgesetz erfüllt, so interessiert uns zunächst die erzwungene Schwingung nicht weiter. Wir sind gewohnt, sie auf anderem Wege, nämlich mittels Vektordiagrammen, bequem zu ermitteln, und ihre Gesetzmäßigkeiten sind uns geläufig.

Wir können uns daher im folgenden auf die Untersuchung der übergelagerten Eigenschwingung beschränken, deren Gesetz wir erhalten, indem wir die rechte Seite der Gl. 84) gleich Null setzen. Es liegt in der Eigenart der magnetischen Verkettung begründet, daß sämtliche Unbekannte, H_{I} und H_{II}, i_1 und i_2, nicht nur ähnliche, sondern genau dieselben Differentialgleichungen liefern, lineare Differentialgleichungen vierten Grades mit gleichen Koeffizienten a, b, c und d. Durch welches Verfahren die letzteren ermittelt werden, ist bekannt und braucht hier nicht vorgeführt zu werden. Wir wollen vielmehr gleich die Resultate mitteilen, und zwar in der Form, die sie durch Einführung der Blondelschen Koeffizienten der Totalstreuung:

und
$$\left.\begin{aligned} \tau_{t1} &= 1 - \frac{1}{(1+\tau')\cdot(1+\tau_1)} \\ \tau_{t2} &= 1 - \frac{1}{(1+\tau')\cdot(1+\tau_2)} \end{aligned}\right\} \qquad 85)$$

erhalten, das ist:

$$\left.\begin{aligned} a &= \left(\frac{r_1}{L_1}+\frac{r}{L}\right)\cdot\frac{1}{\tau_{t1}}+\left(\frac{r_2}{L_2}+\frac{r}{L}\right)\cdot\frac{1}{\tau_{t2}}, \\ b &= \left(\frac{r_1}{L_1\cdot\tau_{t1}}+\frac{r_2}{L_2\cdot\tau_{t2}}\right)\cdot\frac{r}{L}+\left(\left(\frac{r_1}{L_1}+\frac{r}{L}\right)\left(\frac{r_2}{L_2}+\frac{r}{L}\right)\right)\cdot\frac{1}{\tau_{t1}\cdot\tau_{t2}}+\omega^2, \\ c &= \left(\frac{r_1}{L_1}\cdot\left(\frac{r_2}{L_2}+\frac{r}{L}\right)+\frac{r_2}{L_2}\cdot\left(\frac{r_1}{L_1}+\frac{r}{L}\right)\right)\cdot\frac{r}{L}\cdot\frac{1}{\tau_{t1}\cdot\tau_{t2}}+\left(\frac{r_1}{L_1\cdot\tau_{t1}}+\frac{r_2}{L_2\cdot\tau_{t2}}\right)\cdot\omega^2, \\ d &= \frac{r_1}{L_1\cdot\tau_{t1}}\cdot\frac{r_2}{L_2\cdot\tau_{t2}}\cdot\left(\frac{r^2}{L^2}+\omega^2\right). \end{aligned}\right\} \qquad 86)$$

Wir kennen jetzt die Differentialgleichung des Problems und ihre Koeffizienten und haben nur noch das allgemeine Integral derselben abzuleiten, das, wie man weiß, folgende Form besitzt:

$$x = A_1\cdot e^{\alpha_1\cdot t}+A_2\cdot e^{\alpha_2\cdot t}+A_3\cdot e^{\alpha_3\cdot t}+A_4\cdot e^{\alpha_4\cdot t}. \qquad 87)$$

Dabei sind A_1, A_2, A_3 und A_4 Konstanten, die aus den jeweiligen Anfangsbedingungen zu berechnen sind; durch sie berücksichtigen wir, wie wir sahen, die besondere Art, auf welche der Ausgleichsvorgang eingeleitet wird. Hingegen stellen α_1, α_2, α_3 und α_4 Koeffizienten dar, die nur von den elektrischen Daten der Maschine abhängen und die sich demnach für jede Maschine ein für allemal berechnen lassen. In ihnen liegt somit das Typische, Gesetzmäßige, das es ermöglicht, so viele verschiedene Vorgänge unter einem Gesichtspunkt zu vereinigen.

Bekanntlich ergeben sich die Werte dieser vier Koeffizienten als die vier Wurzeln der sog. charakteristischen Gleichung der gegebenen Differentialgleichung:

$$\alpha^4+a\cdot\alpha^3+b\cdot\alpha^2+c\cdot\alpha+d=0. \qquad 88)$$

Führt man hierin die Werte aus den Gl. 86) ein, so läßt sich die Gleichung in die folgende Produktensumme auflösen:

$$\left[\alpha^2+\alpha\cdot\left(\frac{r_1}{L_1}+\frac{r}{L}\right)\cdot\frac{1}{\tau_{t1}}+\frac{r_1}{L_1\cdot\tau_{t1}}\cdot\frac{r}{L}\right]\cdot\left[\alpha^2+\alpha\cdot\left(\frac{r_2}{L_2}+\frac{r}{L}\right)\cdot\frac{1}{\tau_{t2}}+\frac{r_2}{L_2\cdot\tau_{t2}}\cdot\frac{r}{L}\right]+$$
$$+\,\omega^2\cdot\left[\alpha+\frac{r_1}{L_1\cdot\tau_{t1}}\right]\cdot\left[\alpha+\frac{r_2}{L_2\cdot\tau_{t2}}\right]=0. \qquad 89)$$

Von dieser Gleichung werden nun unsere folgenden Untersuchungen auszugehen haben.

19. Die Eigenschwingungen der symmetrischen Mehrphasenmaschine.

Sind die beiden Phasen des Rotors gleichmäßig bewickelt, so vereinfacht sich die Gl. 89) für die Schwingungskonstanten ganz wesentlich. Setzen wir nämlich

$$\left.\begin{aligned} \frac{r_1}{L_1} = \frac{r_2}{L_2} = \frac{r_r}{L_r} \\ \text{und} \qquad \tau_{t1} = \tau_{t2} = \tau\,, \end{aligned}\right\} \qquad 90)$$

wobei wir τ kurzweg als den Streuungskoeffizienten unserer Maschine bezeichnen können, so erscheint die charakteristische Gleichung nunmehr als die Summe zweier Quadrate:

$$\left[\alpha_r^2 + \alpha_r \cdot \left(\frac{r_r}{L_r} + \frac{r}{L}\right) \cdot \frac{1}{\tau} + \frac{r_r}{L_r} \cdot \frac{r}{L} \cdot \frac{1}{\tau}\right]^2 + \left[\omega \cdot \left(\alpha_r + \frac{r_r}{L_r} \cdot \frac{1}{\tau}\right)\right]^2 = 0\,. \qquad 91\,a)$$

Der Index r bezieht sich stets auf den Rotor.

Aus Symmetriegründen muß sich für die Schwingungskonstante α des Stators eine ganz ähnlich gebaute Bedingungsgleichung ergeben, die man aus der eben angeschriebenen durch Vertauschen der Indexe erhält:

$$\left[\alpha^2 + \alpha \cdot \left(\frac{r}{L} + \frac{r_r}{L_r}\right) \cdot \frac{1}{\tau} + \frac{r}{L} \cdot \frac{r_r}{L_r} \cdot \frac{1}{\tau}\right]^2 + \left[\omega \cdot \left(\alpha + \frac{r}{L} \cdot \frac{1}{\tau}\right)\right]^2 = 0\,. \qquad 91\,b)$$

Bei der unsymmetrischen Mehrphasenmaschine hätten wir natürlich nicht so vorgehen dürfen.

In der eben angeschriebenen Form lassen sich nun die charakteristischen Gleichungen unschwer auflösen. Sie zerfallen nämlich in zwei quadratische Faktoren, und wir erhalten z. B. für den Rotor:

$$\left\{\alpha_r^2 + \alpha_r \cdot \left[\left(\frac{r_r}{L_r} + \frac{r}{L}\right) \cdot \frac{1}{\tau} + j \cdot \omega\right] + \frac{r_r}{L_r} \cdot \frac{1}{\tau} \cdot \left[\frac{r}{L} + j \cdot \omega\right]\right\} \times$$
$$\times \left\{\alpha_r^2 + \alpha_r \cdot \left[\left(\frac{r_r}{L_r} + \frac{r}{L}\right) \cdot \frac{1}{\tau} - j \cdot \omega\right] + \frac{r_r}{L_r} \cdot \frac{1}{\tau} \cdot \left[\frac{r}{L} - j \cdot \omega\right]\right\} = 0\,, \qquad 92)$$

wo $j = \sqrt{-1}$ die imaginäre Einheit bedeutet.

Da jeder dieser Faktoren für sich verschwinden muß, erhalten wir die gesuchten Schwingungskonstanten als die Wurzeln zweier quadratischer Gleichungen zu:

$$\left.\begin{aligned}
\alpha_{r,1,2} &= -\frac{\frac{r}{L}+\frac{r_r}{L_r}}{2\cdot\tau} \pm j\cdot\left[\frac{\omega}{2}+\sqrt{\left[\left(\frac{\omega}{2}\right)^2+\frac{\frac{r}{L}\cdot\frac{r_r}{L_r}}{\tau}-\left(\frac{\frac{r}{L}+\frac{r_r}{L_r}}{2\cdot\tau}\right)^2\right]\pm j\cdot\omega\cdot\frac{\frac{r}{L}-\frac{r_r}{L_r}}{2\cdot\tau}}\right] = -a_1 \pm j\cdot p \\
&\text{und} \\
\alpha_{r,3,4} &= -\frac{\frac{r}{L}+\frac{r_r}{L_r}}{2\cdot\tau} \pm j\cdot\left[\frac{\omega}{2}-\sqrt{\left[\left(\frac{\omega}{2}\right)^2+\frac{\frac{r}{L}\cdot\frac{r_r}{L_r}}{\tau}-\left(\frac{\frac{r}{L}+\frac{r_r}{L_r}}{2\cdot\tau}\right)^2\right]\pm j\cdot\omega\cdot\frac{\frac{r}{L}-\frac{r_r}{L_r}}{2\cdot\tau}}\right] = -a_2 \pm j\cdot q\,.
\end{aligned}\right\} \quad 93\,\text{a)}$$

Ganz ähnlich gebaute Ausdrücke ergeben sich für die Schwingungskonstanten des Stators, nämlich:

$$\left.\begin{aligned}
\alpha_{1,2} &= -\frac{\frac{r}{L}+\frac{r_r}{L_r}}{2\cdot\tau} \mp j\cdot\left[\frac{\omega}{2}-\sqrt{\left[\left(\frac{\omega}{2}\right)^2+\frac{\frac{r}{L}\cdot\frac{r_r}{L_r}}{\tau}-\left(\frac{\frac{r}{L}+\frac{r_r}{L_r}}{2\cdot\tau}\right)^2\right]\pm j\cdot\omega\cdot\frac{\frac{r}{L}-\frac{r_r}{L_r}}{2\cdot\tau}}\right] = -a_1 \mp j\cdot q \\
&\text{und} \\
\alpha_{3,4} &= -\frac{\frac{r}{L}+\frac{r_r}{L_r}}{2\cdot\tau} \mp j\cdot\left[\frac{\omega}{2}+\sqrt{\left[\left(\frac{\omega}{2}\right)^2+\frac{\frac{r}{L}\cdot\frac{r_r}{L_r}}{\tau}-\left(\frac{\frac{r}{L}+\frac{r_r}{L_r}}{2\cdot\tau}\right)^2\right]\pm j\cdot\omega\cdot\frac{\frac{r}{L}-\frac{r_r}{L_r}}{2\cdot\tau}}\right] = -a_2 \mp j\cdot p\,.
\end{aligned}\right\} \quad 93\,\text{b)}$$

Wir sehen also, daß sämtliche Wurzeln gewöhnlich komplex ausfallen, wenn auch in der obigen Schreibweise der reelle und der imaginäre Anteil noch nicht von einander getrennt sind. Besitzt aber die charakteristische Gleichung einer linearen Differentialgleichung unter anderen zwei konjugiert-komplexe Wurzeln von der Form

$$\alpha_1 = -a + j\cdot b$$

und

$$\alpha_2 = -a - j\cdot b\,,$$

so bedeutet das nichts anderes, als daß der betrachtete Vorgang eine Sinusschwingung enthält, deren Winkelgeschwindigkeit durch den imaginären Anteil der Wurzel bestimmt ist. Das reelle Glied hingegen charakterisiert das zeitliche Anwachsen (a negativ) oder Abfallen (a positiv) der Schwingungsamplitude, deren Größe (A) und Phase (ψ) aus den Anfangsbedingungen folgen. Nach einem bekannten Satze ist nämlich

$$e^{-a\pm j\cdot b} = e^{-a}\cdot(\cos b \pm j\cdot\sin b)\,.$$

In unserm Falle setzt sich also der Ausgleichsvorgang im allgemeinen aus zwei gedämpften Sinuswellen zusammen, und da die allgemeine Differentialgleichung 84), von der wir ausgingen, in unveränderter Form ebenso für die Feldkomponenten wie für die Phasenströme gilt, so lassen sich auch die freien Schwingungen aller dieser Größen für Rotor und Stator durch je einen einzigen Ansatz beschreiben:

$$\left.\begin{aligned} X_r &= A_1' \cdot e^{-a_1 \cdot t} \cdot \sin(p \cdot t - \psi_1) + A_2' \cdot e^{-a_2 \cdot t} \cdot \sin(q \cdot t - \psi_2), \\ X &= A_3' \cdot e^{-a_1 \cdot t} \cdot \sin(q \cdot t - \psi_3) + A_4' \cdot e^{-a_2 \cdot t} \cdot \sin(p \cdot t - \psi_4). \end{aligned}\right\} \quad 94)$$

Betrachtet man die eben angeschriebenen Gleichungen näher, so wird man auf einen merkwürdigen, zwischen denselben bestehenden Zusammenhang stoßen. Wir bemerken nämlich, daß gleichen Dämpfungskonstanten — also ein und demselben physikalischen Vorgang — verschiedene Frequenzen in Stator und Rotor zugeordnet sind, so aber, daß deren Summe, wie ein Blick auf die Gl. 93) lehrt, die aus der Umdrehungszahl zu berechnende Synchronfrequenz liefert. Daß eine so auffallende Gesetzmäßigkeit keinem Zufall entspringen kann, werden wir gleich sehen. Verfolgen wir beispielsweise einmal gleich gedämpfte Anteile der Feldkomponenten H_{I} und H_{II}, so sehen wir, daß beide Wechselfelder repräsentieren, die z. B. nach der Funktion $e^{-a_1 t}$ abklingen und sekundlich mit $\frac{p}{2 \cdot \pi}$ Perioden pulsieren. Nun läßt sich jedes stehende Wechselfeld in zwei gegenläufige Drehfelder zerlegen, die sich im vorliegenden Falle mit den Winkelgeschwindigkeiten $+p$ und $-p$ um den Rotor herumbewegen. Von einer hingegen mit der Relativgeschwindigkeit $+\omega$ bewegten Statorwicklung aus scheint diesen Feldern jedoch bei gleicher Dämpfung die Winkelgeschwindigkeit $\omega - p$ bzw. $\omega + p$ zuzukommen; die durch die Felder induzierten elektromotorischen Kräfte und mithin auch die Phasenströme i_1 und i_2 müßten daher gleichgedämpfte Oszillationen eben dieser Winkelgeschwindigkeit aufweisen. Wenn sich jedoch, wie die Gl. 93) lehrt, tatsächlich nur die Frequenz $\frac{\omega - p}{2 \cdot \pi}$, nicht aber auch die übersynchrone Frequenz $\frac{\omega + p}{2 \cdot \pi}$ ausbildet, so gibt es hierfür nur eine widerspruchsfreie Erklärung, nämlich die: daß der mit a_1 gedämpfte Anteil des gemeinschaftlichen Feldes eben nur ein einziges Drehfeld darstellt, welches relativ zum Rotor mit einer Winkelgeschwindigkeit $+p$ im Sinne der Relativbewegung des Stators, also entgegen der Drehrichtung des Rotors mitgenommen wird. Die beiden gegenläufigen Drehfeldkomponenten von H_{I} und H_{II}, welche ja relativ zu einander stillstehen, müssen sich hingegen in ihrer Wirkung gerade aufheben, also gleiche Phase und entgegengesetzt gleiche Amplitude oder bei gleicher Amplitude eine Phasenverschiebung von 180° besitzen. Ein gleiches gilt natürlich auch für den zweiten Feldanteil, der nach der Funktion $e^{-a_2 \cdot t}$ abklingt.

Wir erhalten somit, beispielsweise für die beiden Feldkomponenten des Rotors ein zusammengehöriges Gleichungspaar von folgender Gestalt:

$$\left.\begin{aligned} H_{\mathrm{I}} &= A_1' \cdot e^{-a_1 \cdot t} \cdot \sin(p \cdot t - \psi_1) + A_2' \cdot e^{-a_2 \cdot t} \cdot \sin(q \cdot t - \psi_2), \\ H_{\mathrm{II}} &= A_1' \cdot e^{-a_1 \cdot t} \cdot \cos(p \cdot t - \psi_1) + A_2' \cdot e^{-a_2 \cdot t} \cdot \cos(q \cdot t - \psi_2), \end{aligned}\right\} \quad 95)$$

und fassen die Aussage dieser Gleichungen folgendermaßen in Worte: In demselben Moment, in welchem der Ausgleichsvorgang einsetzt, spaltet sich bei der symmetrischen Mehrphasenmaschine das freiwerdende Feld im Luftraum in zwei Drehfelder, die im allgemeinen verschiedene Winkelgeschwindigkeit und Dämpfung besitzen. Stets jedoch erfolgt ihre Bewegung im Sinne der Relativbewegung beider Systeme und mit konstanten Winkelgeschwindigkeiten p und q, deren Summe wieder die Winkelgeschwindigkeit des bewegten Systemes liefert.

Nun brauchen sich die beiden Teilfelder, in welche sich das Hauptfeld auflöst, zur Zeit $t = 0$ nicht mit diesem zu decken, denn die Winkel ψ_1 und ψ_2 werden im allgemeinen von Null verschieden sein[1]). Normalerweise, besonders bei größeren Maschinen mit nicht zu kleinen Zeitkonstanten von Stator- und Rotorwicklung, also geringem Ohmschen Spannungsabfall, sind indes ψ_1 und ψ_2 zwei sehr kleine Winkel, so daß wir sie unbedenklich gleich Null setzen können. Die dadurch begangene Vernachlässigung kommt darauf hinaus, daß wir die Ohmschen Spannungsabfälle als klein gegenüber den induktiven Spannungsabfällen betrachten, und wir sahen schon beim einphasigen Kurzschluß, daß dadurch die quantitative Seite unseres Problems überhaupt nicht und die qualitative Seite nur insofern berührt wird, als uns gewisse, das Wesen des Ausgleichsvorganges nicht im geringsten berührende Feinheiten entgehen, die keinerlei praktische Bedeutung besitzen. Wir vereinfachen uns damit die Bestimmung der Integrationskonstanten, deren Anzahl auf zwei sinkt, ganz wesentlich, und, was vor allem zur Rechtfertigung unserer Vernachlässigung dienen möge, wir erhalten sehr durchsichtige Gleichungen.

Die Bestimmung der Integrationskonstanten wird uns noch dadurch erleichtert, daß bei der Mehrphasenmaschine der Verlauf des jeweiligen Ausgleichsvorganges ganz unabhängig vom Schaltmoment ist. Denn die Drehfelder des Stators und Rotors können ja in jeder beliebigen Lage zu den Wicklungsachsen existieren und somit kann sich auch die Spaltung des Hauptfeldes zu jedem beliebigen Zeitpunkte in gleicher Weise vollziehen. Abhängig vom Schaltmoment ist lediglich die Verteilung der erregenden Amperewindungen und damit der Ströme auf die einzelnen Phasen.

Gehen wir aus von den Induktionsgleichungen 82a) und 82b), deren wir zur Bestimmung der beiden Integrationskonstanten nur zwei bedürfen und die unter Beachtung der Gl. 81), 80) und 78) beispielsweise für die Phasen 4 und 2 lauten:

---

[1]) Der Leser kann Näheres hierüber in der ganz ausgezeichneten Arbeit von L. Dreyfus: »Ausgleichsvorgänge in der symmetrischen Mehrphasenmaschine«, Elektrotechnik und Maschinenbau 1912, S. 121 ff., finden.

$$\left.\begin{aligned} L \cdot \frac{d i_4}{d t} + M \cdot \frac{d i_2 \cdot \cos \omega \cdot t}{d t} + M \cdot \frac{d i_1 \cdot \sin \omega \cdot t}{d t} + r \cdot i_4 &= e_4 \\ L_r \cdot \frac{d i_2}{d t} + M \cdot \frac{d i_4 \cdot \cos \omega \cdot t}{d t} - M \cdot \frac{d i_3 \cdot \sin \omega \cdot t}{d t} + r_r \cdot i_2 &= 0 \,. \end{aligned}\right\} \quad 96)$$

Wenn wir diese Gleichungen integrieren, erhalten wir bei Vernachlässigung des Ohmschen Widerstandes für den Schaltmoment $t = 0$:

$$\left.\begin{aligned} i_4 + \frac{M}{L} \cdot i_2 &= \frac{1}{L} \cdot \int e_4 \cdot d t + A_1 \,, \\ i_2 + \frac{M}{L_r} \cdot i_4 &= - A_2 \,. \end{aligned}\right\} \quad 96\,\text{a})$$

Hierin sind A_1 und A_2 die willkürlichen Integrationskonstanten. Indem wir die rechte Seite der Gl. 96) gleich Null setzen, ergeben sich die Ausgleichsströme, für die sich sonach aus Gl. 96 a) folgende Werte errechnen:

$$- i_{2f} = \frac{M}{L_r} \cdot A_1 + A_2 \,,$$

$$i_{4f} = A_1 + \frac{M}{L} \cdot A_2 \,,$$

gültig für $t = 0$. Ein gleiches gilt für die Ströme i_{1f} und i_{3f}. Damit können wir nun die vollständigen Gleichungen für die freien Schwingungen der Rotor- und Statorströme in folgender Form anschreiben:

$$\left.\begin{aligned} - i_{1f} &= \frac{M}{L_r} \cdot A_1 \cdot e^{-a_1 \cdot t} \cdot \sin p \cdot t + A_2 \cdot e^{-a_2 \cdot t} \cdot \sin q \cdot t \,, \\ - i_{2f} &= \frac{M}{L_r} \cdot A_1 \cdot e^{-a_1 \cdot t} \cdot \cos p \cdot t + A_2 \cdot e^{-a_2 \cdot t} \cdot \cos q \cdot t \,, \end{aligned}\right\} \quad 97\,\text{a})$$

$$\left.\begin{aligned} i_{3f} &= A_1 \cdot e^{-a_1 \cdot t} \cdot \sin q \cdot t + \frac{M}{L} \cdot A_2 \cdot e^{-a_2 \cdot t} \cdot \sin p \cdot t \,, \\ i_{4f} &= A_1 \cdot e^{-a_1 \cdot t} \cdot \cos q \cdot t + \frac{M}{L} \cdot A_2 \cdot e^{-a_2 \cdot t} \cdot \cos p \cdot t \,. \end{aligned}\right\} \quad 97\,\text{b})$$

Die Bestimmung der Konstanten $a_{1,2}$, p und q ist erst dann möglich, wenn es uns gelingt, in Gl. 93) die reellen und imaginären Anteile von einander zu trennen. Dies ist nun mit Hilfe des Moivreschen Satzes möglich. Nach diesem kann man nämlich eine komplexe Wurzel

$$\sqrt{u + j \cdot v}$$

mit Hilfe der Substitutionen

$$r = \sqrt{u^2 + v^2},$$

$$\cos\varphi = \frac{u}{r},$$

und

$$\sin\varphi = \frac{v}{r}$$

auch wie folgt darstellen:

$$\sqrt{u \pm j \cdot v} = \sqrt{r} \cdot \left(\cos\frac{\varphi}{2} \pm j \cdot \sin\frac{\varphi}{2}\right). \tag{98}$$

Setzen wir daher in unserem Falle:

$$\left.\begin{aligned} u &= \left(\frac{\omega}{2}\right)^2 + \frac{\frac{r}{L}\cdot\frac{r_r}{L_r}}{\tau} - \left(\frac{\frac{r}{L}+\frac{r_r}{L_r}}{2\cdot\tau}\right)^2, \\ &\text{und} \\ v &= \omega \cdot \frac{\frac{r}{L}-\frac{r_r}{L_r}}{2\cdot\tau}, \end{aligned}\right\} \tag{99}$$

so ist mit Hilfe der Gl. 98) eine numerische Auswertung der Konstanten $a_{1,2}$, p und q möglich. Einen allgemeinen Überblick über ihre Abhängigkeit von Widerstand, Streuung und Umdrehungszahl können wir so aber nicht erhalten.

Die Gl. 93) vereinfachen sich ganz wesentlich, wenn wir Stator und Induktor gleiche Zeitkonstanten zuordnen, was mit großer Annäherung bei jedem Induktionsmotor ohne besondere Widerstände in Stator und Rotor der Fall ist. Dann verschwindet das imaginäre Glied unter der Wurzel und wir können schreiben:

$$\left.\begin{aligned} a_1 &= a_2 = a = \frac{r}{L\cdot\tau}, \\ p &= \frac{\omega}{2} + \sqrt{\left(\frac{\omega}{2}\right)^2 - \left(\frac{r}{L\cdot\tau}\right)^2 \cdot (1-\tau)}, \\ q &= \frac{\omega}{2} - \sqrt{\left(\frac{\omega}{2}\right)^2 - \left(\frac{r}{L\cdot\tau}\right)^2 \cdot (1-\tau)}. \end{aligned}\right\} \tag{100}$$

Hier fällt nun sofort auf, daß der Wurzelwert unter Umständen imaginär werden kann. Unterschreitet nämlich die Winkelgeschwindigkeit des zweipoligen Rotors den kritischen Betrag:

$$\omega_k = 2 \cdot \frac{r}{L\cdot\tau} \cdot \sqrt{1-\tau}, \tag{101}$$

so tritt dieser Fall ein, und wir erhalten dann ganz wesentlich andere Gesetze für die Dämpfungskonstanten und Winkelgeschwindigkeiten der freiwerdenden Felder und Ströme, nämlich:

$$\left.\begin{aligned} p &= q = \frac{\omega}{2}, \\ a_1 &= \frac{r}{L\cdot\tau} + \frac{1}{2}\cdot\sqrt{\omega_k^2 - \omega^2}, \\ a_2 &= \frac{r}{L\cdot\tau} - \frac{1}{2}\cdot\sqrt{\omega_k^2 - \omega^2}, \end{aligned}\right\} \text{ für } \omega < \omega_k. \qquad 100\text{a})$$

Die Dämpfung ist also auch abhängig von der Umdrehungszahl der Maschine, ein Gesetz, auf das wir bei der symmetrischen Mehrphasenmaschine zum ersten Male stoßen. Immerhin befindet man sich bei nicht zu kleinen 50periodigen Motoren mit $\frac{r}{L} < 5$ und $\tau > 0{,}035$ stets oberhalb der kritischen Winkelgeschwindigkeit, wobei die Gl. 100) Gültigkeit besitzen, und damit wollen wir im folgenden stets rechnen. Ohne längere Erörterungen an die Gl. 100) zu knüpfen, können wir doch sagen, daß die Winkelgeschwindigkeiten p und q, vom Werte ω bzw. 0 beginnend, mit wachsendem Widerstand oder abnehmender Streuung beide dem Werte $\frac{\omega}{2}$ zustreben. Bei größeren Maschinen wird sich p meist nicht sehr stark von ω unterscheiden und damit q sehr klein ausfallen, man kann q auch als die Schlupfgeschwindigkeit der freiwerdenden Felder bezeichnen. Die zeitliche Dämpfung ist für beide Frequenzen gleich und hängt nur vom Ohmschen Widerstand und der Streuinduktivität der Maschine ab.

20. Das Einschalten des Stators einer Asynchronmaschine bei geschlossenem und synchron umlaufendem Rotor.

Dieser Fall beansprucht wegen seiner großen praktischen Bedeutung besonderes Interesse; er ist gegeben, wenn Asynchronmotoren oder Generatoren mit Kurzschlußanker durch fremde Kraft oder mittels Anlaßtransformators auf Synchronismus gebracht und dann ans Netz geschaltet werden. Der Elektrotechniker sah bald, daß dieser Schaltvorgang kurzschlußähnliche Begleiterscheinungen zeitigt, deren Ursache wir gleich erkennen werden.

Der von der Asynchronmaschine aufgenommene Magnetisierungsstrom besitze die Amplitude i_{0m}. Die Einschaltung erfolge zur Zeit $t = 0$, in jenem Moment sind Stator und Rotor noch stromlos. Von dem sich später einstellenden Beharrungszustand greifen wir einen

Zeitpunkt heraus, in welchem der Magnetisierungsstrom in der Phase 4 des Stators gerade seinen Amplitudinalwert i_{0m} durchläuft, während er in der Phase 3 gerade die Nullinie schneidet. Dann lauten die Anfangsbedingungen unseres Problems:

$$\left.\begin{aligned} i_{1f} = i_{2f} = i_{3f} = 0, \\ i_{4f} = -i_{0m}, \end{aligned}\right\} \text{ für } t = 0. \qquad 102)$$

Diese Werte sind in die Gl. 97) einzusetzen, von diesen sind aber nur die für i_2 und i_4 benutzbar, weil i_1 und i_3 zur Zeit $t = 0$ ohnehin verschwinden. Es ergeben sich dann zwei Bestimmungsgleichungen für die Konstanten A_1 und A_2:

$$\frac{M}{L_r} \cdot A_1 + A_2 = 0,$$

$$A_1 + \frac{M}{L} \cdot A_2 = -i_{0m},$$

woraus:

$$A_2 = -\frac{M}{L_r} \cdot \frac{i_{0m}}{1 - \frac{M^2}{L \cdot L_r}} = -\frac{M}{L_r} \cdot \frac{i_{0m}}{\tau},$$

$$A_1 = \frac{i_{0m}}{\tau}.$$

Schließlich erhalten wir die Gleichungen für die Rotor- und Statorströme in folgender Form:

$$\left.\begin{aligned} i_1 &= \frac{i_{0m}}{\tau} \cdot \frac{M}{L_r} \cdot [e^{-a_1 \cdot t} \cdot \sin p \cdot t - e^{-a_2 \cdot t} \cdot \sin q \cdot t], \\ i_2 &= \frac{i_{0m}}{\tau} \cdot \frac{M}{L_r} \cdot [e^{-a_1 \cdot t} \cdot \cos p \cdot t - e^{-a_2 \cdot t} \cdot \cos q \cdot t], \\ i_3 &= \frac{i_{0m}}{\tau} \cdot [-e^{-a_1 \cdot t} \cdot \sin q \cdot t + (1-\tau) \cdot e^{-a_2 \cdot t} \cdot \sin p \cdot t] + i_{0m} \sin \omega \cdot t, \\ i_4 &= \frac{i_{0m}}{\tau} \cdot [-e^{-a_1 \cdot t} \cdot \cos q \cdot t + (1-\tau) \cdot e^{-a_2 \cdot t} \cdot \cos p \cdot t] + i_{0m} \cdot \cos \omega \cdot t. \end{aligned}\right\} \qquad 103)$$

Wir ersehen zunächst aus den Gleichungen, daß die beiden Ströme verschiedener Frequenz im Rotor genau, im Stator annähernd gleich stark ausfallen und ganz erhebliche Stärke erreichen. Die höchstmöglichen Stromstöße ergeben sich nämlich bei Vernachlässigung der Dämpfung im Rotor zu

$$i_{2\max} = i_{0m} \cdot \frac{M}{L_r} \cdot \frac{2}{\tau}$$

und im Stator zu

$$i_{4\max} = i_{0m} \cdot \frac{2}{\tau}. \qquad 104)$$

Das ist der doppelte stationäre Kurzschlußstrom. Daß es sich hier auch tatsächlich um einen Kurzschlußvorgang handelt, werden die folgenden Betrachtungen zeigen. Der großen Stator- und kleinen Rotorfrequenz ist ein magnetisches Feld zuzuordnen, das sich im Raume mit der Winkelgeschwindigkeit p, also relativ schnell, dreht und mit $-a_2 \cdot t$ gedämpft ist, also allmählich verschwindet. Umgekehrt ist der kleinen Stator- und großen Rotorfrequenz ein magnetisches Feld zuzuordnen, welches gegen den Stator nur mit der Geschwindigkeit q im Drehsinn des Rotors umläuft, aber im allgemeinen stärker wie das erstere Teilfeld, nämlich mit $-a_1 \cdot t$ gedämpft ist.

Nun haben wir beim Einschalten des Stators bei offenem Rotor gesehen, daß sich im Einschaltmoment über das stationäre Drehfeld ein Gleichfeld von der Größe und Form des Drehfeldes lagert, das im Raume still stehen bleibt und allmählich verschwindet. Beim Einschalten des Stators bei geschlossenem Rotor werden wir zunächst genau den gleichen Vorgang haben, denn der Stator weiß zunächst ja nicht, daß der Rotor geschlossen ist. Im Moment des Einschaltens haben wir also auch das stehende Feld von der Form und Größe des stationären Drehfeldes. Die Rotorwicklung, die in dem im Raume stillstehenden Feld rotiert, bildet aber jetzt ein Querfeld aus, was zur Wirkung hat, daß sich das Gleichfeld mit dem Rotor drehen will. Dieser Drehung widersetzt sich aber die Statorwicklung, die über das Netz kurzgeschlossen ist. Unter dem gemeinsamen Einfluß beider Wicklungssysteme spaltet sich das Gleichfeld in zwei Teile, von denen der eine am Stator hängen bleibt, der andere am Rotor. Das am Stator festhaltende Feld induziert den Rotor. Dieser bildet ein Querfeld aus, und so bleibt das Feld nicht fest zum Stator stehen, sondern dreht sich mit einer meist geringen Geschwindigkeit gegen den Stator. Das am Rotor festhaltende Feld induziert den Stator. Das von letzterem ausgebildete Querfeld bedingt, daß das resultierende Feld mit einer geringen Schlupfung gegen den Rotor mitgenommen wird.

Diese Darstellung der sich im Einschaltmoment abspielenden Vorgänge wird durch das Oszillogramm Fig. 63 belegt, welches an einem Asynchronmotor 15 kW, 190 Volt aufgenommen wurde und je einen Stator- und Rotorstrom zeigt. Infolge der sehr großen Dämpfung bildet sich die niedrige Frequenz kaum noch aus, immerhin ist sie im Rotorstrom noch deutlich sichtbar.

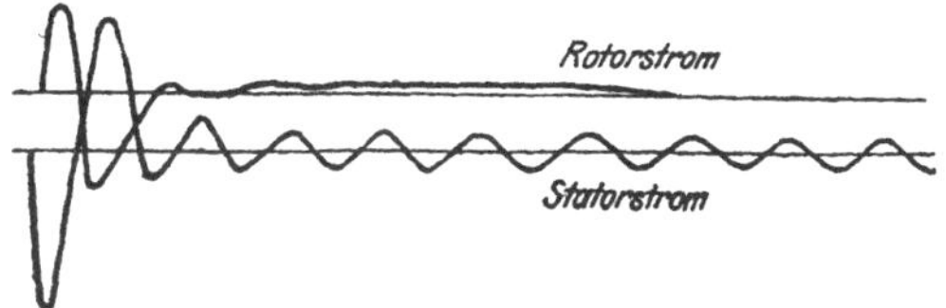

Fig. 63. Einschalten des Stators eines Asynchronmotors bei geschlossenem, synchron umlaufendem Rotor.

Bei gleich starken Wicklungssystemen in Stator und Rotor und Schalten ohne Vorkontakt sind beide Teilfelder gleich stark gedämpft. Schaltet man, um den ersten Stromstoß zu mildern, zunächst einen Widerstand vor den Stator, so wird:

$$\frac{r}{L} > \frac{r_r}{L_r}$$

und die Werte für die Schwingungskonstanten α sind aus den allgemeinen Gl. 93) auszuwerten. Wir werden einmal, um einen Überblick zu bekommen, die Schwingungskonstanten für drei Werte von $\frac{r}{L}$ berechnen und zwar:

1) für $\frac{r}{L} = \frac{r_r}{L_r}$; (Schalter ohne Vorkontakt).

2) » $\frac{r}{L} = 2 \cdot \frac{r_r}{L_r}$; (Einfacher Statorwiderstand vorgeschaltet).

3) » $\frac{r}{L} = 10\,\frac{r_r}{L_r}$; (10facher

Für einen normalen, kleineren Motor kann angenommen werden:

$$\tau = 0{,}062; \quad \frac{r}{L} = \frac{r_r}{L_r} = 3{,}14;$$

bei 50 Perioden wird dann, wenn

1) $\frac{r}{L} = \frac{r_r}{L_r}$, d. h. ohne Vorkontakt geschaltet wird, für den Stator und den Rotor:

$$\begin{aligned}
\alpha_1 &= -50 + j \cdot \omega \cdot 0{,}975,\\
\alpha_2 &= -50 + j \cdot \omega \cdot 0{,}025,\\
\alpha_3 &= -50 - j \cdot \omega \cdot 0{,}975,\\
\alpha_4 &= -50 - j \cdot \omega \cdot 0{,}025,
\end{aligned}$$

d. h. Stator- und Rotorstrom setzen sich aus zwei gedämpften Sinuswellen zusammen, jede mit der Dämpfung $-50 \cdot t$, deren erste nahezu die Netzfrequenz, nämlich $0{,}975 \cdot \frac{\omega}{2 \cdot \pi}$ hat, deren zweite eine ganz kleine Frequenz $0{,}025 \cdot \frac{\omega}{2 \cdot \pi}$ hat, so daß die Summe der beiden die Netzfrequenz ergibt. Das sind ungefähr die Verhältnisse, welche dem Oszillogramm 63 zugrunde liegen.

2) $\frac{r}{L} = 2 \cdot \frac{r_r}{L_r}$, d. h. dem Stator ist ein Widerstand von seiner eigenen Größe vorgeschaltet. Dann ergibt sich:

Für den Stator:	Für den Rotor:
$\alpha_1 = -\ \ 35 + j\cdot\omega\cdot 0{,}953,$	$\alpha_{r1} = -\ \ 35 + j\cdot\omega\cdot 0{,}047,$
$\alpha_2 = -115 + j\cdot\omega\cdot 0{,}047,$	$\alpha_{r2} = -115 + j\cdot\omega\cdot 0{,}953,$
$\alpha_3 = -\ \ 35 - j\cdot\omega\cdot 0{,}953,$	$\alpha_{r3} = -\ \ 35 - j\cdot\omega\cdot 0{,}047,$
$\alpha_4 = -115 - j\cdot\omega\cdot 0{,}047,$	$\alpha_{r4} = -115 - j\cdot\omega\cdot 0{,}953.$

Stator- und Rotorstrom setzen sich also wieder aus zwei gedämpften Sinusströmen zusammen, deren einer nahezu die Netzfrequenz, deren anderer eine Frequenz gleich der Netzfrequenz minus der Frequenz der ersten Welle, also eine sehr kleine Frequenz hat. Für den Stator ist die erste Welle, welche nahezu die Netzfrequenz besitzt, mit $-35\cdot t$, also weniger gedämpft als im Falle 1, während die lange Welle eine stärkere Dämpfung, $-115\cdot t$, hat. Für den Rotor dagegen sind die Verhältnisse gerade umgekehrt. Zwar bilden sich die gleichen Frequenzen und Dämpfungen aus, doch ist die geringe Freqenz schwach, die große stark gedämpft.

3) $\frac{r}{L} = 10\cdot\frac{r_r}{L_r}$, d. h. dem Stator ist der 10fache Eigenwiderstand vorgeschaltet. Es errechnet sich

Für den Stator:	Für den Rotor:
$\alpha_1 = -\ \ 15 + j\cdot\omega\cdot 0{,}93,$	$\alpha_{r1} = -\ \ 15 + j\cdot\omega\cdot 0{,}07,$
$\alpha_2 = -535 + j\cdot\omega\cdot 0{,}07,$	$\alpha_{r2} = -535 + j\cdot\omega\cdot 0{,}93,$
$\alpha_3 = -\ \ 15 - j\cdot\omega\cdot 0{,}93,$	$\alpha_{r3} = -\ \ 15 - j\cdot\omega\cdot 0{,}07,$
$\alpha_4 = -535 - j\cdot\omega\cdot 0{,}07,$	$\alpha_{r4} = -535 - j\cdot\omega\cdot 0{,}93.$

Für den Stator ist die kurze Welle, $0{,}93 \times$ Netzfrequenz, noch viel weniger gedämpft als im vorigen Falle, nämlich mit $-15\cdot t$, während die lange Welle äußerst stark, nämlich mit $-535\cdot t$, gedämpft ist. Für den Rotor sind die Verhältnisse wieder umgekehrt und hier besitzt die lange Welle die geringe Dämpfung, während die kurze Welle sehr schnell verschwindet.

Für diesen 3. Fall sind am selben Motor wieder die Einschaltströme oszillographisch aufgenommen worden, welche Fig. 64 zeigt. Das Oszillogramm bestätigt vollständig obige Rechnung. Die kurze Statorstromwelle ist weit weniger gedämpft als beim Schalten ohne Vorschaltwiderstand, während die lange Welle so stark gedämpft ist, daß sie nicht mehr zu erkennen ist. Besonders für den Rotorstrom ist das Oszillogramm charakteristisch.

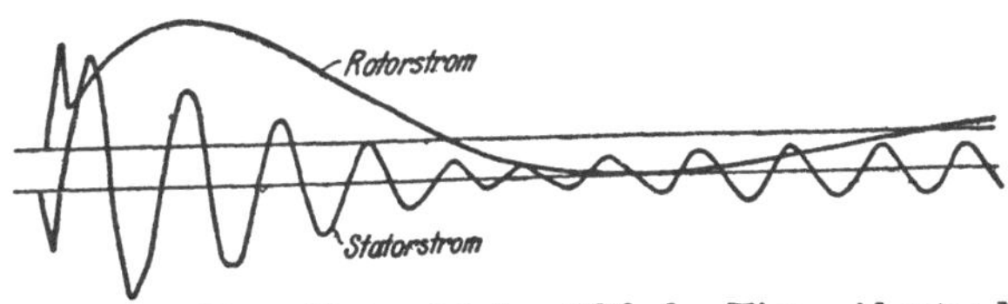

Fig. 64. Dem Stator ist der 10fache Eigenwiderstand vorgeschaltet.

Hier ist die kurze Welle deutlich ausgebildet, verschwindet aber bereits wegen der starken Dämpfung nach einer halben Periode vollständig; die wenig gedämpfte lange Welle dagegen ist vollkommen ausgebildet. Der Statorstrom hat übrigens eine sehr deutlich erkennbare Schwebung. Diese rührt daher, daß sich über die Ausgleichsströme der stationäre Magnetisierungsstrom lagert, der die Netzfrequenz hat. Mit diesem interferiert die Statoreinschaltstromwelle, deren Frequenz nur wenig kleiner als die Netzfrequenz ist.

Die Berechnung des Einschaltstromstoßes mit Hilfe der Gl. 97) bzw. 103) ist jetzt wegen des großen Wertes der Zeitkonstante des Stators, bzw. weil der Ohmsche Spannungsabfall nicht mehr neben dem induktiven Spannungsabfall vernachlässigt werden kann, nicht mehr möglich. Der physikalische Vorgang spielt sich jetzt so ab, daß fast das ganze freiwerdende Feld an dem elektrisch stärkeren Rotor hängen bleibt, während dem Stator nur ein seiner kleineren Zeitkonstante entsprechender Anteil, im vorliegenden Falle nur etwa 10% verbleibt. Außerdem besitzen die beiden Teilfelder zur Zeit $t = 0$ bereits eine Phasenverschiebung von annähernd 90°, dies bewirkt, daß das starke, am Rotor haftende Feld fast die volle Höhe des freiwerdenden Feldes besitzt. Da das am Stator haftende Feld ohnehin fast momentan verschwindet[1]), wird also der ganze, zur Zeit $t = 0$ einsetzende Ausgleichsvorgang in der Hauptsache nur durch das sehr schwach gedämpfte Rotorfeld charakterisiert.

Diese Vorstellungsweise ergibt ein sehr anschauliches Bild vom Verlauf des Ausgleichsvorganges und ermöglicht uns auch auf sehr einfachem Wege eine Berechnung des Einschaltstromstoßes beim Schalten mit Vorkontaktwiderstand. Während wir früher sahen, daß beim Schalten ohne Schutzwiderstand oberhalb der kritischen Geschwindigkeit der Einschaltstrom fast nur durch die Streuinduktivität der Maschine begrenzt wird, während die Wirkung des Ohmschen Widerstandes zurücktritt, so erkennen wir jetzt beim Schalten über einen hinreichend großen Vorkontaktwiderstand, daß umgekehrt der Ohmsche Spannungsabfall nahezu dieselbe Größe besitzt, wie die vom Rotordrehfeld herrührende EMK. Bei unserem letzten Beispiel mit $\frac{r}{L} = 31{,}4$ und $\tau = 0{,}062$, $\tau' = 0{,}032$ macht z. B. der Ohmsche Widerstand 96% der induzierten EMK aus. Wir können also folgende Spannungsgleichung anschreiben:

$$r \cdot i_{4\max} = \sim i_{0m} \cdot L \cdot p,$$

---

[1]) Beispielsweise würde für $\frac{r}{L} = 31{,}4$ dieser Feldanteil schon nach $^1/_{200}$ sec auf 5% seines Anfangswertes herabgesunken sein.

oder

$$\dot{i}_{4\max} = \dot{i}_{0m} \cdot \frac{p}{\frac{r}{L}}.$$

Berücksichtigt man noch, daß sehr angenähert

$$p = \omega \cdot \frac{\frac{r}{L}}{\frac{r_r}{L_r} + \frac{r}{L}},$$

so folgt:

$$\dot{i}_{4\max} = \dot{i}_{0m} \cdot \frac{\omega}{\frac{r_r}{L_r} + \frac{r}{L}} = \frac{E_m}{r_r \cdot \frac{L}{L_r} + r}.$$

Das ist ein gegenüber dem Schalten ohne Vorkontakt wesentlich niedrigerer Wert und bei unserem Beispiel beträgt der maximale Einschaltstromstoß nur mehr den 9 fachen Magnetisierungsstrom oder den 2,5 fachen Vollaststrom, während er beim Schalten ohne Vorstufenwiderstand die 7 fache Höhe des Vollaststromes erreicht.

In der Tat läßt sich auch durch passende Wahl des Vorstufenwiderstandes der Einschaltstromstoß auf praktisch zulässige Werte herunterdrücken. Linke findet als geeignetsten Widerstandswert einen Betrag, welcher im stationären Zustand 2—3% der Netzspannung verzehrt. Die auftretenden Maximalamplituden sind dann ungefähr gleich dem 1,5 fachen Vollaststrom und damit unschädlich.

Interessant ist auch noch, wie sich der Einschaltvorgang vollzieht, wenn nicht dem Stator ein Widerstand vorgeschaltet, sondern in den Rotorkreis ein Widerstand gelegt wird, so z. B. daß

$$\frac{r_r}{L_r} = 10 \cdot \frac{r}{L}$$

ist. Die sich dann ergebenden Werte aus den Gl. 93) auszuwerten, möge dem Leser überlassen bleiben. Er wird dann finden, daß jetzt der Statorstrom eine lange, wenig gedämpfte und eine kurze, stark gedämpfte und der Rotorstrom umgekehrt eine kurze, wenig gedämpfte und eine lange, stark gedämpfte Welle hat, d. h. das am Stator hängende, überlagerte Gleichfeld ist jetzt wenig gedämpft, und das am Rotor hängende Feld klingt sehr schnell ab. Das Oszillogramm 65 bestätigt diese Überlegung. Über die deutlich ausgebildete lange Statorwelle lagert sich natürlich der stationäre Magnetisierungsstrom.

Wird der Stator eines Induktionsmotors vom Netz abgeschaltet[1]), so kann die im Drehfeld aufgespeicherte magnetische Energie nicht ohne weiteres verschwinden. Erfolgt das Abschalten bei geschlossenem Rotor, so setzt sich die im Felde aufgespeicherte Energie in der Rotorwicklung allmählich in Stromwärme um. Im Moment des Abschaltens des Stators treten nämlich in der Rotorwicklung Ströme auf, die das Feld zunächst in der ursprünglichen Stärke, und rotierend mit dem Rotor, aufrecht zu erhalten suchen. Da aber eine Energiezufuhr von außen aufhört, klingt der Strom und damit das Feld nach einer Exponentialfunktion ab. Wir haben hier naturgemäß dieselben Verhältnisse, die wir beim Abschalten des sekundär kurzgeschlossenen Transformators kennen lernten.

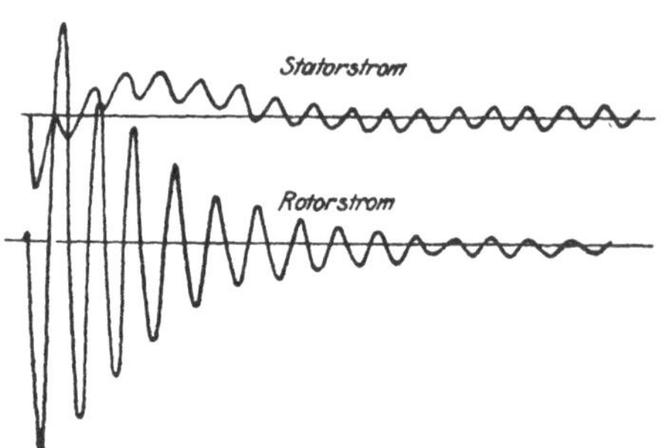

Fig. 65. Dem Rotor ist der 10fache Eigenwiderstand vorgeschaltet.

Das Oszillogramm 66 zeigt das Abschalten unseres 15 kW-Motors bei leerlaufendem Rotor, und zwar den Verlauf eines Rotorstromes

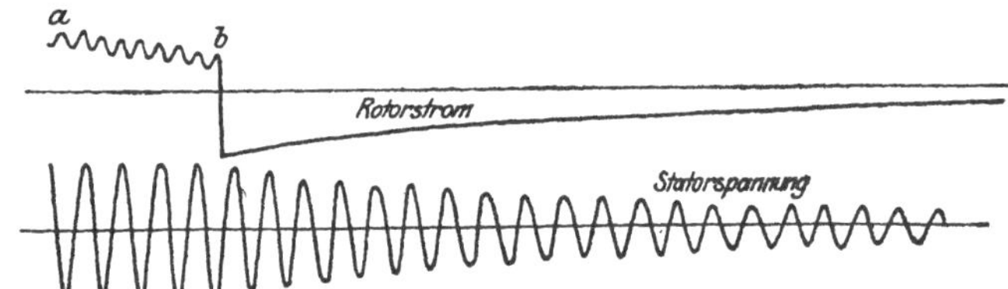

Fig. 66. Abschalten eines Asynchronmotors bei geschlossenem Rotor.

und der Statorspannung. Der Kurvenzug $a-b$ stellt zunächst den stationären Leerlaufstrom im Rotor dar; die in ihm vorhandenen Zacken sind Obertöne infolge der Zähne. Im Punkt b erfolgt das Abschalten und jetzt nimmt plötzlich der Rotorstrom einen solchen Wert an, daß das ursprüngliche Drehfeld aufrecht erhalten wird und klingt dann allmählich ab. Der Verlauf der Statorspannung zeigt deutlich das Abklingen des Feldes mit der Rotorerregung. Infolge dieses allmählichen Abklingens bleibt am Stator im ersten Moment nach dem Abschalten zunächst die volle Spannung bestehen, die dann nach einer Exponentialfunktion abfällt.

---

1) Siehe auch R. Rüdenberg: Überspannungen beim Abschalten von Asynchronmotoren. ETZ 1915, Seite 169.

Wird jedoch der Stator bei offenem Rotor abgeschaltet, so setzt sich die im Felde aufgespeicherte magnetische Energie zum Teil in Wärme um in dem an den Schalterkontakten auftretenden Lichtbogen; zum Teil lädt sie die Wicklung als Kondensator auf hohe Spannung. Die Höhe dieser Spannung hängt wesentlich vom Verlauf des Schaltprozesses und damit von der Art des verwendeten Schalters ab. Das Oszillogramm 67 zeigt Stator- und Rotorspannung eines Induktionsmotors während des Ausschaltens mittels eines modernen Ölschalters. Hier zeigt sich, daß die Spannung am Stator, im Gegensatz zum Vorgang beim Schalten bei geschlossenem Rotor, im Schaltmoment eine momentane, nicht unbeträchtliche Erhöhung aufweist und dann plötzlich verschwindet; desgleichen die Spannung im Rotor. Aus diesem Grunde wird vielfach für Induktionsmotoren die Bedienungsvorschrift gegeben, daß der Stator nur geschaltet werden darf, wenn der Rotor entweder ganz kurz oder über einen Schutzwiderstand geschlossen ist. Die letztere Vorschrift auch auf das Einschalten auszudehnen, ist sicher zwecklos; dagegen wird beim Ausschalten durch diese Vorsichtsmaßregel eine Spannungserhöhung vermieden. Eine Reihe von Versuchen, bei denen Linke die Spannungen am offenen Rotor beim Abschalten des Stators mittels Funkenstrecke gemessen hat, ergaben daß die höchsten auftretenden Überspannungen etwa von der Größenordnung der 3—4fachen Normalspannung werden und zwar beim Schalten mit modernen Ölschaltern. Im allgemeinen kann man sagen, daß beim Abschalten leerlaufender Asynchronmotoren größere Überspannuugen zu erwarten sind als beim Abschalten von Transformatoren wegen des größeren, im Luftspalt des Motors aufgespeicherten magnetischen Energiebetrages. Natürlich leistet auch hier der Vorkontaktschalter mit passend bemessenen Vorstufenwiderständen gute Dienste.

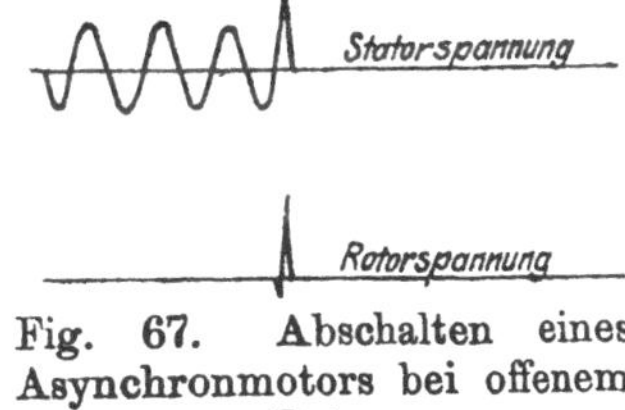

Fig. 67. Abschalten eines Asynchronmotors bei offenem Rotor.

21. Der plötzliche Kurzschluß der Asynchronmaschine.

Ein Asynchrongenerator oder Motor sei an ein Netz angeschlossen, und der zweipolige Läufer bewege sich mit der synchronen Winkelgeschwindigkeit ω, die Maschine befinde sich also im Leerlauf. Zur Zeit $t = 0$ sollen nun sämtliche Phasen des Stators gleichzeitig kurzgeschlossen werden. Das Problem ist also dem eben behandelten gerade entgegengesetzt, während es sich dort um eine Magnetisierung des vorher feldfreien Motors handelte, kommt hier eine Entmagnetisierung unserer Maschine in Frage, die zur Zeit $t = 0$ unter großen

Stromstößen einsetzt und nach einiger Zeit beendet ist, die Maschine ist dann vollkommen strom- und feldfrei. Die Anfangsbedingungen zur Berechnung der Integrationskonstanten sind demgemäß den durch die Gl. 102) ausgedrückten gerade entgegengesetzt, sie lauten nämlich:

$$\left.\begin{aligned} i_{1f} &= i_{2f} = i_{3f} = 0, \\ i_{4f} &= \dot{i}_{0m}, \end{aligned}\right\} \qquad 106)$$

und damit schreiben sich die Gleichungen für die Rotor- und Statorströme:

$$\left.\begin{aligned} i_1 &= \frac{\dot{i}_{0m}}{\tau}\cdot\frac{M}{L_r}\cdot[-e^{-a_1\cdot t}\cdot\sin p\cdot t + e^{-a_2\cdot t}\cdot\sin q\cdot t], \\ i_2 &= \frac{\dot{i}_{0m}}{\tau}\cdot\frac{M}{L_r}\cdot[-e^{-a_1\cdot t}\cdot\cos p\cdot t + e^{-a_2\cdot t}\cdot\cos q\cdot t], \\ i_3 &= \frac{\dot{i}_{0m}}{\tau}\cdot[e^{-a_1\cdot t}\cdot\sin q\cdot t - (1-\tau)\cdot e^{-a_2\cdot t}\cdot\sin p\cdot t], \\ i_4 &= \frac{\dot{i}_{0m}}{\tau}\cdot[e^{-a_1\cdot t}\cdot\cos q\cdot t - (1-\tau)\cdot e^{-a_2\cdot t}\cdot\cos p\cdot t]. \end{aligned}\right\} \qquad 107)$$

Das sind, abgesehen vom Vorzeichen und dem veränderten neuen Beharrungszustand, dieselben Gleichungen, die wir für das Einschalten des Motors bei synchron umlaufendem, geschlossenem Rotor fanden. Ähnlich wie dort ergeben sich die höchstmöglichen Stromstöße in Rotor und Stator zu:

$$\left.\begin{aligned} i_{2\max} &= \dot{i}_{0m}\cdot\frac{M}{L_r}\cdot\frac{2}{\tau}, \\ i_{4\max} &= \dot{i}_{0m}\cdot\left(\frac{2}{\tau}-1\right). \end{aligned}\right| \qquad 108)$$

In der Tat beschreiben die Gleichungen in beiden Fällen denselben physikalischen Vorgang. Während es dort das im Schaltmoment entstehende magnetische Feld war, welches, indem es zwischen die kurzgeschlossenen Wicklungssysteme des Rotors und Stators geriet, dem Vernichtungsprozeß ausgeliefert wurde, ist es hier das Leerlauffeld der Maschine, welches dasselbe Schicksal erleidet. Im Augenblicke des Kurzschlusses spaltet sich also das Leerlauffeld der Maschine in zwei, und zwar wenn Rotor und Stator gleiche Zeitkonstanten besitzen, gleich gedämpfte Teile, deren einer am Stator und der andere am Rotor hängen bleibt bzw. gegen diesen mit einer geringen Geschwindigkeit q schlüpft, beide Teile besitzen annähernd gleiche Höhe.

Diese letztere Erkenntnis ermöglicht es uns, den ins Auge gefaßten Ausgleichsvorgang besonders anschaulich zu beschreiben. Zwei gleichstarke und gleichgedämpfte Drehfelder mit den bezüglichen Winkelgeschwindigkeiten p und q repräsentieren nämlich nichts anderes als ein einziges abklingendes Wechselfeld doppelter Amplitude, das mit der Winkelgeschwindigkeit $\frac{p+q}{2} = \frac{\omega}{2}$ umläuft und mit $\frac{p-q}{4 \cdot \pi}$ Perioden pulsiert. Mit der Winkelgeschwindigkeit $\frac{\omega}{2}$ bewegte sich das freiwerdende Feld aber auch bei Schaltvorgängen unterhalb der kritischen Geschwindigkeit. Wir können also ganz allgemein sagen, daß beim plötzlichen Kurzschluß der Asynchronmaschine mit gleichstarken Systemen in Stator und Rotor das in Freiheit gesetzte Feld mit der halben Läuferumdrehungszahl gleichsam mitgenommen wird. Wir haben dann oberhalb und unterhalb der kritischen Geschwindigkeit nur zwischen dem Charakter des Feldes — nicht seiner Geschwindigkeit zu unterscheiden. Wir müssen nämlich dem Feld eine Eigenschwingung zuschreiben, die unterhalb der kritischen Umdrehungszahl aperiodisch, oberhalb derselben aber periodisch gedämpft ist.

22. Der plötzliche Kurzschluß der Mehrphasen-Synchronmaschine mit einer vollkommenen Dämpferwicklung auf dem Induktor.

Wir verstehen unter der Dämpferwicklung einer Synchronmaschine eine Wicklung, welche, wie dies die Fig. 68 zeigt, in der Achse des Querfeldes angebracht und in sich kurzgeschlossen ist. Vollkommen

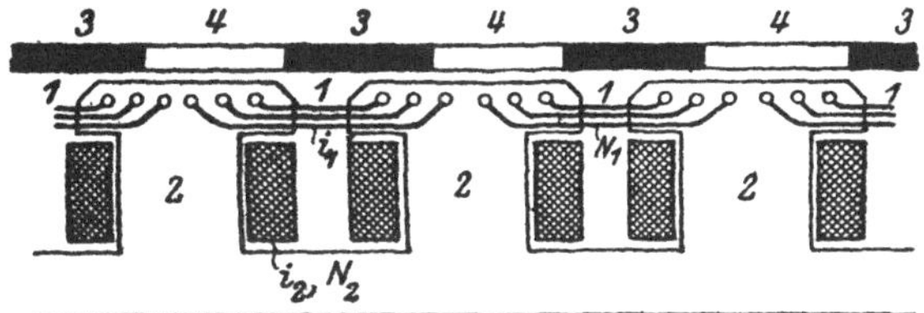

Fig. 68. Wicklungsanordnung einer Synchronmaschine mit Querfelddämpfung.

wollen wir diese Dämpferwicklung nennen, wenn sie die gleiche Zeitkonstante, mit andern Worten, dasselbe Kupfergewicht besitzt wie die Erregerwicklung. Die letztere Voraussetzung wird bei praktisch ausgeführten Maschinen wohl selten erfüllt sein, allenfalls bei Turbogeneratoren. Hier verbinden manche Firmen die aus Messing oder Rotguß bestehenden, sehr kräftig gehaltenen Nutenverschlußkeile des Induktors an den Stirnseiten durch gut leitende Metallringe, so daß ein sehr wirksamer Dämpferkäfig entsteht. Ganz ohne praktisches Interesse ist also das vorliegende Problem doch nicht. Wir wollen, um in Einklang mit den bisherigen Bezeichnungen zu bleiben, die Dämpferwicklung als Phase 1, die Erregerwicklung als Phase 2 bezeichnen.

Zur Zeit $t = 0$, also im Augenblicke des Eintretens des Kurzschlusses, fließt in der Erregerwicklnng der eingestellte Erregerstrom i_e, während alle andern Phasen noch stromlos sind. Ist der Kurzschluß stationär geworden, so ist die Dämpferwicklung stromlos, in der Erregerwicklung fließt der ungeänderte Strom i_e, und in den beiden Statorphasen der stationäre Kurzschlußstrom

$$i_{3st} = -\frac{M}{L} \cdot i_e \cdot \sin \omega \cdot t,$$

bzw.

$$i_{4st} = -\frac{M}{L} \cdot i_e \cdot \cos \omega \cdot t.$$

Somit lauten die Anfangsbedingungen für die Ausgleichsströme:

$$\left.\begin{aligned} i_{1f} = i_{2f} = i_{3f} = 0, \\ i_{4f} = \frac{M}{L} \cdot i_e, \end{aligned}\right\} \qquad 109)$$

und wir können nun sämtliche Gleichungen für den Verlauf der verschiedenen Ströme leicht anschreiben, nämlich:

$$\left.\begin{aligned} i_1 &= \frac{i_e}{\tau} \cdot (1-\tau) \cdot [-e^{-a_1 \cdot t} \cdot \sin p \cdot t + e^{-a_2 \cdot t} \cdot \sin q \cdot t], \\ i_2 &= \frac{i_e}{\tau} \cdot (1-\tau) \cdot [-e^{-a_1 \cdot t} \cdot \cos p \cdot t + e^{-a_2 \cdot t} \cdot \cos q \cdot t] + i_e, \\ i_3 &= \frac{M}{L} \cdot \frac{i_e}{\tau} \cdot [e^{-a_1 \cdot t} \cdot \sin q \cdot t - (1-\tau) \cdot e^{-a_2 \cdot t} \cdot \sin p \cdot t] - \frac{M}{L} \cdot i_e \cdot \sin \omega \cdot t, \\ i_4 &= \frac{M}{L} \cdot \frac{i_e}{\tau} \cdot [e^{-a_1 \cdot t} \cdot \cos q \cdot t - (1-\tau) \cdot e^{-a_2 \cdot t} \cdot \cos p \cdot t] - \frac{M}{L} \cdot i_e \cdot \cos \omega \cdot t. \end{aligned}\right\} \qquad 110)$$

Diese Gleichungen unterscheiden sich nur dadurch von denjenigen des plötzlichen Kurzschlusses der Asynchronmaschine, daß sie noch die stationären Kurzschlußströme enthalten. Bemerkenswert ist jedenfalls, daß der dem Induktor verbleibende Feldanteil nicht in der Achse der Erregerwicklung stehen bleibt, sondern mit der Schlupfgewindigkeit q langsam über denselben hinweggleitet. Dies wird eben dadurch ermöglicht, daß die Dämpferwicklung den andern Wicklungen vollkommen ebenbürtig ist und sich in gleicher Weise wie diese am Ausgleichsvorgang beteiligt.

Fig. 69 zeigt den für $\tau = 0{,}1$ gezeichneten Vorgang des plötzlichen Kurzschlusses einer Synchronmaschine mit Querfelddämpfung. Die Figur zeigt den Erregerstrom und den Strom derjenigen Statorphase, welche zur Zeit $t = 0$ der Erregerwicklung gerade gegenüberlag. Wie man sieht, werden im Gegensatz zu den Erscheinungen des einphasigen Kurzschlusses die Wellenbilder durch keinerlei Oberschwingungen gestört.

Die höchstmöglichen Stromstöße ergeben sich für Erreger- und Statorwicklung zu:

$$\left.\begin{aligned} i_{2\max} &= i_e \cdot \left(\frac{2}{\tau} - 1\right), \\ i_{4\max} &= i_e \cdot \frac{M}{L} \cdot \frac{2}{\tau}, \end{aligned}\right\} \qquad 111)$$

und das sind dieselben Werte, die wir für den plötzlichen Kurzschlußstrom der Einphasen-Synchronmaschine fanden. Über diese Übereinstimmung brauchen wir uns nicht zu wundern. Denn in beiden Fällen wird die volle magnetische Energie des Leerlauffeldes der Maschine in Freiheit gesetzt und zeitweise in den Streufeldern von Induktor und Stator gebunden. Hier wie dort hat ferner beim Schalten im ungünstigsten Moment je eine Statorphase den vollen Amperewindungsstoß aufzunehmen.

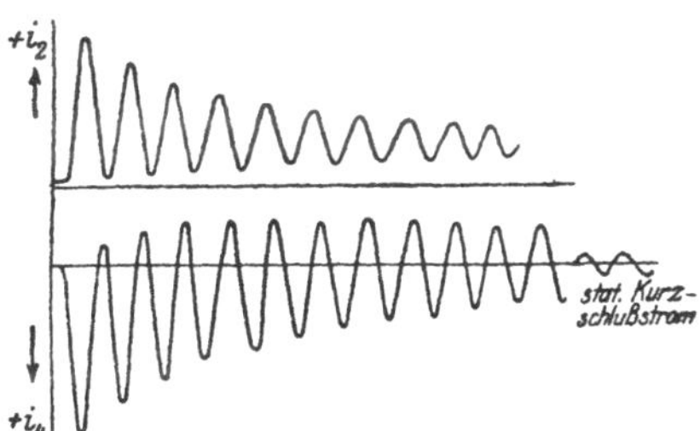

Fig. 69. Der plötzliche allphasige Kurzschluß einer Synchronmaschine mit Dämpferwicklung.

Der angegebene Wert für $i_{4\max}$ würde freilich nur dann erreicht werden, und zwar in allen Phasen, wenn keine zeitliche Dämpfung vorhanden wäre. Die Verluste bewirken nicht nur, daß die tatsächlich auftretenden Überströme unter allen Umständen hinter den Werten der Gl. 111) zurückbleiben, sondern auch, daß der größte Stromstoß immer nur in einer der beiden Statorphasen auftritt. Denn bis z. B. in der Phase 3 die Funktion $\sin q \cdot t$ ihren Maximalwert erreicht hat, ist ihre Amplitude infolge der zeitlichen Dämpfung bereits auf einen Bruchteil ihrer ursprünglichen Größe herabgesunken. Genau so liegen die Verhältnisse bei der Dämpferwicklung.

In der Erregerwicklung tritt der größtmögliche Stromstoß unter allen Umständen auf, auch wenn der Kurzschluß in einem beliebigen Zeitpunkte eingeleitet wird. Nicht so in der Statorwicklung. Denn im allgemeinen wird der maximale Amperewindungsstoß von den beiden Statorphasen gemeinsam aufgenommen werden, und nur in dem speziellen Schaltmoment $t = 0$, in welchem gerade eine Statorphase das volle Erregerfeld umschlingt, hat diese auch denselben relativen Stromstoß auszuhalten wie die Erregerwicklung. In der andern Statorphase erreicht in diesem Falle der maximale Kurzschlußstrom nur ungefähr die halbe Höhe und damit den kleinstmöglichen Wert. Wird der plötzliche Kurzschluß zur Zeit $\omega \cdot t = \frac{\pi}{4}$ eingeleitet, steht also die Erregerwicklung in diesem Augenblicke gerade in der Mitte zwischen beiden Statorphasen, so entfällt auf beide derselbe Stromstoß vom 0,85fachen Betrage des maximal möglichen Wertes. Der Verlauf des Ausgleichsvorganges selbst ist, wie bereits früher gesagt wurde, unabhängig von der Wahl des Einschaltmomentes.

Die Gl. 61), 104), 108) und 111) geben, wie bereits erwähnt, nur einen oberen Grenzwert für den maximalen Kurzschlußstrom an, der in Wirklichkeit niemals erreicht wird. Um den tatsächlichen Höchstwert des Kurzschlußstromes zu erhalten, ist die bis zur Erreichung desselben eingetretene Dämpfung zu berücksichtigen. Die angeschriebenen Gleichungen ergeben also nur dann richtige Werte, wenn sie noch mit einem Faktor

$$\delta = e^{-a \cdot t'} \tag{112a}$$

multipliziert werden, wo a die Dämpfungskonstante und t' die bis zur Erreichung des ersten Strommaximums verstreichende Zeit bedeutet. In allen Fällen ist

$$t' = \frac{\pi}{\omega}, \tag{112b}$$

oder bei $\omega = 314$ (50 Perioden)

$$t' = \frac{1}{100}\,\text{sec}, \tag{112c}$$

und damit ergibt sich für die Asynchronmaschine bzw. für die Mehrphasen-Synchronmaschine mit Querfelddämpfung und gleichstarken Systemen in Stator und Rotor:

$$\delta = e^{-\frac{r}{L \cdot \tau} \cdot \frac{\pi}{\omega}} = e^{-\frac{r}{L \cdot \tau_{\%}}} \text{ (50 Perioden).}$$

Nun ist bekanntlich

$$e^{-x} = 1 - x + \frac{x^2}{2!} - \frac{x^3}{3!} + \cdots,$$

und da im vorliegenden Falle $x = \frac{r}{L \cdot \tau_{\%}}$ meist eine kleine Zahl, kann man die Reihenentwicklung nach dem zweiten Gliede abbrechen, bzw. den entstehenden Fehler gemäß nachstehender Tabelle durch einen Faktor berücksichtigen:

$x = 0{,}0$	$e^{-x} = 1{,}0$	$1 - x = 1{,}0$	Fehler in % $= \pm 0$
0,1	0,905	» 0,91	$- 0{,}5$
0,2	0,82	$1 - 0{,}9x = 0{,}82$	± 0
0,3	0,74	» 0,73	$- 1{,}5$
0,4	0,67	$1 - 0{,}8 \cdot x = 0{,}68$	$+ 1{,}5$
0,5	0,60	» 0,60	± 0
0,6	0,55	» 0,52	$- 5{,}5$

Wir können somit bequemer schreiben:

$$\delta = 1 - (1{,}0 \div 0{,}8) \cdot \frac{r}{L \cdot \tau} \cdot \frac{\pi}{\omega}, \tag{113}$$

oder für 50 Perioden:

$$\delta = 1 - (1{,}0 \div 0{,}8) \cdot \frac{r}{L \cdot \tau \%} \cdot \tag{113a}$$

Bleiben wir bei nnserm Motor mit $\tau = 0{,}062$ und $\frac{r}{L} = 3{,}14$. Ohne Berücksichtigung der Dämpfung ergibt sich der größtmögliche Kurzschlußstrom zu:

$$i_{\max} = i_0 \cdot \frac{200}{6{,}2} = 32 \cdot i_0,$$

dagegen mit Berücksichtigung der Dämpfung nur zu:

$$i_{\max} = 32 \cdot \left(1 - 0{,}8 \cdot \frac{3{,}14}{6{,}2}\right) \cdot i_0 = 19 \cdot i_0 .$$

Während man also ohne Berücksichtigung der Dämpfung einen maximalen Kurzschlußstrom vom 32fachen Betrag des Leerlaufstromes errechnen würde, erreicht er in Wirklichkeit nur den 19fachen Betrag desselben.

Beim plötzlichen Kurzschluß der Einphasen-Synchronmaschine fanden wir die Dämpfungskonstante zu

$$a = \frac{r}{L \cdot \sqrt{\tau}}$$

und mit diesem Wert erhalten wir:

$$\delta_{1-ph} = 1 - (1{,}0 \div 0{,}8) \cdot \frac{r}{L \cdot \sqrt{\tau}} \cdot \frac{\pi}{\omega}, \tag{114}$$

oder für 50 Perioden:

$$\delta_{1-ph} = 1 - (1{,}0 \div 0{,}8) \cdot \frac{r}{10 \cdot L \cdot \sqrt{\tau \%}} \cdot \tag{114a}$$

Im Falle eines einphasigen Kurzschlusses ergibt unser Beispiel sonach

$$\delta = 0{,}875$$

und damit

$$i_{max} = 28 \cdot i_0 .$$

Beim einphasigen Kurzschluß ist also die Dämpfung ganz auffallend gering.

Die Gl. 113) und 114) setzen gleichstarke Systeme im Rotor und Stator voraus. Ist dies nicht der Fall, so ist folgende allgemeine Gleichung zu benützen:

$$\delta = 1 - (1{,}0 \div 0{,}8) \cdot \frac{a_1 + a_2}{2} \cdot \frac{\pi}{\omega} . \qquad \begin{matrix} 113b) \\ 114b) \end{matrix}$$

VII. Der mehrfach verkettete magnetische Fluß zwischen bewegten unsymmetrischen Wicklungssystemen.

23. Die Bestimmung der Schwingungskonstanten.

Der Leser wird sich erinnern, daß wir im vorigen Kapitel die Differentialgleichungen einer Maschine mit symmetrischem Mehrphasensystem im Stator aber unsymmetrisch-zweiphasiger Rotorwicklung aufstellten, und diese bis zum Erhalt der Bedingungsgleichung für die Schwingungskonstanten weiterbehandelten. Aber wir lösten diese Gleichung nicht sofort für diesen allgemeinen Fall, sondern wandten sie zunächst auf ein besonders einfaches Beispiel an, nämlich die Induktionsmaschine mit symmetrischen Mehrphasensystemen in Stator und Rotor. Hätte uns nur diese spezielle Maschinengattung interessiert, so hätten wir damit zweifellos einen Umweg beschritten. Aber wir wollten den Fall der Mehrphasen-Synchronmaschine gleich mit in unsere Rechnung einschließen und wie wir zu diesem gelangen, zeigt uns der letzte Abschnitt des vorigen Kapitels. Lassen wir nämlich den Ohmschen Widerstand der Dämpferwicklung immer größer und zuletzt unendlich groß werden, so scheint diese verschwunden und der gesuchte Fall ist realisiert.

Die Bedingungsgleichung der Schwingungskonstanten hatten wir für die Maschine mit unsymmetrisch bewickeltem Rotor in folgender Form gefunden:

$$\left[\alpha^2 + \alpha \cdot \left(\frac{r_1}{L_1} + \frac{r}{L}\right) \cdot \frac{1}{\tau_{t_1}} + \frac{r_1}{L_1 \cdot \tau_{t_1}} \cdot \frac{r}{L}\right] \cdot \left[\alpha^2 + \alpha \cdot \left(\frac{r_2}{L_2} + \frac{r}{L}\right) \cdot \frac{1}{\tau_{t_2}} + \frac{r_2}{L_2 \cdot \tau_{t_2}} \cdot \frac{r}{L}\right] +$$
$$+ \omega^2 \cdot \left[\alpha + \frac{r_1}{L_1 \cdot \tau_{t_1}}\right] \cdot \left[\alpha + \frac{r_2}{L_2 \cdot \tau_{t_2}}\right] = 0 . \qquad 89)$$

Hierin haben wir beispielsweise den Index 1 auf die Dämpferwicklung und den Index 2 auf die Erregerwicklung zu beziehen. Wir erhalten nach dem vorgehenden die gesuchte Bedingungsgleichung für die Schwingungskonstanten der Synchrommaschine, indem wir $r_1 = \infty$ setzen. Dann ergibt sich, wenn wir für den Induktor nur noch den Index i benutzen und mit $\tau = \tau_{t_1}$ den resultierenden Blondelschen Streuungskoeffizienten unserer Maschine bezeichnen:

$$\alpha_i^3 + \alpha_i^2 \cdot \left(\frac{r_i}{L_i \cdot \tau} + \frac{r}{L} \cdot \frac{1+\tau}{\tau}\right) + \alpha_i \cdot \left(2 \cdot \frac{r}{L} \cdot \frac{r_i}{L_i \cdot \tau} + \frac{r^2}{L^2} \cdot \frac{1}{\tau} + \omega^2\right) + \\ + \frac{r_i}{L_i \cdot \tau} \cdot \left(\frac{r^2}{L^2} + \omega^2\right) = 0 . \qquad 115)$$

Zwischen dem resultierenden Streuungskoeffizienten und den Streuungskoeffizienten τ_i der Induktor- und τ' der Statorwicklung besteht, wie wir wissen, die Beziehung:

$$\tau = 1 - \frac{1}{(1 + \tau_i) \cdot (1 + \tau')} . \qquad 116)$$

Gl. 115) ist vom 3. Grade. Sie muß also mindestens eine reelle Wurzel besitzen, d. h. mindestens ein Wert von α_i muß einen aperiodisch gedämpften Ausgleichsvorgang darstellen. Wir gehen nicht fehl, wenn wir diesen Wert zu

$$\alpha_i = - \frac{r_i}{L_i \cdot \tau} \qquad 117)$$

vermuten. Dividieren wir nämlich die Gl. 115) durch $\left(\alpha_i + \frac{r_i}{L_i \cdot \tau}\right)$, so erhalten wir eine quadratische Gleichung für die uns noch fehlenden beiden Werte, nämlich:

$$\alpha_i^2 + \alpha_i \cdot \frac{r}{L} \cdot \frac{1+\tau}{\tau} - \frac{r_i}{L_i \cdot \tau} \cdot \frac{r}{L} \cdot \frac{1-\tau}{\tau} + \frac{r^2}{L^2} \cdot \frac{1}{\tau} + \omega^2 = 0 . \qquad 118)$$

Daraus folgt mit einer geringfügigen Vernachlässigung

$$\alpha_i = - \frac{r}{2 \cdot L} \cdot \frac{1+\tau}{\tau} \pm j \cdot (\omega - q) , \qquad 119)$$

mit

$$q = \frac{\omega}{2} \cdot \left(\frac{r_i}{\omega \cdot L_i \cdot \tau} + \frac{r}{2 \cdot \omega \cdot L} \cdot \frac{1-\tau}{\tau}\right)^2 . \qquad 119\,a)$$

Der eben angeschriebene Wert für q ist nicht sehr genau. Doch ist q gegenüber der synchronen Winkelgeschwindigkeit ω so klein, daß auf eine genauere Ermittlung, wie sie auf Grund der Gl. 115) leicht möglich wäre, verzichtet werden kann.

Die Gl. 117) und 119) enthalten nun bereits alles, was wir brauchen, um den Verlauf irgendeines, in der kurzgeschlossenen Mehrphasen-

Synchronmaschine sich abspielenden Ausgleichsvorganges beurteilen zu können. Gl. 117) deutet auf einen mit $e^{-\frac{r_i}{L_i \cdot \tau} \cdot t}$ gedämpften Gleichstrom hin, charakterisiert also ein in der Achse der Erregerwicklung abklingendes Gleichfeld. Durch die Gl. 119) hingegen verrät sich eine diesem Gleichstrom übergelagerte, mit der Frequenz $\omega - q$ pulsierende und mit $e^{-\frac{r}{2 \cdot L} \cdot \frac{1+\tau}{\tau} \cdot t}$ gedämpfte Sinusschwingung. Diese kann aber ihre Entstehung nur einem am Stator haftenden, bzw. mit der geringen Geschwindigkeit q in Richtung der Induktordrehung über dasselbe hinweggleitenden und mit $e^{-\frac{r}{2 \cdot L} \cdot \frac{1+\tau}{\tau} \cdot t}$ gedämpften Felde verdanken. Wir haben also auch hier denselben physikalischen Vorgang, den wir bei der symmetrischen Mehrphasenmaschine kennen lernten.

Im Augenblicke des Einsetzens des Ausgleichsvorganges spaltet sich das freiwerdende magnetische Feld in zwei Teile, deren einer am Induktor und der andere am Stator hängen bleibt. Die Induktorwicklung hält ihren Feldanteil fest und nimmt ihn mit der synchronen Geschwindigkeit ω über den kurzgeschlossenen Stator hinweg mit. Wir haben also zunächst einen Kurzschluß des Stators auf ein mit der synchronen Drehzahl umlaufendes Feld, das mit einem Dämpfungsexponenten

$$\alpha_i = \frac{r_i}{L_i \cdot \tau} \tag{120a}$$

erlischt. Der mehrphasige Stator hält seinen Feldanteil nicht starr fest, sondern läßt diesen der Drehung des Polrades mit einer sehr kleinen Winkelgeschwindigkeit q folgen. Hier haben also Stator und Rotor die Rollen getauscht. Es ist der Rotor, der bezogen auf ein nahezu mit der synchronen Geschwindigkeit zurückbleibendes Feld kurzgeschlossen erscheint, und indem er diesem Felde Gegenamperewindungen entgegensetzt, bildet er selbst ein neues Drehfeld aus (Zerlegung des Wechselfeldes in zwei gegenläufige Drehfelder!), welches den Stator nahezu mit der doppelten Synchronfrequenz, nämlich $2 \cdot \omega - q$ schneidet. Wie es diesmal der Statorkreis ist, der von dem freiwerdenden Feldanteil gleichsam Besitz ergreift, so bestimmt er auch die Lebensdauer desselben. Wir haben dafür nämlich den Dämpfungsfaktor

$$\alpha = \frac{1}{2} \cdot \frac{r}{L \cdot \tau} + \frac{1}{2} \cdot \frac{r}{L} \tag{120b}$$

kennen gelernt, dessen Größe außer durch die Streuung, nur durch die Zeitkonstante der Statorwicklung bestimmt wird.

Das gegenseitige Verhältnis der Amplituden aller auftretenden Schwingungen ist wieder so zu bestimmen, daß es möglich ist, jeden beliebigen und in unserer Maschine möglichen Anfangszustand abzubilden. Wir können dabei in genau derselben Weise vorgehen, wie wir es auf Seite 88 bei der Induktionsmaschine taten und erhalten dann folgende Gleichungen für die freien Schwingungen im Induktor und im zweiphasigen Stator:

$$\left.\begin{aligned} i_{if} &= -\frac{M}{L_i}\cdot A_1\cdot e^{-a\cdot t}\cdot\cos(\omega-q)\cdot t - A_2\cdot e^{-a_i\cdot t}, \\ i_{3f} &= \frac{1}{2}\cdot A_1\cdot e^{-a\cdot t}\cdot\big((1+\tau)\cdot\sin q\cdot t+(1-\tau)\cdot\sin(2\cdot\omega-q)\cdot t\big)+\frac{M}{L}\cdot A_2\cdot e^{-a_i\cdot t}\cdot\sin\omega\cdot t, \\ i_{4f} &= \frac{1}{2}\cdot A_1\cdot e^{-a\cdot t}\cdot\big((1+\tau)\cdot\cos q\cdot t+(1-\tau)\cdot\cos(2\cdot\omega-q)\cdot t\big)+\frac{M}{L}\cdot A_2\cdot e^{-a_i\cdot t}\cdot\cos\omega\cdot t. \end{aligned}\right\} \quad 121)$$

24. Der plötzliche allphasige Kurzschluß der Mehrphasen-Synchronmaschine.

Eine leerlaufende Synchronmaschine mit zweiphasig bewickeltem Stator sei mit einem Strome i_e erregt und werde zur Zeit $t=0$ plötzlich und in allen Phasen gleichzeitig kurzgeschlossen. Dann lauten die Anfangsbedingungen für die Ausgleichsströme, genau wie bei der Synchronmaschine mit Querfelddämpfung:

$$\left.\begin{aligned} i_{if} &= i_{3f} = 0\,, \\ i_{4f} &= \frac{M}{L}\cdot i_e\,, \end{aligned}\right\} \quad 122)$$

und wir erhalten folgende Werte für die Integrationskonstanten:

$$A_1 = \frac{M}{L}\cdot\frac{i_e}{\tau}\,,$$

$$A_2 = -(1-\tau)\cdot\frac{i_e}{\tau}\,.$$

Indem wir diese Werte in die Gl. 121) einführen, erhalten wir ohne weiteres die Gleichungen für die gesuchten Ausgleichsströme, und wenn wir hiezu noch die stationären Werte des Erregerstromes und der induzierten Statorströme addieren, die vollständigen Gleichungen für die in Induktor und Stator fließenden Ströme in folgender Form:

$$\left.\begin{aligned}
i_i &= i_e + (1-\tau)\cdot\frac{i_e}{\tau}\cdot\left[e^{-a_i\cdot t} - e^{-a\cdot t}\cos(\omega - q)\cdot t\right],\\
i_3 &= -\frac{M}{L}\cdot i_e\cdot\sin\omega\cdot t + \frac{M}{L}\cdot\frac{i_e}{\tau}\cdot\\
&\cdot\left[e^{-at}\cdot\frac{1}{2}\cdot((1+\tau)\cdot\sin q\cdot t + (1-\tau)\cdot\sin(2\cdot\omega - q)\cdot t) - (1-\tau)\cdot e^{-a_i\cdot t}\cdot\sin\omega\cdot t\right],\\
i_4 &= -\frac{M}{L}\cdot i_e\cdot\cos\omega\cdot t + \frac{M}{L}\cdot\frac{i_e}{\tau}\cdot\\
&\cdot\left[e^{-a\cdot t}\cdot\frac{1}{2}\cdot((1+\tau)\cdot\cos q\cdot t + (1-\tau)\cdot\cos(2\cdot\omega - q)\cdot t) - (1-\tau)\cdot e^{-a_i\cdot t}\cdot\cos\omega\cdot t\right].
\end{aligned}\right\} \quad 123)$$

Einige Zeit nach dem Eintritt des Kurzschlusses sind die übergelagerten Ströme verschwunden, und in der Erregerwicklung fließt wieder der eingestellte Erregerstrom i_e, in den beiden Statorwicklungen hingegen der stationäre Kurzschlußstrom. Dieser besitzt in beiden Phasen gleiche Amplitude, entgegengesetztes Vorzeichen wie der Erregerstrom und eine gegenseitige Phasenverschiebung von 90°, d. h. im stationären Kurzschluß ist das Statorfeld ein reines Drehfeld mit zeitlich unveränderlicher Amplitude, das synchrom mit dem Induktor umläuft. Bei vernachlässigbaren Verlusten ist es in Phase mit dem Hauptfelde, besitzt entgegengesetzte Polarität wie dasselbe und hebt es also, da es in der gleichen Bahn verläuft, teilweise auf. Der im Kurzschluß verbleibende Rest des gemeinsamen Feldes ergibt sich somit bei Vernachlässigung der Verluste als die arithmetische Differenz von Induktor und Statorfeld. Da das Statorfeld eine zeitlich konstante Amplitude besitzt, enthält der Erregerstrom keine übergelagerten Schwingungen und ebenso der Statorstrom nur die Grundwelle.

Der plötzliche Kurzschluß ist wieder gekennzeichnet durch den Zerfall des Leerlauffeldes in zwei annähernd gleiche Teile, deren einer am Stator und der andere am Induktor hängen bleibt. Dieser Vorgang ist, wie wir bisher sahen, allen Ausgleichserscheinungen gemeinsam, die sich zwischen zwei relativ bewegten, durch ein magnetisches Feld verketteten Wicklungssystemen abspielen. Die speziellen Eigenschaften der verschiedenen Wicklungssysteme charakterisieren nur die besondere Form, in welcher sich diese Feldspaltung vollzieht. Ja selbst beim ruhenden Transformator sahen wir bereits den Ansatz zu einem Zerfall des gemeinsamen Feldes, der allerdings nicht eintritt, da kein physikalischer Grund hierzu vorhanden ist.

Der dem Induktor verbleibende Teil des Hauptfeldes bleibt starr mit ihm verbunden, insofern, als er ihn mit der synchronen Winkelgeschwindigkeit über den Stator hinweg mitnimmt; damit soll aber nicht gesagt sein, daß er infolge der Kontrastwirkung mit dem Statorfelde nicht Pendelungen um die Polachse ausführt, genau so, wie wir es beim einphasigen Kurzschluß kennen lernten. Diese Pendelungen kommen erst dann zur Ruhe, wenn der am Stator haftende Feldanteil infolge der zeitlichen Dämpfung verschwunden ist. Der Stator hält sein Feld, wie wir bereits sahen, nicht fest, sondern läßt es mit einer geringen Geschwindigkeit q der Drehung des Induktors folgen. Beide Feldanteile bedingen in den bezüglichen Wicklungssystemen einen zu ihrer Aufrechterhaltung nötigen Magnetisierungsstrom, der in der Erregerwicklung Gleichstromcharakter, in den Statorwicklungen den Charakter eines Wechselstromes mit der allerdings sehr niedrigen Frequenz $\frac{q}{2 \cdot \pi}$ besitzt. Da beide Feldanteile zeitweise nur als Streufelder existieren, erreichen wegen des großen magnetischen Widerstandes, den diese vorfinden, die Magnetisierungsströme bedeutende Beträge. Diesen lagern sich in beiden Wicklungssystemen, da sie für die über sie hinweggleitenden Felder kurzgeschlossen sind, Wechselströme von annähernd derselben Höhe über. Bei den Statorphasen haben diese Wechselströme eine derartige Frequenz $\left(\frac{\omega}{2 \cdot \pi}\right)$ und eine derartige gegenseitige Lage (Phasenverschiebung $= 90^{\circ}$), daß ein synchron mit dem Induktor umlaufendes Drehfeld entsteht. Dagegen kann der Induktor infolge seiner einachsigen Schaltung auf das mit der Relativgeschwindigkeit $\omega - q$ über ihn hinweglaufende, am Stator haftende Feld nur mit Wechselstromamperewindungen antworten. Man kann sich nun das vom Induktor ausgesandte Wechselfeld der Frequenz $\frac{\omega - q}{2 \cdot \pi}$ in zwei gegenläufige Drehfelder von je halber Amplitude und den absoluten Geschwindigkeiten $+ q$ und $2\omega - q$ zerlegt denken, deren eines also relativ zum Statorfelde stillsteht, während das andere die Statorwicklungen mit der Geschwindigkeit $2\omega - q$, also nahezu der doppelten Synchrongeschwindigkeit schneidet. Der Stator antwortet natürlich mit einem ebenso schnell umlaufenden Drehfeld. Den Statorströmen lagert sich also auch noch ein Wechselstrom von annähernd der doppelten Frequenz der Grundwelle und annähernd ihrer halben Amplitude über, während der ursprünglich vorhandene niedrig-periodige Wechselstrom um annähernd denselben Betrag geschwächt erscheint. Diese Vorgänge sind aus den Gl. 123) deutlich herauszulesen.

Ebenso wie bei der Induktionsmaschine ist auch hier der Verlauf des Kurzschlusses von der Wahl des Einschaltmomentes unabhängig. Denn in jeder Lage des Erregerfeldes sind in gleicher Weise Windungen des Stators mit ihm verkettet, so daß sich die Feldspaltung zu jeder Zeit in derselben Weise vollziehen kann.

Zweifellos wird jener Feldanteil in der Hauptsache den Verlauf des plötzlichen Kurzschlusses charakterisieren, der die größere Lebensdauer besitzt. Hierfür ist aber nur die Größe des Dämpfungsexponenten oder nach Gl. 120) die Größe der Zeitkonstante der betreffenden Wicklung maßgebend. Wir wollen uns das sogleich an einem Beispiel klar machen.

Die Fig. 70 und 71 zeigen den für einen Stromerzeuger mit rund 10% Gesamtstreuung nach den Gl. 123) berechneten Vorgang des plötzlichen allphasigen Kurzschlusses. Es ist dor Strom derjenigen

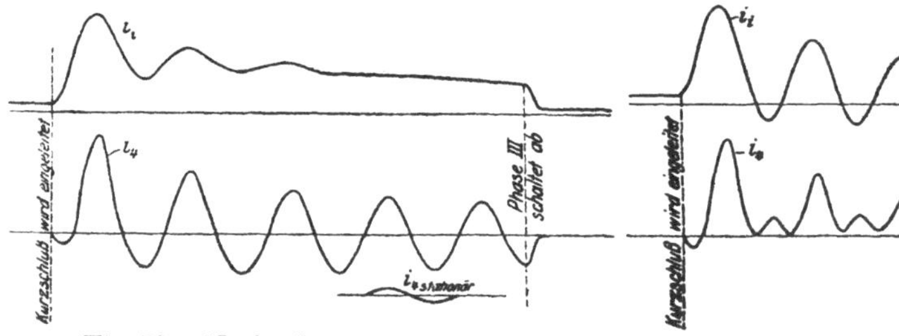

Fig. 70. Verlauf des plötzlichen dreiphasigen Kurzschlusses bei überwiegender Dämpfung des Statorfeldes.

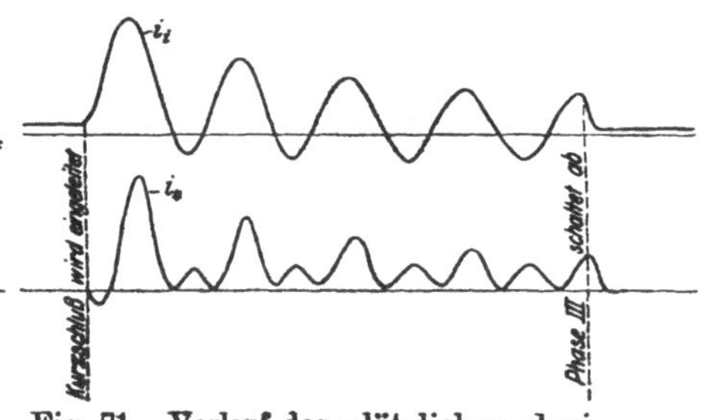

Fig. 71. Verlauf des plötzlichen dreiphasigen Kurzschlusses bei überwiegender Dämpfung des Induktorfeldes.

Statorphase gezeichnet, welche bei Eintritt des Kurzschlusses diamentral gegenüber der Erregerwicklung lag. Die beiden durch die Fig. 70 und 71 dargestellten Beispiele unterscheiden sich lediglich durch die verschiedene Wahl der Dämpfungsverhältnisse. Im ersteren Falle war:

$$\frac{r_i}{L_i} = 1{,}0; \qquad \frac{r}{L} = 9{,}0; \qquad \tau = 0{,}1; \qquad \omega = 314$$

und damit

$$a_i = 10; \qquad a = 50 \text{ und } q = 4.$$

Der auf den Induktor entfallende Feldanteil besitzt also den kleineren Dämpfungsexponenten und damit die größere Lebensdauer. Nach einer Periode ist z. B.

$$e^{-a_i \cdot t'} = e^{-a_i \cdot \frac{1}{50}} = e^{-0{,}2} = 0{,}82,$$

$$e^{-a \cdot t'} = e^{-a \cdot \frac{1}{50}} = e^{-1{,}0} = 0{,}37,$$

d. h. während sich das synchron verkettete Feld und die mit ihm zusammenhängenden Stromgrößen nur wenig geändert haben, sind die Größen der asynchronen Verkettung, das ist das am Stator haftende Feld und die mit ihm zusammenhängenden Stromgrößen, bereits auf ein Drittel ihres Anfangswertes herabgesunken.

Dagegen wurden der Fig. 71 gerade die umgekehrten Verhältnisse zugrunde gelegt, nämlich:

$$\frac{r_i}{L_i} = 9{,}0; \qquad \frac{r}{L} = 1{,}0; \qquad \tau = 0{,}1; \qquad \omega = 314$$

und damit

$$a_i = 50; \qquad a = 10; \qquad q = 5.$$

Diesmal besitzt also der vom Stator festgehaltene Anteil des Leerlauffeldes, das ist die asynchrone Verkettung, die größere Lebensdauer.

Ein Vergleich zwischen den beiden Figuren ist sehr interessant. Beide zeigen in ihren Grundzügen die im Vorhergehenden erörterten Erscheinungen. Während aber in Fig. 70 die Oberschwingung zweifacher Frequenz sich im Statorstrom höchstens durch dessen etwas spitzere Wellenform verrät, beherrscht sie in Fig. 71 den Verlauf desselben, die Grundwelle ist nur mehr als Schwebung erkennbar. Wenn wir von den ersten Augenblicken absehen, so besteht der ganze Ausgleichsvorgang im ersten Falle in einem Kurzschluß des zweiphasigen Stators auf ein mit der synchronen Geschwindigkeit ω umlaufendes Drehfeld, im zweiten Falle in einem Kurzschluß des einachsigen Induktors auf ein mit der etwas geringeren Geschwindigkeit $\omega - q$ relativ zu ihm bewegtes Drehfeld. Es ist bemerkenswert, daß trotz der im vorliegenden Falle verhältnismäßig großen Widerstände die Schlupfgeschwindigkeit des Statorfeldes eine sehr geringe ist, man wird sie daher in fast allen Fällen, ohne einen großen Fehler zu begehen, vernachlässigen können.

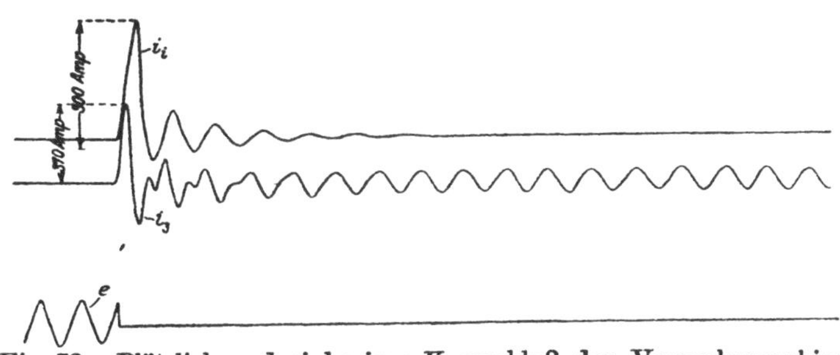

Fig. 72. Plötzlicher dreiphasiger Kurzschluß der Versuchsmaschine.

Nachstehend werden einige Oszillogramme wiedergegeben, welche den plötzlichen dreiphasigen Kurzschluß verschiedener Drehstrom-Synchronmaschinen vor Augen führen. Die Oszillogramme 72 und 73 wurden an der im 13. Abschnitt beschriebenen Maschine aufgenommen und sind also ganz besonders geeignet, die Richtigkeit unserer Theorie nachzuprüfen. In der Tat zeigen die Oszillogramme alle Einzelheiten, die wir im Anschluß an die Gl. 123) bereits diskutiert haben. Ein Vergleich mit der Fig. 71 ist nicht ohne weiteres angängig, da diese stark übertriebene Verhältnisse wiedergibt. Die dem Ankerstrom übergelagerte Oberschwingung annähernd doppelter Frequenz ist besonders im Oszillogramm 73 sehr stark ausgeprägt. Obwohl die

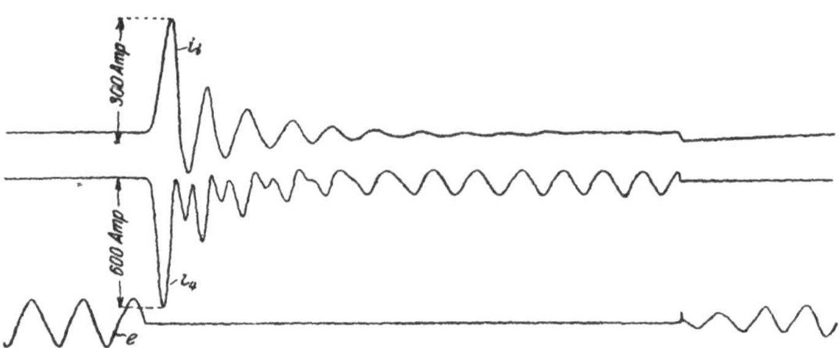

Fig. 73. Plötzlicher dreiphasiger Kurzschluß der Versuchsmaschine ($\alpha = \sim 0$).

Oszillogramme zwei ganz verschiedene Schaltmomente wiedergeben erreicht der Erregerstrom in beiden Fällen genau dieselbe Höhe. Der Verlauf des Ausgleichsvorganges ist also vom Schaltmoment unabhängig.

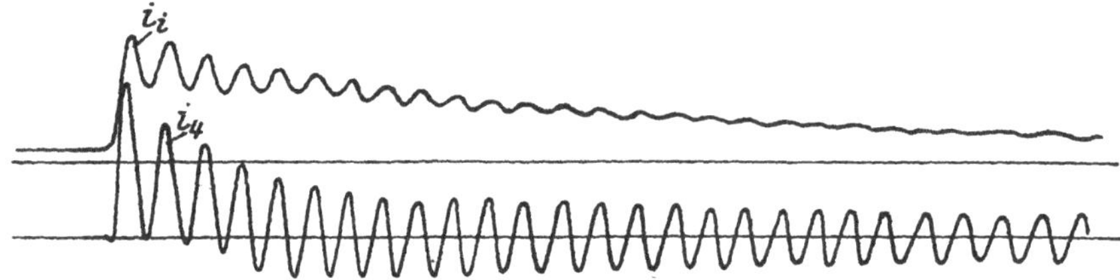

Fig. 74. Plötzlicher dreiphasiger Kurzschluß eines Turbogenerators von 12500 kVA.

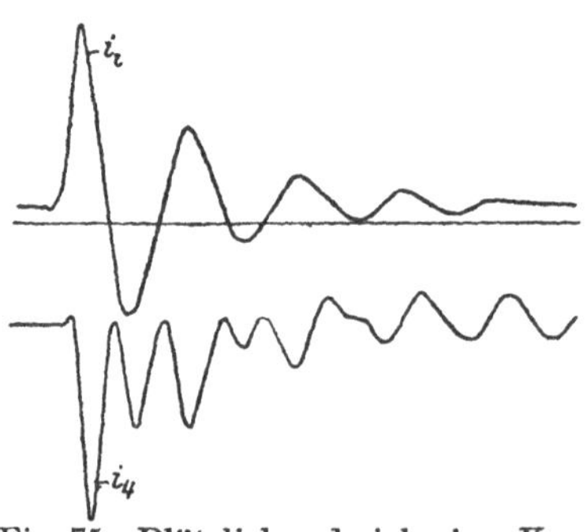

Fig. 75. Plötzlicher dreiphasiger Kurzschluß eines Langsamläufers.

Die Oszillogramme 74 und 75 sind das genaue Gegenstück zu den Fig. 70 und 71. Ersteres wurde an einem Turbogenerator von 12500 kVA, 5000 Volt, 50 ~, 1000 Umdrehungen pro Minute aufgenommen, letzteres an einem Langsamläufer unbekannter Leistung mit geblätterten Polen. Im ersten Falle stieg der Kurzschlußstrom auf 45000 Amp., das ist der 31fache Wert des effektiven Vollaststromes, also ein ganz ungeheurer Betrag. Ähnliche Werte nimmt natürlich auch der Erregerstrom an, und man kann daraus ermessen, von welcher Größe die

Beanspruchungen der Wickelköpfe und vor allem auch der den Kurzschluß unterbrechenden Ölschalter sind. Bemerkenswert ist auch die auffallend geringe Dämpfung des Kurzschlußvorganges, vollkommen stationäre Verhältnisse sind erst nach $4 \div 5$ Sekunden zu erwarten. Gerade die Turbogeneratoren waren ja eine zeitlang wegen ihrer hohen Kurzschlußströme und deren geringer Dämpfung geradezu gefürchtet. Aber auch der Langsamläufer zeitigt Kurzschlußströme, die hinter denen des Turbogenerators nicht allzuviel zurückstehen, sie sind jedoch wegen seiner viel geringeren Leistung ungleich stärker gedämpft.

Wenn wir aus den Gl. 123) für $a = 0$ und $\omega \cdot t = \pi$ die in Induktor und Stator auftretenden maximalen Stromstöße berechnen, so erhalten wir wieder die uns wohlbekannten Gleichungen:

$$\left.\begin{aligned} i_{i\,\max} &= i_e \cdot \left(\frac{2}{\tau} - 1\right) \\ \text{und} \qquad i_{4\,\max} &= i_e \cdot \frac{M}{L} \cdot \frac{2}{\tau} = 2 \cdot \frac{J_{km}}{\tau} \cdot \end{aligned}\right\} \qquad 124)$$

Wenn wir wieder den Einfluß der Verluste berücksichtigen, so kommen wir, da die Größen der synchronen und der asynchronen Verkettung einander annähernd gleich sind, zu dem Ergebnis, daß die tatsächlichen Ströme im Verhältnis

$$\delta = 1 - (1{,}0 \div 0{,}8) \cdot \frac{a_i + a}{2} \cdot \frac{\pi}{\omega} \qquad 124a)$$

kleiner ausfallen.

Wurde bei der im 13. Abschnitt beschriebenen Maschine der Induktor in einachsiger, der Anker in dreiphasiger Schaltung angeschlossen, wurde also die Bestimmung der Streuung den Verhältnissen des Drehstromerzeugers angepaßt, so ergab die Kurzschlußmessung für den totalen Streuungskoeffizienten den Wert

$$\tau = 0{,}09.$$

Ferner war:

$$\frac{r_i}{L_i} = 1{,}3; \qquad \frac{r}{L} = 1{,}4; \qquad \omega = 125; \qquad i_e = 20 \text{ Amp.}$$

und damit wird

$$a_i = 14{,}5; \qquad a = 8{,}5 \text{ und } \frac{a_i + a}{2} \cdot \frac{\pi}{\omega} = 0{,}29.$$

Es errechnet sich somit im vorliegenden Falle

$$\delta = 1 - 0{,}9 \cdot 0{,}29 = 0{,}74$$

und

$$i_{i\,\max} = 20 \cdot \left(\frac{2}{0{,}09} - 1\right) \cdot 0{,}74 = 310 \text{ Amp.}$$

In den Oszillogrammen 72 und 73 erreicht der Erregerstrom tatsächlich einen Wert von 300 Amp., die Übereinstimmung mit der Rechnung ist also eine gute.

Das Verhältnis zwischen den Überströmen, die in einem zweiphasig und in einem dreiphasig bewickelten Stator auftreten, ist leicht anzugeben, wenn wir uns der Tatsache erinnern, daß in einem Zweiphasensystem das resultierende Drehfeld dieselbe Amplitude wie die Wechselfelder der einzelnen Wicklungen, in einem Dreiphasensystem aber die 1,5fache Amplitude besitzt. Ist sonach in einem zweiphasig und in einem dreiphasig bewickelten Stator die Drahtzahl pro Pol dieselbe, so muß, da im ersteren Falle eine Phase 1,5mal mehr Windungen besitzt, der maximale Kurzschlußstrom sowohl im zwei- als im dreiphasigen Stator dieselbe Höhe erreichen. Ist aber in beiden Fällen die Drahtzahl pro Pol und Phase dieselbe, so wird der maximale Kurzschlußstrom im zweiphasigen Stator seinem absoluten Betrage nach 1,5mal größer. Das Verhältnis zwischen maximalem und stationärem Kurzschlußstrom ist natürlich von der Phasenzahl unabhängig, ebenso das Verhältnis zwischen maximalem Kurzschlußstrom und Volllaststrom. Hier gilt die Gl. 62) ganz allgemein.

Von großem Interesse ist noch das Schicksal des gemeinsamen Feldes während des Verlaufes des plötzlichen Kurzschlusses. Um Auskunft hierüber zu erhalten, nehmen wir im Geiste unsern Beobachtungsstand auf dem Induktor ein, dann scheint der Stator mit der Geschwindigkeit ω an uns vorüberzuziehen. Da wir das gemeinsame Feld am bequemsten an seinen erregenden Amperewindungen messen, bilden wir, um die resultierende Amperewindungsverteilung in der Achse des Induktors zu erhalten, zunächst den Ausdruck:

$$N \cdot (i_3 \cdot \sin\omega \cdot t + i_4 \cdot \cos\omega \cdot t) = -N \cdot \frac{M}{L} \cdot \frac{\dot{i}_e}{\tau} \cdot [\tau + (1-\tau) \cdot e^{-a_i \cdot t} - e^{-a \cdot t} \cdot \cos\omega \cdot t].$$

Diese Statoramperewindungen arbeiten den Amperewindungen des Induktors

$$N_i \cdot i_i = N_i' \cdot \frac{\dot{i}_e}{\tau} \cdot [\tau + (1-\tau) \cdot e^{-a_i \cdot t} - (1-\tau) \cdot e^{-a \cdot t} \cdot \cos\omega \cdot t]$$

entgegen, und indem wir sämtliche Amperewindungen addieren, erhalten wir einen Ausdruck für das an seinen erregenden Amperewindungen gemessene Haupt- oder gemeinsame Feld, nämlich:

$$\sum N \cdot i =$$

$$= N_i \cdot i_e \cdot \left[\frac{\tau_2 + \tau_1 \cdot \tau_2}{\tau_1 + \tau_2 + \tau_1 \cdot \tau_2} \cdot (\tau + (1-\tau) \cdot e^{-a_i \cdot t}) + \frac{\tau_1}{\tau_1 + \tau_2 + \tau_1 \cdot \tau_2} \cdot e^{-a \cdot t} \cdot \cos\omega \cdot t \right]. \quad 125)$$

Aus dieser Gleichung ist nun die Spaltung des Hauptfeldes in zwei Teile mit aller Deutlichkeit zu ersehen, der erste Summand verkörpert das Induktorfeld und der zweite das Statorfeld, das wegen der relativen Bewegung des Stators mit der Geschwindigkeit ω an uns vorüberzuziehen scheint. Wie wir sehen, teilt sich das Hauptfeld im umgekehrten Verhältnis der Streuungskoeffizienten beider Systeme auf, und jeder Anteil für sich verschwindet nach Maßgabe der dem zugehörigen System eigentümlichen Dämpfungskonstante.

Ist der Kurzschluß stationär geworden, so ist das Statorfeld vollkommen und das Induktorfeld zum größten Teil verschwunden und es verbleibt das gemeinsame Feld

$$\sum N \cdot i_{st} = N_i \cdot i_e \cdot \frac{\tau_2 + \tau_1 \cdot \tau_2}{1 + \tau_1 + \tau_2 + \tau_1 \cdot \tau_2} = N_i \cdot i_e \cdot \frac{\tau_2}{1 + \tau_2},$$

das natürlich genau dem Streufelde des Stators entspricht. Nun ist aber im stationären Kurzschluß, wie wir S. 136 sehen werden, im Generator ein gesamtes magnetisches Feld

$$N_i \cdot i_e \cdot \tau = N_i \cdot i_e \cdot \frac{\tau_1 + \tau_2 + \tau_1 \cdot \tau_2}{1 + \tau_1 + \tau_2 + \tau_1 \cdot \tau_2}$$

vorhanden, also muß die Differenz beider,

$$N_i \cdot i_e \cdot \frac{\tau_1}{1 + \tau_1 + \tau_2 + \tau_1 \cdot \tau_2}$$

auf das Streufeld des Induktors entfallen. Wir haben somit ein Verhältnis

$$\frac{\text{Induktor-Streufeld}}{\text{Stator-Streufeld}} = \frac{\tau_1}{\tau_2 + \tau_1 \cdot \tau_2}.$$

Bei den meisten Maschinen ist wegen des im Interesse eines kleinen Spannungsabfalles bei Belastung wesentlich größeren Kupfergewichtes der Erregerwicklung die Dämpfungskonstante a des Statorfeldes vielmals größer als die a_i des Induktorfeldes. Denken wir uns nun in Gl. 125) die Dämpfungskonstante a sehr groß gegenüber a_i, so erhalten wir für $a_i \cdot t = 0$ und $a \cdot t = \infty$:

$$\sum N \cdot i = N_i \cdot i_e \cdot \frac{\tau_2 + \tau_1 \cdot \tau_2}{\tau_1 + \tau_2 + \tau_1 \cdot \tau_2}.$$

Da das Statorfeld verschwunden, sind jetzt Induktor- und gemeinsames Feld ein- und dasselbe, und die eben angeschriebene Gleichung gibt folgerichtig auch die Höhe des Statorstreufeldes an. Für das Induktorstreufeld erhalten wir, wenn wir uns des Verhältnisses beider erinnern, einen Betrag

$$N_i \cdot i_e \cdot \frac{\tau_1}{\tau_1 + \tau_2 + \tau_1 \cdot \tau_2},$$

und die Summe beider Streufelder ergibt das ursprünglich in der Maschine aufgespeicherte magnetische Feld.

Wir sind also zu dem überraschenden Ergebnis gelangt, daß, obwohl das Statorfeld bereits verschwunden ist, die im Generator aufgespeicherte magnetische Energie noch nicht abgenommen hat. Der Stator gibt also die magnetische Energie, die in dem von ihm festgehaltenen Teil des Luftspaltfeldes aufgespeichert war, wieder restlos an den Induktor zurück. Maßgebend für das Verschwinden des magnetischen Feldes, in das im Gegensatz zum gemeinsamen Felde das Induktorstreufeld mit einbegriffen ist, ist also lediglich die Dämpfungskonstante a_i des Induktors.

Im Gegensatz hierzu nimmt das gemeinsame Feld, wie Gl. 125) lehrt, zunächst ziemlich rasch auf einen durch den Streuungskoeffizienten des Stators bestimmten Betrag ab, um weiterhin ebenfalls langsam abzunehmen.

Es läßt sich denken, daß auch beim plötzlichen Kurzschluß der Mehrphasen-Synchronmaschine zwischen den am Induktor und am Stator haftenden Feldanteilen gewaltige Abstoßungskräfte auftreten. Wie wir bereits beim einphasigen Kurzschluß sahen, bleibt auch hier beim Beginn des Kurzschlußvorganges das Stator und Induktor verkettende Hauptfeld zunächst hinter der Polachse zurück, um etwa nach einer Viertelperiode seine größte Nacheilung zu erreichen. In diesem Augenblicke sind die Stator- und Rotoramperewindungen fast reine Gegenamperewindungen, und infolgedessen muß in jenem Augenblicke die Abstoßung zwischen Induktor und Stator ihren größten Betrag erreichen. Wir könnten zur Berechnung der Abstoßungskräfte wieder von dem Zuwachs an potentieller Energie ausgehen, welchen die magnetischen Felder unserer Maschine während der ersten Halbperiode des Kurzschlusses erfahren, doch wollen wir diesmal lieber einen näherliegenden Weg einschlagen.

Das mechanische Drehmoment berechnet sich am einfachsten aus dem Kontraste der Erregeramperewindungen und der Querfeldamperewindungen. Das normale Moment der mit ihrem Vollaststrome $J_{1/_1}$ induktionsfrei belasteten Maschine wäre:

$$D_{\text{norm}} = \text{konst} \times i_i \cdot J_{1/_1} = \text{konst} \times i_e \cdot J_{1/_1 m},$$

da bei $\cos \varphi = 1$ die Statoramperewindungen reine Querfeldamperewindungen sind. In unserem Falle ist dagegen bei Vernachlässigung der zeitlichen Dämpfung:

$$i_i = i_e \cdot \left[\frac{1}{\tau} - \frac{1 - \tau}{\tau} \cdot \cos \omega \cdot t \right],$$

ferner bilden wir, um den Betrag der Querfeldamperewindungen zu erhalten, den Ausdruck:

$$i_3 \cdot \cos(-\omega \cdot t) + i_4 \cdot \sin(-\omega \cdot t) = i_e \cdot \frac{M}{L} \cdot \sin \omega \cdot t = J_{km} \cdot \sin \omega \cdot t,$$

wo J_k den stationären Kurzschlußstrom und J_{km} dessen Scheitelwert bedeutet.

Daraus folgt für das Moment während des Ausgleichsvorganges:

$$D = D_{\text{norm}} \cdot \frac{J_k}{J_{1/1}} \cdot \left[\frac{1}{\tau} \cdot \sin \omega \cdot t - \frac{1-\tau}{2 \cdot \tau} \cdot \sin 2\,\omega \cdot t\right]. \qquad 126)$$

Dieses Moment erreicht ein Maximum, wenn die Gleichung:

$$\cos \omega \cdot t = (1-\tau) \cdot \cos 2\,\omega \cdot t$$

erfüllt ist, d. h. wenn

$$\cos \omega \cdot t = \frac{1}{4 \cdot (1-\tau)} \cdot \left[1 - \sqrt{1 + 8 \cdot (1-\tau)^2}\right] = \sim \frac{1}{2} \cdot \left(1 - \frac{\tau}{3}\right)$$

und

$$\sin \omega \cdot t = \sim \pm \frac{\sqrt{3}}{2} \cdot \left(1 + \frac{\tau}{9}\right).$$

Führt man diese Werte in Gl. 126) ein, so findet man mit guter Annäherung:

$$\frac{D_{\max}}{D_{\text{norm}}} = \pm \frac{J_k}{J_{1/1}} \cdot \frac{3 \cdot \sqrt{3}}{4} \cdot \frac{1 - \frac{\tau}{9}}{\tau}. \qquad 127)$$

Schätzen wir $\frac{J_k}{J_{1/1}} = 3$, so liefert unser Zahlenbeispiel mit $\tau = 0{,}1$ ein Überlastungsverhältnis:

$$\frac{D_{\max}}{D_{\text{norm}}} = 39,$$

und das ist ein ganz gewaltiger Betrag.

Mit dieser Kraft wird also das Polrad eine Viertelperiode nach Eintritt des Kurzschlusses gebremst und eine halbe Periode später wieder vorwärts geschleudert. Nachdem nämlich das Hauptfeld seine größte Nacheilung hinter der Polachse erreicht hat, beginnt es wieder in die Mittellage zu schwingen, die es zur Zeit $\omega \cdot t = \pi$ erreicht, es schwingt über dieselbe hinaus und erreicht zur Zeit $\omega \cdot t = \frac{3}{2} \cdot \pi$ seine größte Voreilung, die ihrem absoluten Betrage nach mit der maximalen Nacheilung zusammenfällt. Die abstoßende Kraft zwischen Induktor und Stator hat jetzt also entgegengesetztes Vorzeichen, der Induktor wird beschleunigt. Nun schwingt das Hauptfeld wieder zurück und erreicht nach einer Periode, vom Beginn des Kurzschlusses an gezählt, wieder seine Mittellage. Nun sind die Streufelder auch wieder verschwunden, und das Hauptfeld besitzt wieder seine alte

Höhe. So würde das Spiel, wenn keine Dämpfung vorhanden wäre, in alle Ewigkeit fortgehen. Unter dem Einfluß der Verluste kommen die Pendelungen des Hauptfeldes im selben Maße zur Ruhe, in welchem das Statorfeld verschwindet, und auch die Höhe des Hauptfeldes nimmt, da seine Energie sich in den Stromwärmeverlusten verzehrt, ständig ab.

Von einer Berechnung des infolge der Verluste auf den Induktor ausgeübten bremsenden Drehmomentes[1]) können wir an dieser Stelle absehen, da der Gang der Rechnung ebenso verläuft und ganz ähnliche Ergebnisse zeitigt wie die beim Kurzschluß der Einphasenmaschine durchgeführte.

25. Der plötzliche einphasige Kurzschluß der Mehrphasen-Synchronmaschine.

Das vorliegende Problem hätte eigentlich schon im V. Kapitel behandelt werden müssen, denn soweit der Verlauf der Ausgleichsströme in Frage kommt, unterscheidet sich die einphasig kurzgeschlossene Mehrphasen-Synchronmaschine in nichts von der dort betrachteten kurzgeschlossenen Einphasen-Synchronmaschine. Das Problem war an sich schon interessant genug. Die einphasig kurzgeschlossene Mehrphasenmaschine bietet jedoch noch besonderes Interesse wegen der Anwesenheit der nicht kurzgeschlossenen Phasen, denn in diesen treten, da auch sie naturgemäß durch die dem Hauptfelde sich überlagernden Wechselfelder induziert werden, sehr bemerkenswerte Überspannungserscheinungen auf.

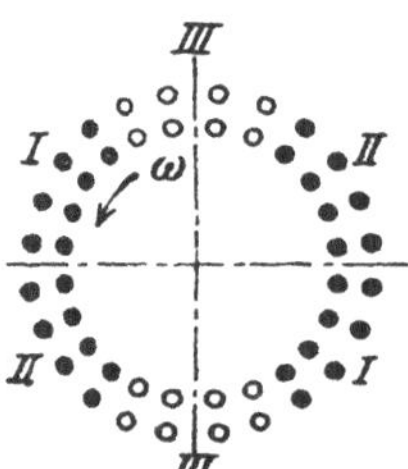

Fig. 76. Wicklungsanordnung des Dreiphasen-Stromerzeugers.

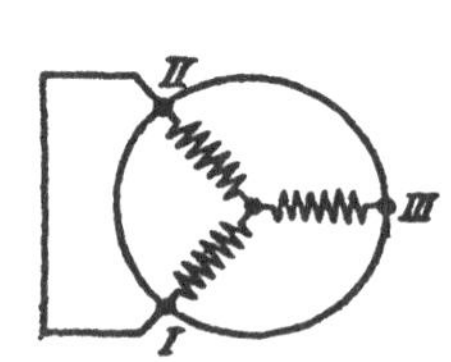

Fig. 77. Schaltung des »einphasigen« Kurzschlusses.

Wir wollen zur Abwechslung einmal eine Dreiphasen-Synchronmaschine betrachten, deren Wicklungsanordnung die Fig. 76 zeigt. Unter einphasigem Kurzschluß verstehen wir Kurzschluß zwischen zwei Phasen, wie dies in der Fig. 77 angedeutet ist.

Ein Blick auf die Fig. 76 lehrt, daß die Wicklungsachse der nicht kurzgeschlossenen Phase III senkrecht auf der resultierenden Wick-

[1]) Die Gl. 66) ergibt genügend genaue Werte, wenn man unter y die halben prozentualen Kupferverluste des Generators im stationären Kurzschluß versteht.

lungsachse der Phasen I und II steht, mithin lautet die Spannungsgleichung der Phase III:

$$-e_3 = r_3 \cdot i_3 + L_3 \cdot \frac{d i_3}{dt} + M_3 \cdot \frac{d i_l \cdot \cos\left(\omega \cdot t + \frac{\pi}{2}\right)}{dt}. \qquad 128)$$

In dieser Gleichung bedeuten e_3 die Klemmenspannung der Phase III, i_3 den der Phase III entnommenen Strom, r_3, L_3 und M_3 Ohmschen Widerstand, Selbstinduktionskoeffizienten und Koeffizienten der gegenseitigen Induktion der Phase III bzw. zwischen Phase III und Erregerwicklung.

Für den in der Erregerwicklung fließenden Kurzschlußstrom hatten wir gefunden:

$$i_l = \frac{i_e}{2} \cdot \left[\begin{array}{l} \dfrac{\sqrt{\sigma^2 - 1} + \left(\sigma - \sqrt{\sigma^2 - 1}\right) \cdot e^{-a_1 \cdot t} + \cos\alpha \cdot e^{-a_2 \cdot t}}{\sigma + \cos(\omega \cdot t + \alpha)} + \\ + \dfrac{\sqrt{\sigma^2 - 1} + \left(\sigma - \sqrt{\sigma^2 - 1}\right) \cdot e^{-a_1 \cdot t} - \cos\alpha \cdot e^{-a_2 \cdot t}}{\sigma - \cos(\omega \cdot t + \alpha)} \end{array}\right]. \qquad 129)$$

Hierin ist σ der durch die Gl. 51b) definierte reziproke Kopplungsfaktor zwischen der Erregerwicklung und zwei in Reihe geschalteten Statorphasen.

Setzen wir der Einfachheit halber voraus, daß der Phase III kein Strom entnommen wird, so erhalten wir durch Einsetzen des Wertes für i_l in die Gl. 128) folgenden Ausdruck für den Verlauf der Spannung an der Phase III:

$$e_3 = \frac{i_e \cdot M_3 \cdot \omega}{2} \cdot \left[\begin{array}{l} \dfrac{\sigma \cdot \cos(\omega \cdot t + \alpha) + 1}{(\sigma + \cos(\omega \cdot t + \alpha))^2} \cdot \left(\sqrt{\sigma^2 - 1} + \left(\sigma - \sqrt{\sigma^2 - 1}\right) \cdot e^{-a_1 \cdot t} + \cos\alpha \cdot e^{-a_2 \cdot t}\right) + \\ + \dfrac{\sigma \cdot \cos(\omega \cdot t + \alpha) - 1}{(\sigma - \cos(\omega \cdot t + \alpha))^2} \cdot \left(\sqrt{\sigma^2 - 1} + \left(\sigma - \sqrt{\sigma^2 - 1}\right) \cdot e^{-a_1 \cdot t} - \cos\alpha \cdot e^{-a_2 \cdot t}\right) \end{array}\right]. \qquad 130)$$

Ist der Kurzschluß stationär geworden, sind also sämtliche Ausgleichsvorgänge abgelaufen, so ergibt die eben angeschriebene Gleichung:

$$e_{3\,st} = \frac{i_e \cdot M_3 \cdot \omega}{2} \cdot \sqrt{\sigma^2 - 1} \cdot \left[\frac{\sigma \cdot \cos(\omega \cdot t + \alpha) + 1}{(\sigma + \cos(\omega \cdot t + \alpha))^2} + \frac{\sigma \cdot \cos(\omega \cdot t + \alpha) - 1}{(\sigma - \cos(\omega \cdot t + \alpha))^2}\right]. \qquad 131)$$

Die Fig. 78 und 79 zeigen die Auswertung dieser Gleichung für $\sigma = 1{,}25$ und $\sigma = 1{,}03$, der Verlauf der normalen Spannungskurve ist gestrichelt eingezeichnet. Man sieht, von der Grundwelle ist nicht viel übrig geblieben, die Oberwellen beherrschen das Bild der Spannungskurve vollständig. Es ist ferner bemerkenswert, daß die Spannung der offenen Phase bereits im stationären einphasigen Kurzschluß ganz ähnliche Überschreitungen des normalen Wertes zeigt, wie wir sie beim stationären Kurzschlußstrom kennen lernten, und diese

Spannungserhöhung der dritten, leerlaufenden Phase wird um so erheblicher, je kleiner die Streuung des Stromerzeugers ist. Der Maximalwert der stationären Überspannung ist:

$$e_{3\,\mathrm{st\,max}} = \frac{1}{2} \cdot i_e \cdot M_3 \cdot \omega \cdot \left[\sqrt{\frac{\sigma+1}{\sigma-1}} + \sqrt{\frac{\sigma-1}{\sigma+1}}\right] = \sim \frac{1}{2} \cdot i_e \cdot M_3 \cdot \omega \cdot \sqrt{\frac{1+\sqrt{1-\tau}}{1-\sqrt{1-\tau}}}, \qquad 132)$$

und ihr Effektivwert:

$$e_{3\,\mathrm{st\,eff}} = \frac{1}{\sqrt{2}} \cdot i_e \cdot M_3 \cdot \omega \cdot \sqrt[4]{\frac{1}{\tau}}, \qquad 133)$$

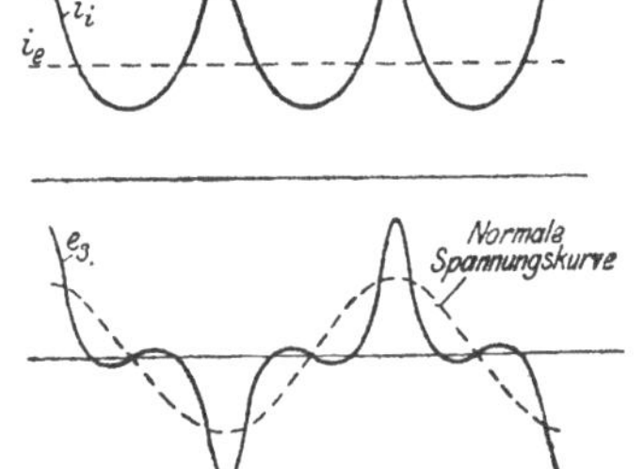

Fig. 78. Spannungskurve der dritten, offenen Phase eines Stromerzeugers mit 55 % Gesamtstreuung.

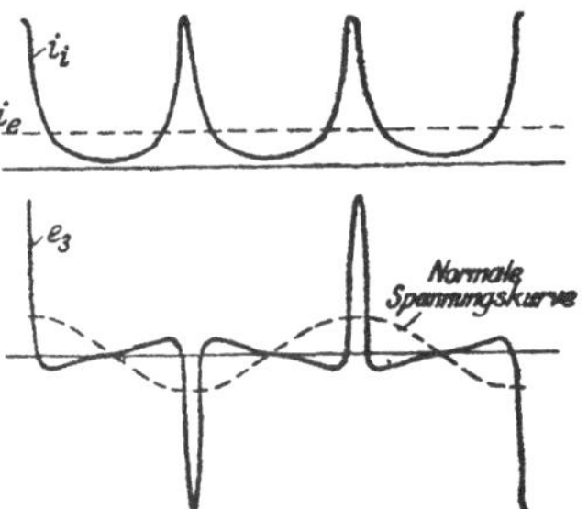

Fig. 79. Spannungskurve der dritten, offenen Phase eines Stromerzeugers mit 6 % Gesamtstreuung.

wo $i_e \cdot M_3 \cdot \omega$ die Amplitude der normalen Phasenspannung ist. Wir haben also dasselbe Verhältnis zwischen normaler Spannung und Überspannung bzw. deren Effektivwert, das wir beim Erregerstrom kennen lernten, und die Schaulinien der Fig. 45 gelten sinngemäß auch hier. Bei der streuungs- und widerstandslosen Maschine werden die Spannungsspitzen unendlich hoch, und es ergibt sich für diesen Fall das typische Bild der Fig. 80.

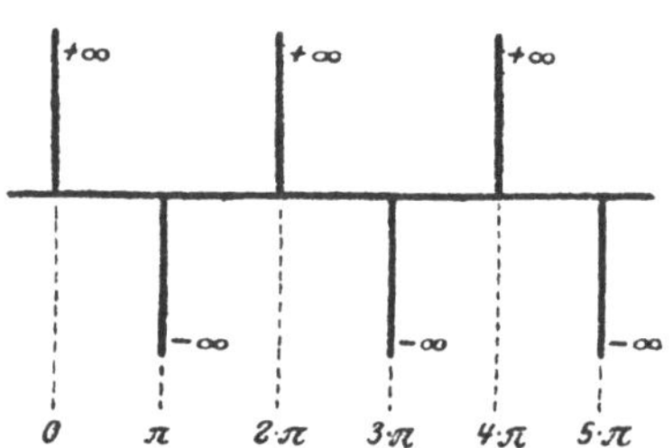

Fig. 80. Spannungskurve der dritten, offenen Phase der streuungs- und widerstandslosen Maschine.

In Fig. 81 ist der aus Gl. 130) für $\alpha = 0$ und $\sigma = 1{,}1$ berechnete Verlauf der Spannung e_3 während des plötzlichen Kurzschlusses dargestellt. Die Spannung verhält sich, abgesehen von der veränderten Kurvenform, ganz ähnlich wie der Statorstrom. Die höchste Spannung tritt dann auf, wenn die Phasen I und II in dem Augenblick kurzgeschlossen werden, in welchem ihre Spannung gerade ihren Nullwert passiert ($\alpha = 0$). Wird der Kurzschluß eine halbe Periode später eingeleitet, so wird die höchste, in der Phase III induzierte Überspannung nur halb so hoch. Der im ungünstigsten Falle mögliche maximale Wert ist:

$$e_{3\,\max} = i_e \cdot M_3 \cdot \omega \cdot \frac{\sigma^2 + 1}{\sigma^2 - 1} = i_e \cdot M_3 \cdot \omega \cdot \left(\frac{2}{\tau} - 1\right), \qquad 134)$$

es ist derselbe relative Wert, den wir für den Erregerstrom fanden. Das ist ein ganz ungeheurer Betrag, und es ist als ein wahres Glück zu bezeichnen, daß der Elektrotechniker niemals auf den Gedanken gekommen ist, auch die Induktoren der Synchronmaschinen aus Eisenblechen aufzubauen. Unter dem Einfluß der im massiven Induktoreisen induzierten Wirbelströme werden diese Überspannungen, wie wir noch sehen werden, zum größten Teil unterdrückt.

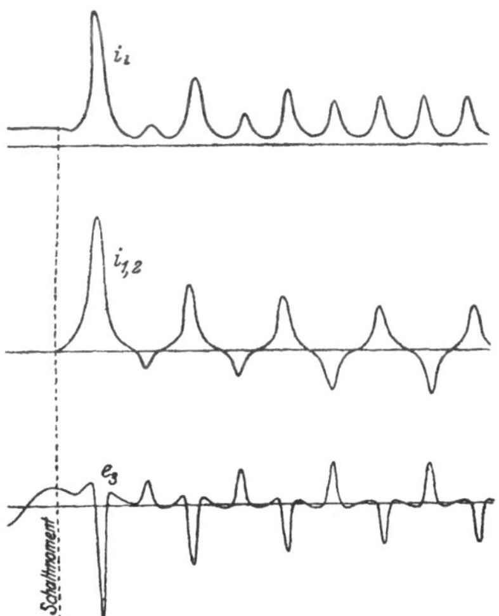

Fig. 81. Verlauf des plötzlichen einphasigen Kurzschlusses einer Dreiphasenmaschine.

Wir haben im vorhergehenden stillschweigend Sternschaltung des Stators vorausgesetzt. Der in Dreieck geschaltete Stromerzeuger verhält sich ganz ähnlich; die beiden nicht direkt kurzgeschlossenen Phasen sind als parallel geschaltet zu betrachten, und ihre resultierende Wicklungsachse steht senkrecht auf der Achse der kurzgeschlossenen Phase. Die Erscheinungen bleiben qualitativ und quantitativ dieselben. Daß der Zweiphasengenerator sich genau wie der Dreiphasengenerator verhält, braucht wohl nicht erst erwähnt zu werden.

Die Fig. 82 und 83 zeigen zwei an unserer, im 13. Abschnitt beschriebenen Versuchsmaschine aufgenommene Oszillogramme. Oszillogramm 82 enthält die Spannung an der dritten offenen Phase im stationären, Oszillogramm 83 im plötzlichen Kurzschluß. Die Übereinstimmung mit der Theorie ist eine vollkommene, bei einem Vergleich der Fig. 81 und 83 ist lediglich zn berücksichtigen, daß im ersteren Falle die Dämpfung viel stärker ist.

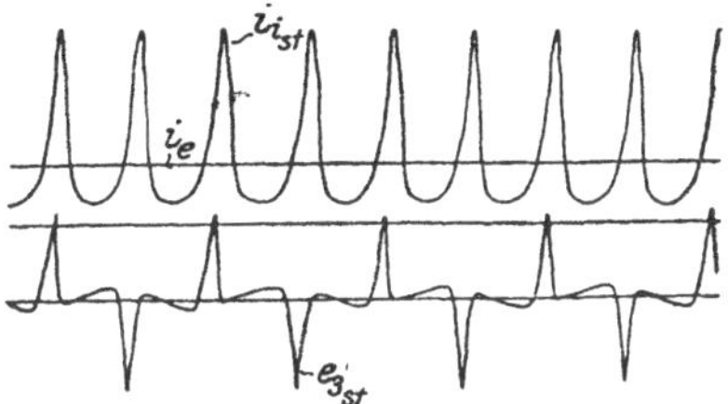

Fig. 82. Stationärer Verlauf der Spannung an der dritten offenen Phase der Versuchsmaschine.

Die Oszillogramme zeigten, daß das entgegen unserer Annahme massive Eisen des Induktors den Verlauf der Überströme kaum beeinflußt, und wir konnten deshalb die an unserer idealisierten Maschine gewonnenen Ergebnisse ohne weiteres auf die Praxis übertragen. Dies trifft nun beim einphasigen Kurzschluß in bezug auf die Spannungsverhältnisse der nicht kurzgeschlossenen Phase glücklicherweise nicht zu. Es zeigt sich vielmehr, daß die im massiven Eisen auftretenden Wirbelströme genügen, um die Spannungsschwingungen an

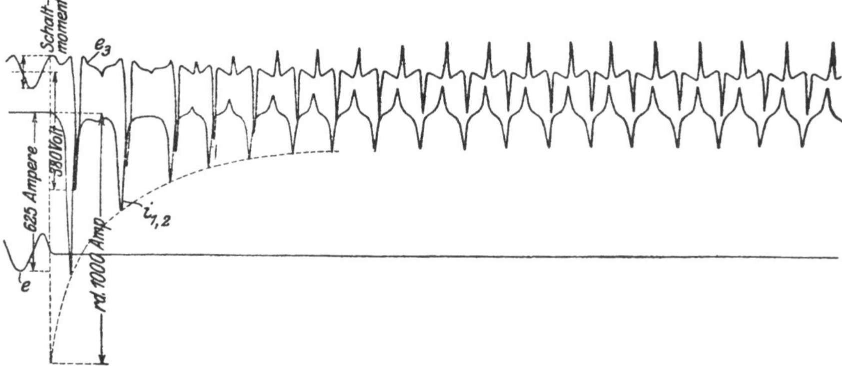

Fig. 83. Spannung an der offenen Phase der Versuchsmaschine beim plötzlichen einphasigen Kurzschluß. ($\alpha = 0$.)

der offenen Phase fast vollkommen zu unterdrücken. Oszillogramm 84 läßt dies deutlich erkennen. Es zeigt den Statorstrom und die Spannung an der nicht kurzgeschlossenen Phase beim plötzlichen einphasigen Kurzschluß einer Dreiphasenturbodynamo von 5000 kVA, 6000 Volt, 1500 Umdrehungen pro Minute und 50 Perioden. Die Spannungskurve zeigt lediglich eine stark ausgeprägte dritte Harmonische, ihre Höhe steigt nicht über den 1,7 fachen Betrag der verketteten Spannung, d. i. der dreifache Wert der Phasenspannung.

Gefährliche Überspannungen können jedoch dann auftreten, wenn der betreffende Stromerzeuger auf ein Kabel- oder größeres Freileitungsnetz arbeitet, also kapazitiv belastet ist. Hier können die Verhältnisse gerade so liegen, daß der aus der Kapazität und aus der Streuinduktivität der nicht kurzgeschlossenen Statorphase bestehende Schwingungskreis eine Eigenschwingungszahl besitzt, die angenähert z. B. die dreifache normale Periodenzahl des Stromerzeugers ergibt. Der Schwingungskreis befindet sich in Resonanz mit der dritten Harmonischen der nicht kurzgeschlossenen Statorphase und die sich einstellende Resonanzüberspannung besitzt, wenn nicht ein vorzüglicher Dämpferkäfig vorhanden ist, mit Leichtigkeit die drei- bis fünffache Höhe der normalen Maschinenspannung trotz der großen

Wirbelstromverluste im massiven Eisenkörper des Induktors. Auch der Fall, in dem Resonanz mit der fünften Harmonischen der Statorspannung eintritt, besitzt noch große praktische Bedeutung. Oszillogramm 85, welches die Spannung an der nicht kurzgeschlossenen Phase desselben Turbogenerators zeigt, wenn er auf ein längeres Kabel arbeitet, läßt die stark herausgearbeitete dritte Harmonische deutlich erkennen.

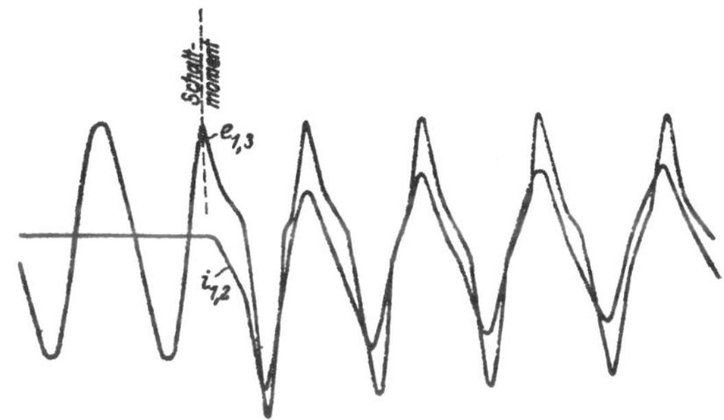

Fig. 84. Spannung an der offenen Phase beim plötzlichen einphasigen Kurzschluß eines Turbogenerators von 5000 kW.

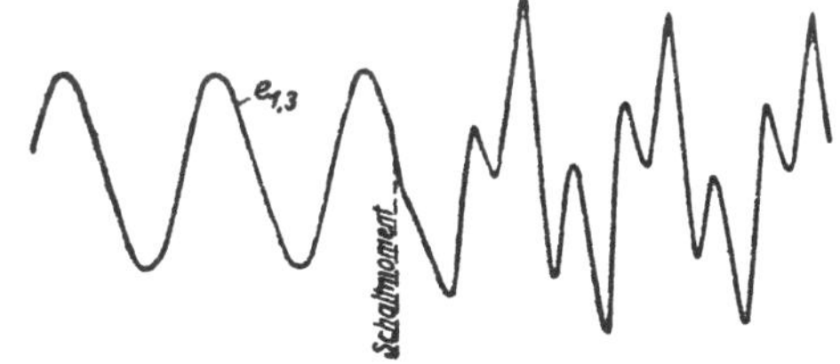

Fig. 85. Verlauf der Spannung, wenn der Generator auf ein Kabelnetz arbeitet.

Man wird sich fragen, welcher Kurzschluß, soweit die Überströme in Frage kommen, für einen Drehstromgenerator der gefährlichere ist, der einphasige oder der dreiphasige. Soweit unsere bisherigen Entwicklungen erkennen lassen, haben Stator und Induktor in beiden Fällen denselben Amperewindungsstoß aufzubringen, denn es ist in beiden Fällen dasselbe Feld, welches in Freiheit gesetzt wird. In der Erregerwicklung sind also beim ein- und dreiphasigen Kurzschluß dieselben Überströme zu erwarten. Anders verhält sich die Statorwicklung; denn die Gesamtamperewindungen verteilen sich in beiden Fällen verschieden auf die einzelnen Phasen. Beim einphasigen Kurzschluß (zwischen zwei Außenleitern!), waren zwei Statorphasen in Reihe geschaltet und sie führten also beide denselben Strom. Beim dreiphasigen Kurzschluß führt jene Phase, in welcher sich der größte Stromstoß ausbildet, zu jener Zeit einen doppelt so großen Strom als jede einzelne der beiden andern; auf diese entfallen also $^2/_3$ der gesamten Amperewindungen. Dagegen entfällt beim Kurzschluß zwischen zwei Außenleitern auf eine Phase $\frac{1}{\sqrt{3}}$ der gesamten Amperewindungen. Zwischen den Stromspitzen beim ein- und beim dreiphasigen Kurzschluß besteht somit die Beziehung:

$$(i_{\max})_{II} = \frac{\sqrt{3}}{2} \cdot (i_{\max})_{III}\,, \tag{135a}$$

der maximale Stromstoß liegt also beim dreiphasigen Kurzschluß um 15% höher als beim Kurzschluß zwischen zwei Außenleitern.

Etwas anders liegen die Verhältnisse, wenn der einphasige Kurzschluß nicht zwischen zwei Außenleitern, sondern zwischen einem Außenleiter und dem Nullpunkt eingeleitet wird. In diesem Falle hat eine Phase den gesamten Amperewindungsstoß aufzubringen, und wir können schreiben:

$$(i_{\max})_{I} = 1{,}5 \cdot (i_{\max})_{III}\,, \tag{135b}$$

die Stromspitze liegt also um 50% höher als beim dreiphasigen Kurzschluß.

Bei einer in Dreieck geschalteten Dreiphasenmaschine treten beim ein- und beim dreiphasigen Kurzschluß in der am ungünstigsten beanspruchten Phase dieselben Überströme auf, für die in den Außenleitern auftretenden Stromstöße gilt dagegen die Beziehung 135).

Die eben gepflogenen Erörterungen setzen allerdings voraus, daß die Streuungsverhältnisse beim ein- und beim dreiphasigen Kurzschluß die gleichen sind. Das ist nach den an unserer asynchronen Versuchsmaschine vorgenommenen Messungen nicht der Fall, vielmehr ergaben diese für die dreiphasige kurzgeschlossene Maschine einen um annähernd 15% größeren totalen Streuungskoeffizienten. Wegen der gegenseitigen Induzierung der Statorphasen ist dieses Ergebnis auch sehr erklärlich. In Wirklichkeit wären also für Kurzschluß zwischen zwei Außenleitern und dreiphasigem Kurzschluß dieselben Überströme zu erwarten.

Für den Effektivwert des stationären einphasigen Kurzschlußstromes fanden wir:

$$(i_{st\,eff})_{I} = \frac{i_e}{\sqrt{2}} \cdot \frac{M}{L} \cdot \sqrt[4]{\frac{1}{\tau}}\,, \tag{136a}$$

hingegen müssen wir für Kurzschluß zwischen zwei Außenphasen schreiben:

$$(i_{st\,eff})_{II} = \frac{i_e}{\sqrt{2}} \cdot \frac{M}{\sqrt{3} \cdot L} \cdot \sqrt[4]{\frac{1}{\tau}}\,. \tag{136b}$$

Beim dreiphasigen Kurzschluß gilt bekanntlich:

$$(i_{st\,eff})_{III} = \frac{i_e}{\sqrt{2}} \cdot \frac{M}{1{,}5 \cdot L}\,. \tag{136c}$$

In allen drei Gleichungen beziehen sich M und L auf eine Statorphase. Beispielsweise ist bei einem Generator mit 10% Gesamtstreuung der effektive stationäre Kurzschlußstrom bei Kurzschluß zwischen zwei Phasen 1,5 mal, bei Kurzschluß an einer Phase aber 2,6 mal größer als bei dreiphasigem Kurzschluß.

26. Der plötzliche einphasige Kurzschluß der Mehrphasen-Synchronmaschine mit einer vollkommenen Dämpferwicklung auf dem Induktor.

Die beim einphasigen Kurzschluß der Drehstrom-Synchronmaschine an der offenen Phase auftretenden Überspannungserscheinungen lassen sich vollkommen unterdrücken, wenn man auf dem Induktor nach Fig. 68 eine Dämpferwicklung aufbringt, die dasselbe Kupfergewicht wie die Erregerwicklung besitzt.

Betrachten wir zunächst einmal den stationären Kurzschluß. Der dem Stator entnommene Einphasenstrom erzeugt ein Wechselfeld, das wir uns wieder in zwei gegenläufige Drehfelder je halber Amplitude und der synchronen Winkelgeschwindigkeit zerlegt denken. Eins von diesen steht relativ zum Induktor still und hat entgegengesetzte Richtung wie das von ihm ausgesandte Feld, vernichtet es also teilweise, das andere schneidet den Induktor mit der doppelten Synchrongeschwindigkeit. Dieser kann jedoch jetzt wegen seiner zweiphasigen Bewicklung mit einem ebenso schnell umlaufenden und entgegengesetzt gerichteten Drehfelde antworten, welches jede weitere Wirkung des inversen Drehfeldes aufhebt, und damit ist der Kreis von Aktion und Reaktion geschlossen. Im Stator fließt nur ein Wechselstrom der Synchronfrequenz, in Erreger- und Dämpferwicklung als Träger des gegenläufigen Feldes je ein Wechselstrom der doppelten Synchronfrequenz mit einer gegenseitigen Phasenverschiebung von 90°. Auch über die Amplituden der einzelnen Ströme erhalten wir leicht Aufschluß. Stellen wir uns die Maschine zunächst widerstands- und streuungslos vor, so muß im stationären Kurzschluß das gemeinsame Feld Null sein. Das eine der beiden gegenläufigen, synchron mit dem Induktor umlaufenden Drehfelder muß also dieselbe Höhe wie das ursprüngliche gemeinsame Feld besitzen, und da die zwei gegenläufigen Drehfelder gleich groß sind, besitzt das Wechselfeld des Stators die doppelte Amplitude des ursprünglichen Erregerfeldes. Somit ist, abgesehen von der Windungszahl, die Amplitude des Statorstromes gleich dem doppelten Erregerstrom i_e, während der dem Erregerstrom übergelagerte und der in der Dämpferwicklung fließende Wechselstrom der doppelten Frequenz nur eine Amplitude von der Höhe des Erregerstromes i_e erreichen. Berücksichtigen wir nun noch den Einfluß der Streuung, so gelangen wir zu den bekannten Gleichungen für die während des stationären Kurzschlusses in Erreger-, Dämpfer- und Statorwicklung fließenden Ströme:

$$\left.\begin{aligned} i_i &= i_e \cdot \left[1 + \frac{1-\tau}{1+\tau} \cdot \cos 2 \cdot \omega \cdot t\right], \\ i_d &= i_e \cdot \frac{1-\tau}{1+\tau} \cdot \sin 2 \cdot \omega \cdot t, \\ i_{1,2} &= -\frac{M}{L} \cdot i_e \cdot \frac{2}{1+\tau} \cdot \cos \omega \cdot t. \end{aligned}\right\} \qquad 137)$$

Dieselben Überlegungen, die für den Statorstrom angestellt wurden, gelten natürlich auch für die in der dritten offenen Statorphase induzierte Spannung, auch diese kann keine Oberschwingungen enthalten, sondern behält während des einphasigen Kurzschlusses ihre Sinusform unverändert bei. Ihre Amplitude ist kleiner als im Leerlauf, entsprechend der geringeren Höhe des im stationären Kurzschluß noch vorhandenen gemeinsamen Feldes. Sämtliche Oberschwingungen sind also durch die zweite Induktorwicklung hinweggedämpft.

Die Gl. 121), die wir für die allphasig kurzgeschlossene Zweiphasen-Synchronmaschine aufgestellt hatten, gelten auch im vorliegenden Falle, nur haben Stator und Induktor die Rollen getauscht. Denn wir ordnen diesmal dem Induktor eine symmetrische Zweiphasenwicklung zu, während der Stator nur eine kurzgeschlossene Phase besitzt. Wir brauchen daher die Gl. 121) nur den neuen Bezeichnungen anzupassen und können schreiben:

$$\left.\begin{aligned} i_{if} &= A_1 \cdot e^{-a_i \cdot t} \cdot \left(\frac{1+\tau}{2} \cdot \cos q \cdot t + \frac{1-\tau}{2} \cdot \cos(2\,\omega - q) \cdot t\right) + \frac{M}{L_i} \cdot A_2 \cdot e^{-a \cdot t} \cdot \cos \omega \cdot t, \\ i_{df} &= A_1 \cdot e^{-a_i \cdot t} \cdot \left(\frac{1+\tau}{2} \cdot \sin q \cdot t + \frac{1-\tau}{2} \cdot \sin(2 \cdot \omega - q) \cdot t\right) + \frac{M}{L_i} \cdot A_2 \cdot e^{-a \cdot t} \cdot \sin \omega \cdot t, \\ i_{1,2f} &= -\frac{M}{L} \cdot A_1 \cdot e^{-a_i \cdot t} \cdot \cos(\omega - q) \cdot t - A_2 \cdot e^{-a \cdot t}. \end{aligned}\right\} \qquad 138)$$

Ferner ist wieder:

$$\left.\begin{aligned} a &= \frac{r}{L \cdot \tau}, \\ a_i &= \frac{r_i}{2 \cdot L_i \cdot \tau} + \frac{r_i}{2 \cdot L_i}, \\ q_i &= \frac{\omega}{2} \cdot \left(\frac{r}{\omega \cdot L \cdot \tau} + \frac{r_i}{2 \cdot \omega \cdot L_i} \cdot \frac{1-\tau}{\tau}\right)^2. \end{aligned}\right\} \qquad 139)$$

Der Index i bezieht sich wie früher auf den Induktor, während die auf den Stator bezüglichen Größen ohne Index angeschrieben wurden.

Der Verlauf des Ausgleichsvorganges ist, wie wir schon früher sahen, beim einphasigen Kurzschluß stark vom Einschaltmoment abhängig, den wir daher bei der Aufstellung der Anfangsbedingungen zu berücksichtigen gezwungen sind. Nehmen wir der Einfachheit halber wieder an, daß der plötzliche Kurzschluß sich direkt an den

Leerlaufzustand des Stromerzeugers anschließt, so ist im Moment des Kurzschlusses:

$$\left.\begin{array}{l} i_{1,2} = i_d = 0 \\ i_i = i_e \end{array}\right\} \text{ für } \omega \cdot t = \alpha.$$

Für stationär gewordenen Zustand ist:

$$i_{1,2} = -i_e \cdot \frac{M}{L} \cdot \frac{2}{1+\tau} \cdot \cos\alpha,$$

$$i_d = i_e \cdot \left(1 + \frac{1-\tau}{1+\tau} \cdot \sin 2\alpha\right),$$

$$i_i = i_e \cdot \left(1 + \frac{1-\tau}{1+\tau} \cdot \cos 2\alpha\right),$$

und somit ergeben sich die Anfangsbedingungen für die freien Schwingungen zu:

$$\left.\begin{array}{l} i_{if} = -i_e \cdot \dfrac{1-\tau}{1+\tau} \cdot \cos 2\alpha, \\ i_{df} = -i_e \cdot \left(1 + \dfrac{1-\tau}{1+\tau} \cdot \sin 2\alpha\right), \\ i_{1,2f} = i_e \cdot \dfrac{M}{L} \cdot \dfrac{2}{1+\tau} \cdot \cos\alpha. \end{array}\right\} \qquad 140)$$

Zur Bestimmung der Integrationskonstanten A_1 und A_2 benötigen wir natürlich nur zwei dieser Gleichungen, etwa die erste und die dritte und indem wir die Anfangsbedingungen in die Gl. 138) einführen, ergeben diese:

$$A_1 = \frac{i_e}{\tau} \cdot \frac{1-\tau}{1+\tau},$$

$$A_2 = -\frac{M}{L} \cdot \frac{i_e}{\tau} \cdot \cos\alpha$$

und wir können damit die vollständigen, den Verlauf des plötzlichen Kurzschlusses unserer Maschine beschreibenden Gleichungen folgendermaßen schreiben:

$$\left.\begin{array}{l} i_i = i_e \cdot \left(1 + \dfrac{1-\tau}{1+\tau} \cdot \cos 2 \cdot (\omega \cdot t + \alpha)\right) + \dfrac{i_e}{\tau} \cdot \\ \cdot \left[\left(\dfrac{1-\tau}{2} \cdot \cos q \cdot t + \dfrac{(1-\tau)^2}{2 \cdot (1+\tau)} \cdot \cos((2\omega - q) \cdot t + 2\alpha)\right) \cdot e^{-a_i \cdot t} - (1-\tau) \cdot \cos\alpha \cdot e^{-a \cdot t} \cdot \cos(\omega \cdot t + \alpha)\right], \\ i_d = i_e \cdot \dfrac{1-\tau}{1+\tau} \cdot \sin 2(\omega \cdot t + \alpha) + \dfrac{i_e}{\tau} \cdot \\ \cdot \left[\left(\dfrac{1-\tau}{2} \cdot \sin q \cdot t + \dfrac{(1-\tau)^2}{2 \cdot (1+\tau)} \sin((2\omega - q) \cdot t + 2 \cdot \alpha)\right) \cdot e^{-a_i \cdot t} - (1-\tau) \cdot \cos\alpha \cdot e^{-a \cdot t} \cdot \sin(\omega \cdot t + \alpha)\right], \\ i_{1,2} = -\dfrac{M}{L} \cdot i_e \cdot \dfrac{2}{1+\tau} \cdot \cos(\omega \cdot t + \alpha) + \dfrac{M}{L} \cdot \dfrac{i_e}{\tau} \cdot \left[\cos\alpha \cdot e^{-a \cdot t} - \dfrac{1-\tau}{1+\tau} \cdot e^{-a_i \cdot t} \cdot \cos((\omega - q) \cdot t + \alpha)\right]. \end{array}\right\} \quad 141)$$

Die Fig. 86 und 87 zeigen den mit Hilfe dieser Gleichungen gezeichneten Verlauf des plötzlichen Kurzschlusses eines Generators mit rund 30% Gesamtstreuung, die Figuren greifen die beiden Extremwerte $\alpha = 0$ und $\alpha = \frac{\pi}{2}$, zwischen welchen sich der Einschaltwinkel bewegen kann, heraus. Die Figuren zeigen in ihren Grundzügen dieselben Vorgänge, die wir beim plötzlichen einphasigen Kurzschluß der Synchronmaschine ohne Dämpferwicklung kennen lernten, nur sind sämtliche Oberschwingungen mit Ausnahme der zweifachen Frequenz verschwunden und insbesondere besitzt der Statorstrom reinen Sinuscharakter.

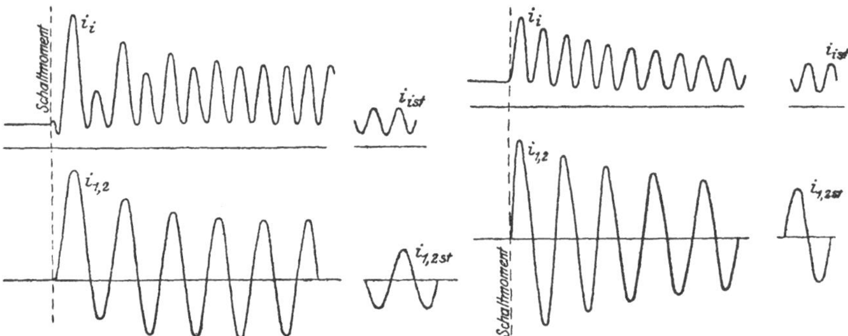

Fig. 86. Plötzlicher einphasiger Kurzschluß eines Stromerzeugers mit Querfelddämpfung. ($\alpha = 0$.)

Fig. 87. Plötzlicher einphasiger Kurzschluß eines Stromerzeugers mit Querfelddämpfung. $\left(\alpha = \frac{\pi}{2}.\right)$

Die uns vor allem interessierenden Höchstwerte des Erreger- und Statorstromes sind wieder:

$$\left.\begin{aligned} i_{i\max} &= i_e \cdot \left(\frac{2}{\tau} - 1\right), \\ i_{1,2\max} &= i_e \cdot \frac{M}{L} \cdot \frac{2}{\tau}, \end{aligned}\right\} \tag{142}$$

die Dämpferwicklung vermag also auch hier die maximalen Stromstöße nicht ohne weiteres zu reduzieren, sie erhöht aber, wenn wir uns die bezüglichen Dämpfungsexponenten (Gl. 55) und 139)) ansehen, die zeitliche Dämpfung ganz erheblich. In diesem Sinne vermag also die Dämpferwicklung die Kurzschlußströme doch zu erniedrigen, besonders dann, wenn die Ohmschen Widerstände im Vergleich zur Streureaktanz nicht allzu klein sind.

Der Effektivwert des stationären Erregerstromes ergibt sich zu

$$i_{ist\,\mathrm{eff}} = i_e \cdot \sqrt{1 + \frac{1}{2} \cdot \left(\frac{1 - \tau}{1 + \tau}\right)^2}, \tag{143}$$

er ist also wesentlich kleiner als bei der Synchronmaschine ohne Dämpferwicklung; überhaupt fallen hier im stationären Kurzschluß die Stromspitzen, die bei geringer Streuung ganz erhebliche Werte annehmen, fast vollständig weg.

Fig. 88 zeigt ein Oszillogramm des plötzlichen einphasigen Kurzschlusses eines Turbogenerators von 7000 kW, 6000 Volt, 50 ∼, 1500 Umdr./Min. Der Statorstrom besitzt dank der dämpfenden Wirkung der an ihren Enden durch Ringe verbundenen Nutenverschlußkeile reinen Sinuscharakter, und auch der Erregerstrom ist in interessanter Weise umgebildet worden, die zweifache Frequenz vermag sich nur schwer herauszuarbeiten. Dies erklärt sich dadurch, daß der Dämpferkäfig die Abwehr des inversen Drehfeldes fast ganz allein übernimmt.

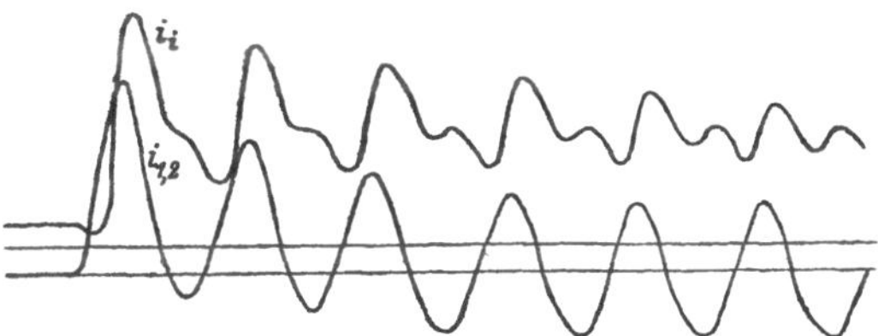

Fig. 88. Plötzlicher einphasiger Kurzschluß eines Turbogenerators von 7000 kW.

Bei den meisten praktisch ausgeführten Maschinen, besonders solchen mit ausgeprägten Polen, ist das Kupfergewicht der Dämpferwicklung ganz erheblich geringer als das der Erregerwicklung, so daß die Voraussetzungen unserer Theorie bei diesen nicht erfüllt sind. Nun bereitet aber der einphasige Kurzschluß einer Maschine mit unsymmetrisch bewickeltem Induktor der mathematischen Behandlung große Schwierigkeiten, so daß wir diesen Fall lieber experimentell untersuchen wollen. Zu diesem Zwecke wurde bei der Seite 62 ff. beschriebenen asynchronen Versuchsmaschine durch Kurzschließen der dritten, bisher toten Induktorphase eine Querfelddämpfung geschaffen. Diese Dämpferwicklung besitzt nicht nur das halbe Kupfergewicht wie die Erregerwicklung, sondern sie erstreckt sich auch räumlich am Induktorumfang nur halb so weit als diese. Die Oszillogramme 89 und 90 zeigen nun, daß diese Dämpferwicklung die Eigentümlichkeiten des einphasigen Kurzschlusses der Maschine ohne Querfelddämpfung nicht zu verwischen, sondern nur abzuschwächen vermochte. Man bemerkt vor allem die stärkere Dämpfung, unter deren Einfluß die Stromstöße im Anker stärker reduziert wurden, als eigentlich zu erwarten war.

Bei Aufnahme des Oszillogramms 91 war der Dämpferwicklung der 50fache Eigenwiderstand vorgeschaltet worden, und man sieht, daß diese Maßnahme eine vorzügliche Schutzwirkung ergab. Obwohl das Oszillogramm einem recht ungünstigen Schaltmoment angehört, zeigt es sehr niedrige Kurzschlußströme. Auch sind die im stationären Kurzschluß sonst vorhandenen Stromspitzen im Anker- und im Erregerstrom zum größten Teil unterdrückt worden, wie denn überhaupt deren Kurvenform in interessanter Weise umgebildet wurde.

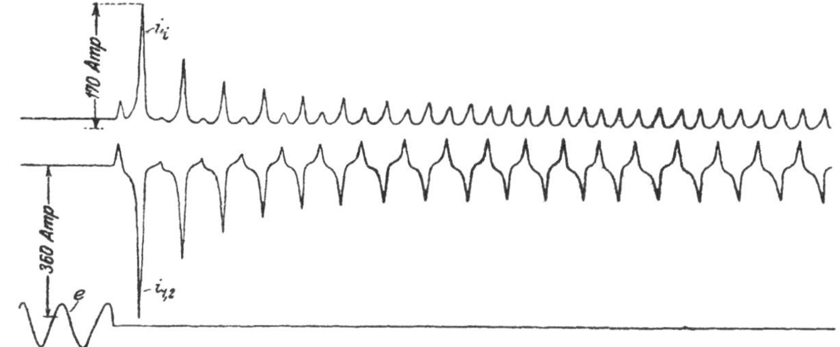

Fig. 89. Plötzlicher einphasiger Kurzschluß der mit einer unvollkommenen Dämpferwicklung ausgestatteten Versuchsmaschine.

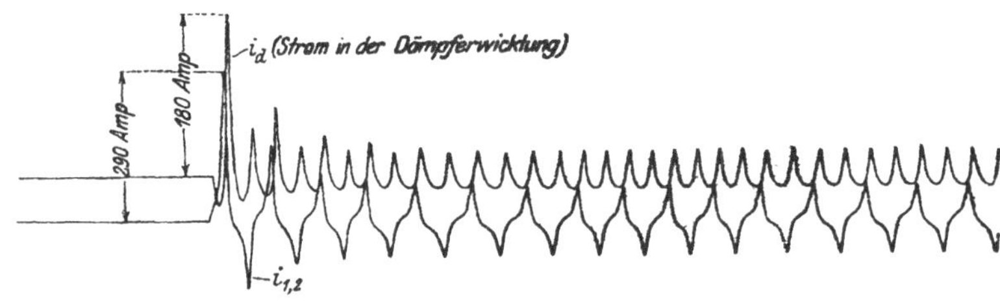

Fig. 90. Verlauf des Stromes in der Dämpferwicklung.

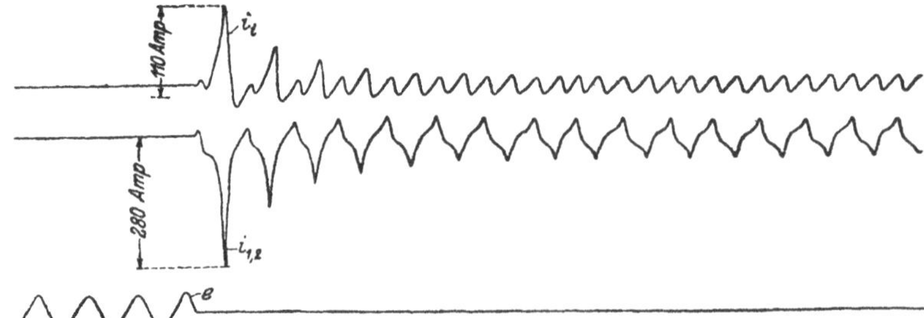

Fig. 91. Der Dämpferwicklung ist der 50fache Eigenwiderstand vorgeschaltet.

Die Spannungsgleichung für die nicht kurzgeschlossene Statorphase lautet:

$$e_3 = \frac{d}{dt}(i_i \cdot M \cdot \sin \omega \cdot t - i_d \cdot M \cdot \cos \omega \cdot t) \qquad 144)$$

und hieraus folgt durch Einsetzen der Werte für i_i und i_d aus den Gl. 141):

$$e_3 = i_e \cdot M \cdot \omega \cdot \frac{2 \cdot \tau + (1 - \tau) \cdot e^{-a_i \cdot t}}{1 + \tau} \cdot \cos(\omega \cdot t + \alpha). \qquad 145)$$

Die wichtigste Aussage dieser Gleichung besteht darin, daß bei der Synchronmaschine mit Querfelddämpfung die Spannung an der offenen Statorphase auch während des plötzlichen einphasigen Kurzschlusses ihre Sinusform unverändert beibehält und daß ihre Amplitude den Leerlaufswert nicht überschreitet. Die vollkommene Dämpferwicklung hat also sämtliche Überspannungserscheinungen an der offenen Statorphase vollständig unterdrückt.

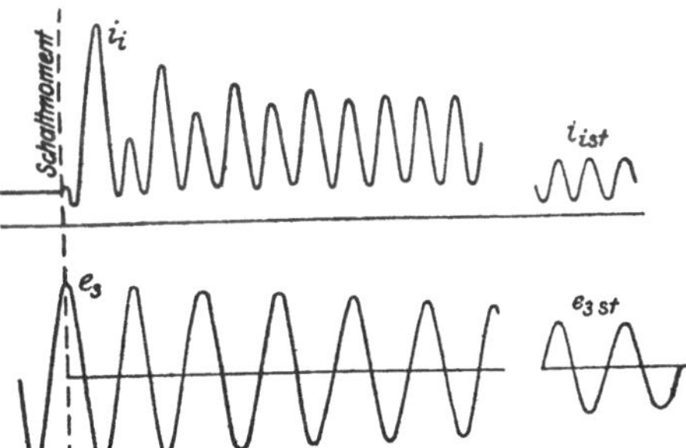

Fig. 92. Plötzlicher einphasiger Kurzschluß eines Stromerzeugers mit Querfelddämpfung ($\alpha = 0$). Verlauf der Spannung an der offenen Phase.

Dies zeigt die Fig. 92 sehr deutlich, welche für unser schon benütztes Beispiel den Verlauf der Spannung e_3 während des plötzlichen einphasigen Kurzschlusses vor Augen führt. Die Spannung nimmt, von ihrem Leerlaufswert beginnend, stetig in dem Maße ab, in welchem das magnetische Feld der Maschine langsam abklingt und erreicht nach Eintreten stationärer Verhältnisse ihren Kurzschlußwert:

$$e_{3\,st} = i_e \cdot M \cdot \omega \cdot \frac{2 \cdot \tau}{1 + \tau} \cdot \cos \omega \cdot t. \qquad 146)$$

Das ist auch derselbe relative Wert, auf welchen das vor dem Kurzschluß vorhandene magnetische Feld der Maschine im stationären einphasigen Kurzschluß herabgesunken ist.

Oszillogramm 93 wurde wieder an unserer mit einer unvollkommenen Dämpferwicklung ausgestatteten Versuchsmaschine aufgenommen. Die Spannung an der offenen Statorphase hat zwar, wie man sieht, ihre Kurvenform fast unverändert beibehalten, doch wurde ihre Höhe ganz bedeutend verringert. So überschreitet die Spannung z. B. im stationären Kurzschluß nicht ihren Leerlaufswert, während sie ihn bei fehlender Dämpferwicklung nicht unbeträchtlich übertraf.

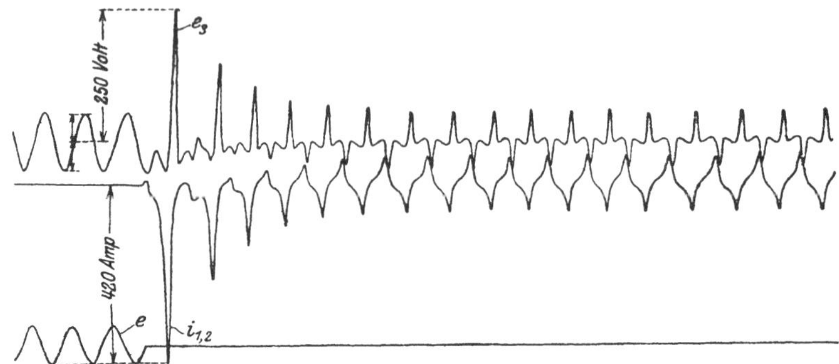

Fig. 93. Plötzlicher einphasiger Kurzschluß der mit einer unvollkommenen Querfelddämpfung ausgestatteten Versuchsmaschine. Verlauf der Spannung an der offenen Phase.

27. Die Unterbrechung des Kurzschlusses der Mehrphasen-Synchronmaschine.

Der allphasige Kurzschluß einer Dreiphasen-Synchronmaschine sei stationär geworden. In der Erregerwicklung fließt ein Gleichstrom i_e, die Ströme in den drei Phasen des Stators haben unter sich gleiche Amplitude und eine gegenseitige Phasenverschiebung von je 120°. (Fig. 94.) Die Größe der Amplitude ist, wie sich aus den Gl. 136c) ergibt, wenn unter L nicht die totale Selbstinduktion einer, sondern von zwei in Reihe geschalteten Statorphasen verstanden wird,

$$\bar{i}_{1,2,3} = 1{,}15 \cdot \frac{M}{L} \cdot i_e.$$

Wir hatten bereits früher die Festsetzung getroffen, der Schalter möge den Strom ohne nennenswerten Lichtbogen und stets in dem Augenblicke unterbrechen, in welchem er betriebsmäßig durch Null geht. Ein Blick auf die Fig. 94 lehrt, daß dann zunächst einer der drei Phasenströme verschwinden wird, die beiden andern Ströme besitzen in diesem Augenblicke entgegengesetzt gleiche Richtung, und ihr absoluter Betrag ist gleich dem 0,866fachen Amplitudinalwert, also gleich $\frac{M}{L} \cdot i_e$. Das heißt aber, daß der betrachtete Generator von diesem Augenblicke an als einphasig kurzgeschlossener Generator weiterläuft. Zum selben Ergebnis

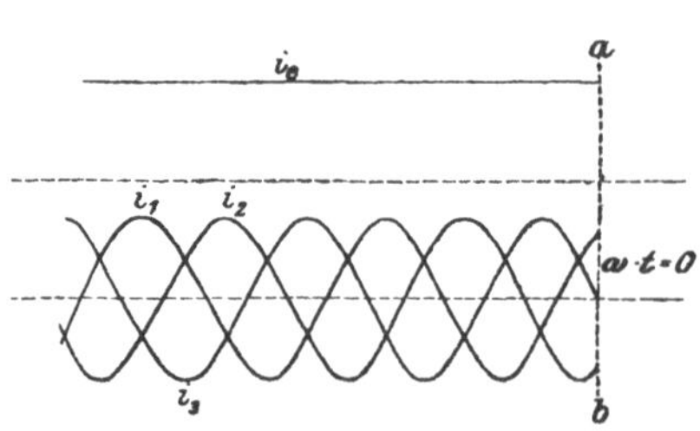

Fig. 94. Die Phasenströme im stationären Kurzschluß.

wären wir natürlich gekommen, wenn wir einen zweiphasig bewickelten Stator betrachtet hätten.

Die Unterbrechung beginne z. B. zu dem in der Fig. 94 durch die Senkrechte $a - b$ bezeichneten Zeitpunkte, den wir als Ausgangspunkt für die Zeitzählung wählen. Der Strom i_3 ist erloschen. Zeichnen wir dann in die Fig. 95, die den bezeichneten Zeitpunkt festhält, die momentane Stromrichtung in den Nuten der Phasen I und II ein, so lehrt ein Vergleich mit der Fig. 39, daß beide vollkommen miteinander übereinstimmen. Vom Zeitpunkte $\omega \cdot t = 0$ ab wird somit das Verhalten unseres Drehstromgenerators durch die Differentialgleichungen 50) des 11. Abschnittes bestimmt.

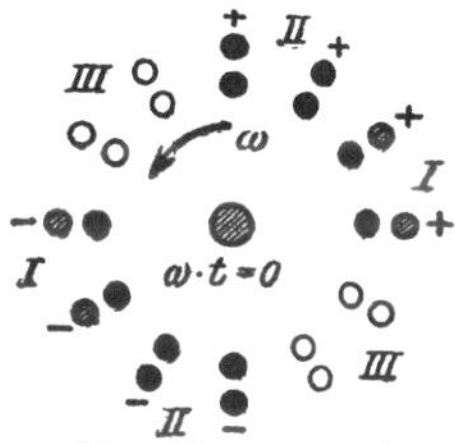

Fig. 95. Stromverteilung zur Zeit $t = 0$.

Im vorliegenden Falle lauten unsere Anfangsbedingungen, wenn wir uns wieder der im 25. Abschnitt benutzten Bezeichnungen bedienen:

$$\left.\begin{aligned} i_l &= i_e, \\ i_1 = -i_2 = i_{1,2} &= -\frac{M}{L} \cdot i_e. \end{aligned}\right\} \qquad 148)$$

Diese sind in die Gl. 57) einzuführen. Wir gewinnen dann:

$$A_1 = A_2 = \frac{i_e}{2} \cdot \left[\sigma - \frac{1}{\sigma} - \sqrt{\sigma^2 - 1}\right]$$

und können folgende Gleichungen für den weiteren Verlauf der Ströme anschreiben, wenn wir, was wegen der kurzen Zeitdauer der Vorgänge ohne weiteres möglich ist, die Dämpfung vernachlässigen:

$$\left.\begin{aligned} i_l &= \frac{i_e}{2} \cdot \left(\sigma - \frac{1}{\sigma}\right) \cdot \left[\frac{1}{\sigma + \cos\omega \cdot t} + \frac{1}{\sigma - \cos\omega \cdot t}\right], \\ i_{1,2} &= \frac{M}{L_2} \cdot \frac{i_e}{2} \cdot \left(\sigma - \frac{1}{\sigma}\right) \cdot \left[\frac{1}{\sigma + \cos\omega \cdot t} - \frac{1}{\sigma - \cos\omega \cdot t}\right]. \end{aligned}\right\} \qquad 149)$$

Wir kennen damit die Vorgänge im Erregerstromkreis, sowie in den Phasen I und II. Vom Zeitpunkt $\omega \cdot t = 0$ ab nehmen die beiden Phasenströme i_1 und i_2 entgegengesetzt gleichen Verlauf und sie erlöschen beim nächsten Durchgange durch Null, zur Zeit $\omega \cdot t = \frac{\pi}{2}$.

Die Spannungen e_1 und e_2 der Phasen I und II springen in jenem Augenblicke auf ihre durch die derzeitige Größe des Erregerstromes und die Stellung des Induktors bedingten Momentanwerte und nehmen weiterhin, im Verein mit der Spannung e_3 der Phase III, ihren betriebsmäßigen, sinuidalen Verlauf. Der Erregerstrom wird von seinem

Anfangswerte i_e auf einen der Summe von Induktor- und Statorstreufeld im stationären Kurzschluß entsprechenden Betrag von

$$i_0 = i_e \cdot \left(1 - \frac{1}{\sigma^2}\right) = i_e \cdot \tau \qquad 150)$$

heruntergedrückt und beginnt nun entsprechend der Gleichung

$$i_i = i_e \cdot \left[1 - \frac{e^{-\frac{r_i}{L_i} \cdot t}}{\sigma^2}\right] \qquad 151)$$

langsam anzusteigen, im selben Maße die Statorspannungen erhöhend, die nach längerer Zeit, wenn der Erregerstrom bis auf seinen vorher eingestellten Wert angewachsen ist, wieder ihren Leerlaufswert erreichen.

Die im Zeitintervall $0 < \omega \cdot t < \frac{\pi}{2}$ in der Phase III sich abspielenden Vorgänge sind uns indessen noch unbekannt. Wir hatten im 25. Abschnitt folgende Induktionsgleichung für die Phase III aufgestellt:

$$- e_3 = M_3 \cdot \frac{d i_i \cdot \cos\left(\omega \cdot t + \frac{\pi}{2}\right)}{dt}, \qquad 152)$$

in welche der für i_i gewonnene Wert aus Gl. 149) einzusetzen ist. Wir erhalten dann weiterhin:

$$e_3 = \frac{i_e \cdot M_3 \cdot \omega}{2} \cdot \left(\sigma - \frac{1}{\sigma}\right) \cdot \left[\frac{\sigma \cdot \cos \omega \cdot t + 1}{(\sigma + \cos \omega \cdot t)^2} + \frac{\sigma \cdot \cos \omega \cdot t - 1}{(\sigma - \cos \omega \cdot t)^2}\right]. \qquad 153)$$

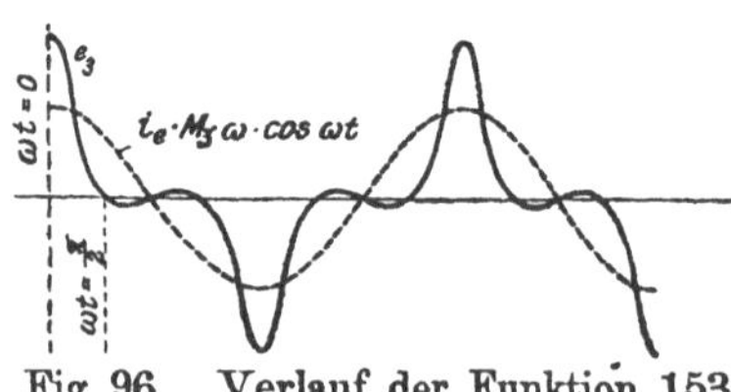

Fig. 96. Verlauf der Funktion 153).

Für $t = \infty$ würde diese Gleichung eine Funktion ergeben, welche die Fig. 96 darstellt ($\sigma = 1{,}25$), sie besitzt in den Punkten $\omega \cdot t = 0$, π, $2 \cdot \pi$, ... Maximalwerte. Diese ergeben sich aus Gl. 152, für $t = 0$ zu:

$$e_3 = - i_e \cdot M_3 \cdot \omega.$$

Die Spannung der Phase III springt also im Augenblicke $\omega \cdot t = 0$ auf ihren Leerlaufsamplitudinalwert, verläuft bis zum Zeitpunkte $\omega \cdot t = \frac{\pi}{2}$ nach einer Funktion, welche die Fig. 96 darstellt, und erleidet dann eine neue Unstetigkeit, indem sie auf ihren betriebsmäßigen, jedoch nach Maßgabe der Gl. 150) unter dem Leerlaufswert liegenden Betrag springt.

Fig. 97 veranschaulicht das Abschalten des stationären Kurzschlusses einer Dreiphasenmaschine mit $\sigma = 1{,}1$. Ein Vergleich mit der Fig. 57, die das Abschalten des einphasigen Kurzschlusses unter denselben Verhältnissen zeigt, ist sehr interessant. Es fällt vor allem auf, daß beim dreiphasigen Kurzschluß ein viel größerer Teil des ursprünglichen Feldes der Maschine vernichtet wurde als beim einphasigen Kurzschluß.

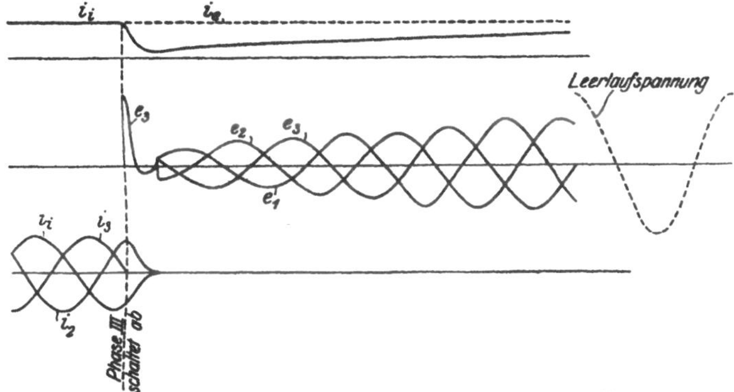

Fig. 97. Unterbrechung des dreiphasigen stationären Kurzschlusses.

Dies wird sofort klar, wenn wir uns daran erinnern, daß beim einphasigen Kurzschluß das Statorfeld ein Wechselfeld ist, das wir uns in zwei gegenläufige Drehfelder von je der halben Amplitude des Wechselfeldes zerlegt dachten. Von diesen kann sich aber nur das synchron mit dem Induktor umlaufende Teilfeld mit dem Erregerfelde zusammensetzen und dieses teilweise aufheben. Beim dreiphasigen Kurzschluß stand hierzu das volle Statorfeld zur Verfügung. Interessant ist auch das Abfallen des Erregerstromes zur Zeit $\omega \cdot t = 0$, man sieht daran deutlich, wie mit dem Statorfeld gleichzeitig der von ihm aufgehobene Betrag des Hauptfeldes verschwindet.

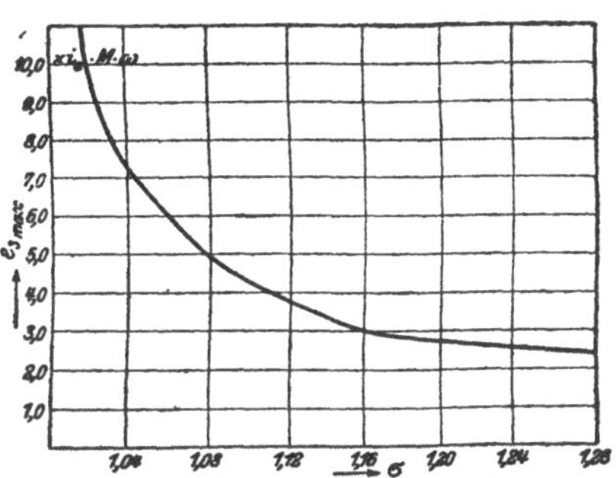

Fig. 98. Größtmögliche Höhe der Unterbrechungsüberspannung in Abhängigkeit von der Streuung.

Es steht von vornherein zu erwarten, daß die betrachteten Vorgänge sich beim Abschalten des noch nicht stationär gewordenen plötzlichen Kurzschlusses noch stärker ausprägen werden, insbesondere wird die Phase III noch ganz wesentlich höhere Spannungen annehmen. Hiervon möge die Fig. 98 einen Begriff geben. Dieselbe zeigt die bei gänzlicher Vernachlässigung der Dämpfung sich ergebenden größtmöglichen Werte von e_3 in Abhängigkeit von der Streuung. Dies sind natürlich theoretische Grenzwerte, die schon wegen der Wirbelströme im massiven Eisen des Induktors niemals erreicht werden.

Für die rechnerische Behandlung ist es am einfachsten, in die Anfangsbedingungen 148) von Fall zu Fall zu ermittelnde Koeffizienten in folgender Form einzuführen:

$$\left.\begin{aligned} i_i &= k_1 \cdot i_e, \\ i_{1,2} &= -k_2 \cdot \frac{M}{L} \cdot i_e. \end{aligned}\right\} \qquad 154)$$

Man gewinnt dann für die Integrationskonstanten A_1 und A_2 folgende Ausdrücke:

$$\left.\begin{aligned} A_1 &= \frac{i_e}{2} \cdot \left[\left(k_1 - \frac{k_2}{\sigma}\right) \cdot (\sigma + 1) - \sqrt{\sigma^2 - 1}\right], \\ A_2 &= \frac{i_e}{2} \cdot \left[\left(k_1 + \frac{k_2}{\sigma}\right) \cdot (\sigma - 1) - \sqrt{\sigma^2 - 1}\right], \end{aligned}\right\} \qquad 155)$$

die in die Gl. 53), 57) und 152) einzuführen sind. Es ist dann ein leichtes, den Abschaltvorgang weiterhin zu verfolgen.

Derselbe Generator, dessen plötzlichen Kurzschluß die Fig. 70 zeigt, werde nun in dem gezeichneten Augenblicke dreiphasig abgeschaltet. Fig. 99 zeigt den Abschaltvorgang, und es fällt besonders die an der

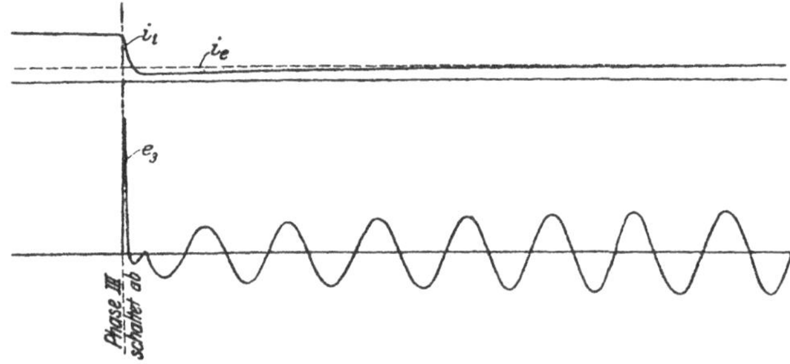

Fig. 99. Unterbrechung des unstationären dreiphasigen Kurzschlusses.

Phase III in die Erscheinung tretende Spannungsspitze auf. Daß diese Erscheinung nicht nur in der Theorie besteht, möge ein Beispiel aus der Praxis beweisen. Oszillogramm Fig. 100 zeigt den an einem 16poligen Wasserturbogenerator von 10000 kVA normaler Leistung aufgenommenen Abschaltvorgang. Die Ähnlichkeit zwischen den beiden Bildern ist unverkennbar, wenngleich auch, wie nicht anders zu erwarten, die tatsächlich gemessene Überspannung hinter ihrem theoretischen Sollwert nicht unwesentlich zurückbleibt. Immerhin erreicht — das Oszillogramm zeigt die verkettete Spannung — die Spannungsspitze den dreifachen Betrag der Phasenspannung. Aus der fast völligen Gleichheit der verketteten Statorspannung vor und nach dem Kurzschluß ersieht man übrigens auch, wie langsam bei derartigen Maschinen das gemeinsame Feld abklingt. Bei dieser betreffenden Maschine z. B. waren 10 Sekunden nach Einschalten des Kurzschlusses die Ströme immer noch merklich unstationär.

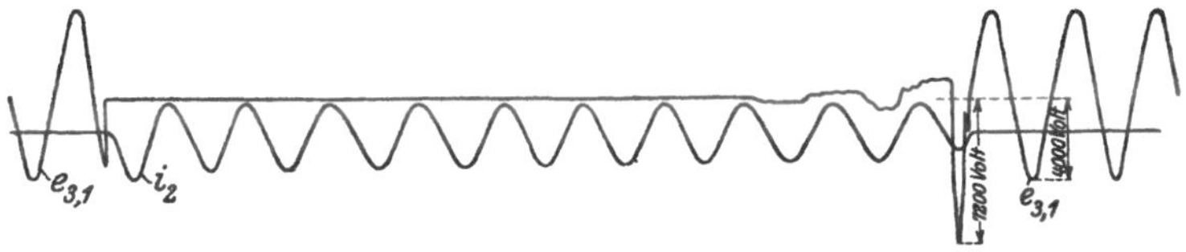

Fig. 100. Unterbrechung des unstationären dreiphasigen Kurzschlusses eines Stromerzeugers von 10000 kVA.

Ganz abgesehen von der Überspannungsfrage bedeutet die betrachtete Erscheinung zweifellos im Interesse des Maschinenschalters eine Erschwerung des Abschaltvorganges, und da die Abschaltüberspannung um so niedriger ausfällt, je mehr sich die Unterbrechung im Gebiet des stationären Kurzschlusses vollzieht, gelangen wir hier zu denselben Schlußfolgerungen wie im 14. Abschnitt.

Ein gutes Schutzmittel gegen die betrachtete Überspannungserscheinung wird der Leser wohl schon in einer auf den Induktor aufgebrachten Dämpferwicklung vermuten, und daß diese Vermutung zu Recht besteht, sollen die folgenden Entwicklungen zeigen. Wir legen unsern Betrachtungen wieder eine Dreiphasenmaschine mit einer der Erregerwicklung gleichwertigen Dämpferwicklung zugrunde.

Wir können, da wir wieder zunächst vom stationären Zustande ausgehen, die Gl. 148) unverändert übernehmen und erhalten dann unter Berücksichtigung der Gl. 57), 137) und 138) folgende Werte für die Integrationskonstanten:

$$A_1 = - i_e \cdot \frac{1 - \tau}{1 + \tau},$$

$$A_2 = 0.$$

Damit können wir ohne weiteres die vom Momente der Unterbrechung der Phase III bis zum Erlöschen der übrigen Statorströme für sämtliche Ströme gültigen Gleichungen anschreiben:

$$\left.\begin{aligned} i_l &= i_e \cdot \left[\frac{1 + \tau}{2} + \frac{1 - \tau}{2} \cdot \cos 2 \cdot \omega \cdot t\right], \\ i_d &= i_e \cdot \frac{1 - \tau}{2} \cdot \sin 2 \cdot \omega \cdot t, \\ i_{1,2} &= - i_e \cdot \frac{M}{L} \cdot \cos \omega \cdot t. \end{aligned}\right\} \qquad 156)$$

Die zeitliche Dämpfung sowie die Schlupfgeschwindigkeit q wurde in diesen Gleichungen wegen der kurzen Dauer des betrachteten Zeitintervalls vernachlässigt.

Die beiden Phasenströme i_1 und i_2 erreichen die Nullinie zur Zeit $\omega \cdot t = \frac{\pi}{2}$ und erlöschen in jenem Augenblick. Der Erregerstrom hat zu jener Zeit seinen geringsten, dem Rest der im stationären Kurzschluß noch vorhandenen magnetischen Felder entsprechenden Wert

$$i_0 = i_e \cdot \tau \qquad 157)$$

erreicht und beginnt nun nach Maßgabe der Gl. 151) wieder langsam anzuwachsen. Die Größe des im stationären dreiphasigen Kurzschluß noch vorhandenen Restfeldes wird also, wie nicht anders zu erwarten, durch die Dämpferwicklung nicht beeinflußt und entspricht in seiner Höhe genau dem des Serientransformators.

Die Spannungsgleichung 144) der offenen Phase III geht durch Einsetzen der Werte aus Gl. 156) über in:

$$e_3 = i_e \cdot \tau \cdot M_3 \cdot \omega \cdot \cos \omega \cdot t. \qquad 158)$$

Diese Gleichung gibt uns die gewünschte Auskunft. Die Spannung e_3 springt im Augenblicke $\omega \cdot t = 0$, wie dies die im übrigen der

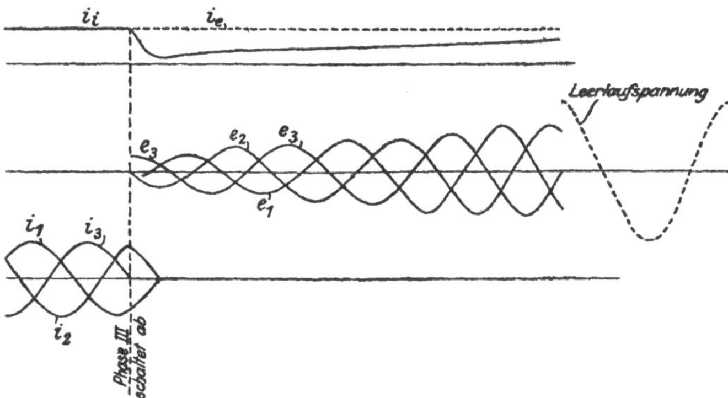

Fig. 101. **Unterbrechung des dreiphasigen Kurzschlusses eines Stromerzeugers mit Querfelddämpfung.**

Fig. 97 entsprechende Fig. 101 zeigt, auf ihren der derzeitigen Größe des gemeinsamen Feldes entsprechenden Amplitudinalwert, irgend eine Überspannungserscheinung tritt also nicht auf. Was nun die Abschaltung des unstationären Kurzschlusses betrifft, so können wir nach den vorausgegangenen Entwicklungen auch ohne Rechnung sagen, daß die Spannung der zuerst unterbrechenden Statorphase höchstens (bei Vernachlässigung der Dämpfung) auf ihren Leerlaufswert ansteigen kann.

Wird der plötzliche Kurzschluß zu irgend einer Zeit t' nach seinem Eintritt abgeschaltet, so springt die Statorspannung im Augenblicke der Unterbrechung auf einen Betrag

$$e_{3\,max} = i_e \cdot M_3 \cdot \omega \cdot (\tau + (1 - \tau) \cdot e^{-a_i \cdot t'}) \qquad 159)$$

an, sie wird also um so niedriger ausfallen, je mehr die in der Maschine aufgespeicherte magnetische Energie im Laufe des Kurzschlusses bereits abgenommen hat.

VIII. Zusätze.

28. Der Einfluß der Eisensättigung.

Von den Annahmen, durch die wir uns anfänglich die Rechnung zu erleichtern suchten, wollen wir zuerst die Voraussetzung eines ungesättigten magnetischen Kreises fallen lassen. Es fragt sich also, mit welchen Werten der Selbst- und Wechselinduktionskoeffizienten wir nunmehr in die Theorie eintreten müssen.

Man könnte zunächst daran denken, die Magnetisierungskurve, wie dies die Fig. 102a zeigt, durch eine Gerade zu ersetzen und statt des tatsächlichen Magnetisierungsstromes i_e mit einem reduzierten Strome $i_e' = i_e \cdot \frac{i'}{i''}$ zu rechnen. Das Verhältnis $\frac{i'}{i''}$ wäre dann im Verlauf des Ausgleichsvorganges für jeden Sättigungszustand der Maschine neu zu bestimmen, was uns die Gl. 64), die prinzipiell ganz allgemeine Gültigkeit besitzt und die S. 116 gepflogenen Betrachtungen ohne weiteres ermöglichen. Im übrigen wären dann die verschiedenen Induktionskoeffizienten auf den geradlinigen Teil der Magnetisierungskurve zu beziehen.

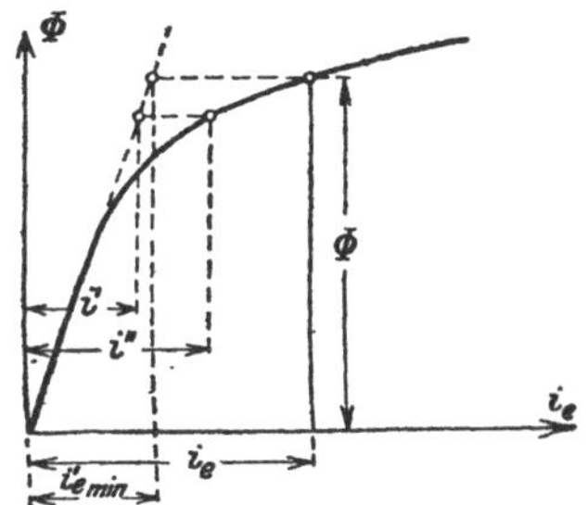

Fig. 102a. Erstes Verfahren zur angenäherten Berücksichtigung der Eisensättigung.

Genauer ist folgendes Verfahren, bei welchem wir von der Abnahme des Hauptfeldes während der ersten Halbperiode ausgehen, deren Bestimmung uns die Gl. 63) bzw. 125), die ebenfalls allgemeine Gültigkeit besitzen, ermöglichen. Diese Feldänderung ist selbstverständlich für alle aus dem Hauptfelde abgeleiteten Koeffizienten maßgebend. Fanden wir also, daß der dem gemeinsamen Felde entsprechende Magnetisierungsstrom um einen Betrag $i_e - i_0$ zurückging, so können wir hieraus aus der Leerlaufcharakteristik (Fig. 102b) einen Wert

$$L_{11} = \frac{\Phi - \Phi_0}{i_e - i_0} \cdot N_1 \cdot 10^{-8}$$

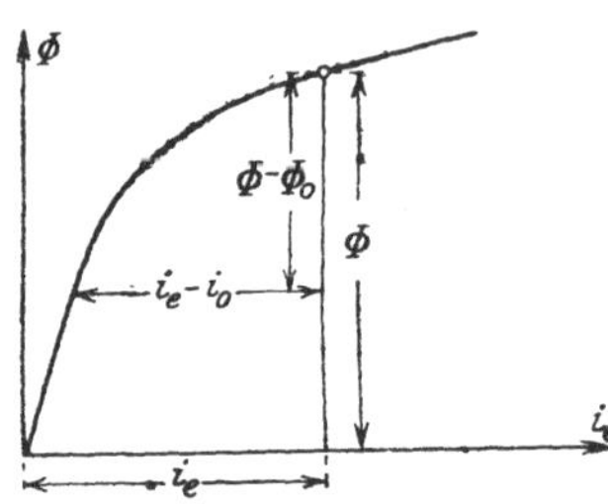

Fig. 102b. Zweites Verfahren zur angenäherten Berücksichtigung der Eisensättigung.

ableiten. Damit sind zugleich die Koeffizienten L_{22} und M gegeben, die aus dem vorigen durch Multiplikation mit dem Verhältnis der effektiven Windungszahlen folgen. Man wird bemerken, daß L_{11} viel kleiner ausfällt als der normale Betriebswert:

$$L_{11}' = \frac{\Phi}{i_e} \cdot N_1 \cdot 10^{-8};$$

trotzdem stellt L_{11} nur einen oberen Gegenwert dar, denn infolge der gleichzeitig auftretenden großen Streufelder sind die Zähne weit höher gesättigt als im normalen Betrieb. Sämtliche Streuungskoeffizienten τ_1, τ_2, τ sind jetzt natürlich auf den Selbstinduktionskoeffizienten L_{11} zu beziehen.

Es läßt sich denken, daß infolge der riesigen Streufelder im Kurzschluß in den Zähnen und den Polspitzen ganz kolossale Sättigungen auftreten. Aus diesem Grunde liegen die Streureaktanzen für die ersten Halbperioden nach Kurzschluß tiefer als bei normaler Belastung, obwohl für die Streufelder der Hauptsitz des magnetischen Widerstandes in den Luftstrecken liegt. Der maximale Kurzschlußstrom fällt also größer aus, als den Gl. 61) usw. entspricht.

Die eben besprochenen Verhältnisse lassen sich rechnerisch schwer fassen. Um dennoch dem Leser einen Begriff von der Größe der Änderung der Streureaktanzen zu geben, seien nachstehend einige, an einem 12 poligen Generator von 11 000 kVA gewonnene Versuchsergebnisse mitgeteilt. Der Generator, dessen Leerlauf- und Kurzschlußcharakteristik die Fig. 103 links oben zeigt, wurde bei allmählich gesteigerter Erregung plötzlichen Kurzschlüssen unterworfen. Die stark ausgezogene Kurve in der Fig. 103 zeigt nun die maximale Höhe des Wechselstromgliedes im Statorstrom in Abhängigkeit von der eingestellten Leerlaufspannung, also von der Höhe des vor dem Kurzschluß mit beiden Wicklungen verketteten magnetischen Feldes. Die Abhängigkeit müßte, wenn die Streureaktanzen durch die Sättigungserscheinungen nicht beeinflußt würden, eine gerade Linie ergeben, die ebenfalls gestrichelt in die Figur eingezeichnet ist. Man sieht nun, daß die Höhe des plötzlichen Kurzschlußstromes stärker als proportional mit der Sättigung zunimmt; bei der normalen Spannung von

6600 Volt beträgt die Überschreitung des Sollwertes z. B. 30%, bei 8000 Volt, welche Spannung der Vollasterregung entspricht, dagegen volle 75%. Um diesen Betrag haben also die Streureaktanzen gegenüber dem ungesättigten Zustand abgenommen, sie betragen bei normaler Erregung 77% und bei Vollasterregung nur mehr 57% ihres ursprünglichen Wertes.

Wir haben unsere Betrachtungen auf das Wechselstromglied des Kurzschlußstromes beschränkt, weil die Höhe des Gleichstromgliedes zu sehr vom Schaltmoment abhängt und deshalb der Messung schwer

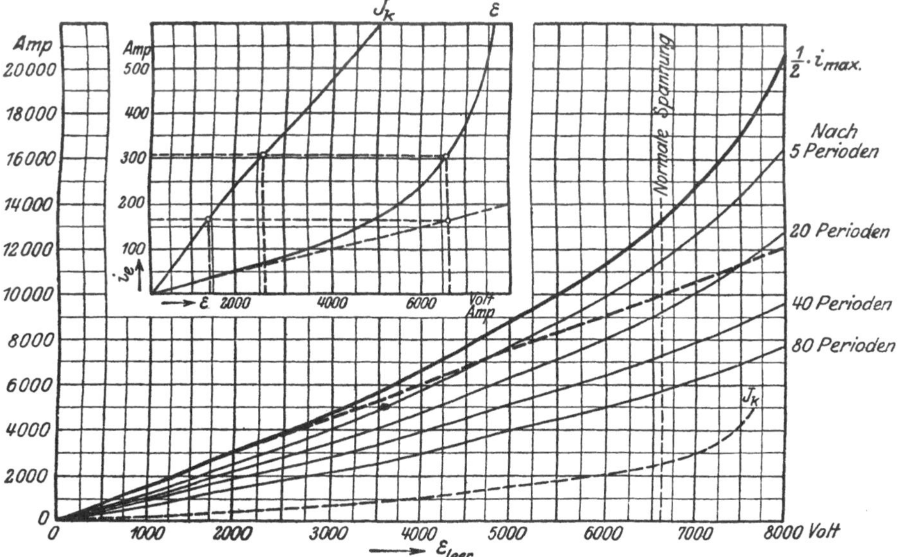

Fig. 103. **Einfluß der Eisensättigung auf die Streuungsverhältnisse beim plötzlichen Kurzschluß.**

zugänglich ist. Man kann häufig beobachten, daß bei sehr ungünstigen Schaltmomenten gerade die erste Halbperiode extrem hohe Werte des plötzlichen Kurzschlußstromes ergibt, die noch wesentlich höher liegen, als nach der Fig. 103 zu vermuten wäre.

Besonders stark sinken die Streureaktanzen beim plötzlichen Kurzschluß von Turbegeneratoren. Aus oszillographischen Aufnahmen an einer großen Anzahl von Maschinen konnte Verfasser ersehen, daß während der ersten Perioden in vielen Fällen die gesamte Streureaktanz der Maschine niedriger war als die aus dem Poitierschen Dreieck ermittelte Streureaktanz des Stators allein.

Die Fig. 103 zeigt auch die Höhe des Wechselstromgliedes nach 5, 20, 40 und 80 Perioden seit Beginn des Kurzschlusses. Man bemerkt, daß die Dämpfung im Anfang des Kurzschlusses besonders stark ist und daß sie stärker zugenommen hat, als der Abnahme der Streureaktanzen entspricht. Es ist dies, wie wir noch sehen werden, auf die Wirbelstrombildung im massiven Eisen zurückzuführen.

29. Der Einfluß des Polzwischenraumes.

Wir hatten unsern Betrachtungen über die Synchronmaschine ausschließlich die Bauart des Turbogenerators mit konstantem Luftspalt zugrunde gelegt. Für die synchrone Drehfeldverkettung ist das unbedenklich. Denn da hier Feld- und Polachse praktisch zusammenfallen, so kann sich auch die Maschine mit ausgeprägten Polen nicht anders verhalten. Wenn aber das Statorfeld über den Rotor hinwegläuft, so ändert sich das Bild. Steht das Feld gerade unter dem Hauptpol, so ist seine Amplitude ein Maximum. Eine halbe Polteilung weiter verhindert der Polzwischenraum seine freie Entfaltung und seine Grundwelle sinkt auf ein Minimum. Man wird daher gut tun, die Induktionskoeffizienten der Statorverkettung mit einem mittleren Luftspalt zu berechnen, der etwas größer zu wählen ist als der geometrische.

Bei massiven Polen sind indes diese Unterschiede längst nicht so groß, als man vielleicht zuerst vermutet. Denn der massive Kreis, durch den sich das Hauptfeld schließt, setzt einem Wechselfelde einen ungleich größeren scheinbaren Widerstand entgegen als der Polschuh, durch den sich das Querfeld ausgleicht. Ja, wenn man lamellierte Polschuhe, aber massive Kerne verwendet, kann sich das Verhältnis recht wohl umkehren.

30. Der Einfluß der Wirbelströme in Pol und Joch.

Den Einfluß der Wirbelströme durch ein analytisches Verfahren zu berücksichtigen, ist eine zeitraubende und wenig lohnende Aufgabe. Am einfachsten wäre es noch, die Kurzschlußbahnen, die ein massiver magnetischer Kreis einem veränderlichen Wechselfelde darbietet, durch eine fingierte Kurzschlußwicklung zu ersetzen. Wenngleich diese Annahme nur eine grobe Annäherung darstellt, so sollen hier doch einige Ergebnisse, die Dreyfus für die kurzgeschlossene Drehstrom-Synchronmaschine gewann, und die auch für den einphasigen Kurzschluß gelten, kurz mitgeteilt werden.

Nehmen wir zunächst einmal an, die Wirbelströme kreisten nur um die Polachse, sie besäßen eine gewisse Streuung τ_w gegen den

Stator und eine gewisse natürliche Zeitkonstante $\frac{L_w}{r_w}$. Wenn wir dann für den Induktor einen kombinierten Streuungskoeffizienten

$$\tau_{iw} = \frac{\tau_i \cdot \tau_w}{\tau_i + \tau_w}$$

bilden, so wird diese Größe nur wenig kleiner als τ_i sein, denn die Streuung der Wirbelströme muß sehr viel größer als τ_i angenommen werden. Aus demselben Grunde liegt auch der korrigierte Koeffizient der Gesamtstreuung

$$\tau = 1 - \frac{1}{(1 + \tau_{iw}) \cdot (1 + \tau')}$$

nur wenig unter dem gleichbezeichneten Wert, mit dem wir bisher operierten.

Nun läßt sich zeigen, daß unter den genannten Annahmen der Stromstoß im Stator nach derselben Formel wie früher, also zu

$$i_{4\,\max} = i_e \cdot \frac{M}{L} \cdot \frac{2}{\tau}$$

geschätzt werden kann. Daraus folgt, daß die Überströme im Stator durch die Wirbelströmung nur wenig vergrößert werden.

Ein gleiches gilt für die gesamten Rotoramperewindungen, doch ist jetzt zu beachten, daß der Erregerstrom durch den parallel geschalteten Erregerkreis jedenfalls reduziert wird, da sich der Amperewindungsstoß nunmehr auf zwei parallel geschaltete Stromkreise verteilt. Der Anteil der Wirbelströmung wird dabei um so größer ausfallen, je geringer ihre Streuung und je größer ihre Zeitkonstante ist. Nach Arnold und la Cour[1]) soll es beim dreiphasigen Kurzschluß vorkommen, daß der Erregerstrom im ersten Moment nach dem Kurzschluß sogar fällt, anstatt unzusteigen. Das läßt darauf schließen, daß die Zeitkonstante der Wirbelstrombahn unter Umständen sogar größer werden kann als die des Erregerkreises.

Unter den gewählten Voraussetzungen wird die asynchrone Drehfeldverkettung durch die Wirbelströmung nur insofern beeinflußt, als τ verkleinert wird. Komplizierter liegen die Verhältnisse für die synchrone Verkettungsform. Hier haben wir nämlich entsprechend den zwei parallel geschalteten Kreisen mit zwei selbstständigen, verschieden gedämpften Schwingungen zu rechnen. Das ist auch der Hauptgrund, weshalb Autoren wie Diamant[2]), die aus oszillographischen Auf-

---

[1]) Wechselstromtechnik IV, »Die synchronen Wechselstrommaschinen«, S. 486.

[2]) Procedings of the A. J. E. E., September 1915.

nahmen den Dämpfungsfaktor der synchronen Verkettungsform zu berechnen suchten, so stark veränderliche Werte fanden.

Ein Punkt darf ferner nicht unerwähnt bleiben, und das ist die Eigenschaft der Wirbelströmung, nicht nur in der Polachse, sondern auch im Polzwischenraum ein Feld auszubilden. In dieser Hinsicht ist also ihre Wirkung der einer Dämpferwicklung in der Achse des Querfeldes zu vergleichen. Daß eine solche die Höhe der Stromstöße in Stator und Induktor kaum zu beinflussen vermag, haben wir an verschiedenen Beispielen gesehen. Wesentlich stärker beeinflußt wird, besonders beim einphasigen Kurzschluß, die Kurvenform der Ströme und vor allem der Verlauf der Spannung an der offenen Statorphase. Daß deren Unregelmäßigkeiten unter dem dämpfenden Einfluß der Wirbelströme fast vollständig verschwinden, ließ das Oszillogramm 84 deutlich erkennen.

31. Die Grenzbedingungen.

Es wird dem Leser gewiß aufgefallen sein, daß wir bei den zur Erläuterung der Theorie herangezogenen Beispielen immer möglichst einfache Grenzbedingungen gewählt haben. Stets war eines der beiden Systeme, Stator oder Rotor, vor Einsetzen oder nach Beendigung des Ausgleichsvorganges stromlos. Die Wahl solch einfacher Grenzbedingungen entsprach jedoch nicht einem Zwang, insofern, als unsere Theorie bei verwickelteren Problemen versagt hätte, wir hatten uns diese Beschränkung vielmehr freiwillig auferlegt, um nicht das Wesentliche der behandelten Ausgleichsvorgänge durch unnötiges Beiwerk zu verschleiern. Daß die Hilfsmittel unserer Theorie auch noch bei der Wahl weniger einfacher Grenzbedingungen vollkommen ausreichen, wollen wir im folgenden gleich an zwei naheliegenden Beispielen zeigen.

Asynchromotoren mit Kurzschlußanker werden meist, um den Anlaufstrom zu begrenzen, mittels eines sog. Anlaßtransformators in zwei Stufen angelassen. Wie der beim Einschalten des vorher spannungslosen Motors auftretende Stromstoß zu berechnen ist, wurde im 20. Abschnitt ausführlich gezeigt. Wir möchten nun aber auch Auskunft über die beim Überschalten von der ersten auf die zweite Stufe zu erwartenden Überströme erhalten.

Während im ersteren Falle Stator und Rotor vor dem Schaltprozeß stromlos waren, führt jetzt der Stator bereits einen der Anzapfspannung entsprechenden Magnetisierungsstrom i_0', der Rotor ist stromlos. Wir haben somit:

$$\left.\begin{aligned} i_1 &= 0 \\ i_2 &= 0 \\ i_3 &= i_{0m}' \cdot \sin \omega t \\ i_4 &= i_{0m}' \cdot \cos \omega t \end{aligned}\right\} \text{für } t < 0 .$$

Ist die Überschaltung auf die zweite Stufe vollzogen und sind sämtliche Ausgleichsvorgänge abgelaufen, so gilt, wie früher:

$$\left.\begin{aligned} i_1 &= 0 \\ i_2 &= 0 \\ i_3 &= i_{0m} \cdot \sin \omega t \\ i_4 &= i_{0m} \cdot \cos \omega t \end{aligned}\right\} \text{für } t > 0 .$$

Also lauten die Anfangsbedingungen für die freien Schwingungen, wenn die Überschaltung zur Zeit $\omega \cdot t = 0$ erfogt,

$$i_{1f} = i_{2f} = i_{3f} = 0 ,$$
$$i_{4f} = i_{0m}' - i_{0m}$$

und die Integrationskonstanten berechnen sich damit zu:

$$A_1 = \frac{i_{0m} - i_{0m}'}{\tau} ,$$

$$A_2 = -\frac{M}{L_r} \cdot \frac{i_{0m} - i_{0m}'}{\tau} .$$

Das Problem ließ sich also in einfachster Weise lösen. Wir sehen, daß, wenn die Anzapfung des Anlaßtransformators die Netzspannung gerade halbiert, beim Schalten auf die erste und zweite Stufe gleiche Stromstöße auftreten und diese nur halb so groß sind, als wenn wir den Motor direkt auf die volle Netzspannung geschaltet hätten.

Ein anderer Fall. Wir hatten den Verlauf des plötzlichen, allphasigen Kurzschlusses der Mehrphasen-Synchronmaschine untersucht, waren dabei aber von einem besonders einfachen Anfangszustand ausgegangen, die Maschine war vor dem Eintritt des plötzlichen Kurzschlusses unbelastet. Wir wollen jetzt diese Voraussetzung fallen lassen, die Maschine sei, wie es in Wirklichkeit meist der Fall sein wird, zur Zeit des Kurzschlusses mit einem Strome J belastet gewesen. Dann gehen unsere Anfangsbedingungen über in

$$\left.\begin{aligned} i_l &= i_e \\ i_3 &= - J \cdot \cos(\omega t - \varphi_i) \\ i_4 &= J \cdot \sin(\omega t - \varphi_i) \end{aligned}\right\} \text{für } t < 0 .$$

φ_i ist der innere Phasenverschiebungswinkel der Maschine, und zwar ist φ_i positiv für nacheilenden Strom und negativ für voreilenden Strom, also kapazitive Belastung. φ_i sei gleich 90°, die Maschine also wattlos belastet. Im stationären Kurzschluß ist wieder

$$\left.\begin{aligned} i_l &= i_e \\ i_3 &= -\frac{M}{L}\cdot i_e\cdot\sin\omega t \\ i_4 &= -\frac{M}{L}\cdot i_e\cdot\cos\omega t \end{aligned}\right\}\text{ für } t > 0\,.$$

Für Eintritt des Kurzschlusses zur Zeit $\omega\cdot t = 0$ lauten somit die Anfangsbedingungen für die Ausgleichsströme:

$$i_{lf} = i_{3f} = 0\,,$$
$$i_{4f} = \frac{M}{L}\cdot i_e \mp J\,,$$

woraus sich folgende Werte für die Integrationskonstanten berechnen lassen:

$$A_1 = \frac{M}{L}\cdot\frac{1}{\tau}\cdot\left(i_e \mp \frac{L}{M}\cdot J\right),$$
$$A_2 = -\frac{1}{\tau}\cdot\left((1-\tau)\cdot i_e \mp \frac{M}{L_l}\cdot J\right).$$

Hierbei gilt das Minuszeichen für induktive und das Pluszeichen für kapazitive Belastung. Induktive Belastung verringert also bei sonst gleicher Erregung, da sie das magnetische Feld des Generators schwächt, die Kurzschlußströme, während sie kapazitive Belastung wegen ihrer feldverstärkenden Wirkung erhöht.

Ist der innere Phasenverschiebungswinkel nicht mehr 90°, so sind die abgeleiteten Gleichungen nicht mehr ohne weiteres anwendbar. Man kann in diesem Falle aber so vorgehen, daß man die gegebene Belastung durch eine rein induktive von der gleichen feldschwächenden Wirkung ersetzt und mit dieser fingierten Last, wie eben angegeben, weiterrechnet. Die Amplituden der Ausgleichsströme werden ja letzten Endes durch die Stärke des bei Eintritt des Kurzschlusses in der Maschine vorhandenen gemeinsamen Feldes bestimmt.

Von diesem Felde ist ebenfalls auszugehen, wenn man die Sättigungserscheinungen des Eisens berücksichtigen will, wobei sinngemäß nach den im 28. Abschnitt gegebenen Vorschriften zu verfahren ist.

Wir sehen somit, daß auch weniger einfache Grenzbedingungen der Anwendung unserer Theorie keine besonderen Hindernisse bereiten.

32. Die Beanspruchung der Spulenköpfe durch magnetische Zugkräfte.

Die moderne Entwicklung des Elektromaschinenbaues, die das Anwachsen der plötzlichen Kurzschlußströme zu früher nicht gekannter Höhe bedingte, rückte ein Problem in den Vordergrund des Interesses, das die volle Aufmerksamkeit des Konstrukteurs verdient, nämlich die unverrückbare Befestigung der Spulenköpfe.

Wie wir wissen, üben zwei stromdurchflossene, parallel geführte Leiter magnetische Anziehungs- bzw. Abstoßungskräfte aufeinander aus, die dem einfachen Gesetze gehorchen:

$$P = 2 \cdot i_1 \cdot i_2 \cdot \frac{l}{d} \cdot \qquad 160)$$

Hierin bedeuten i_1 und i_2 die Stromstärken in den beiden Leitern, l ihre Länge und d ihr gegenseitiger Abstand. Setzt man die Ströme in absoluten Einheiten und die Längen in cm ein, so erhält man die Kraft ebenfalls in absoluten Einheiten, nämlich in Dyn; um kg zu erhalten, ist mit $1{,}02 \cdot 10^{-8}$ zu multiplizieren und die Ströme sind in Ampere einzusetzen. Sind i_1 und i_2 gleichgerichtet, so stellt P eine Anziehungskraft dar, im anderen Falle stoßen sich die Leiter ab.

Die Gl. 160) gilt streng nur dann:

1. wenn die Dimensionen der Leiter klein im Vergleich zu ihrem Abstand sind,
2. wenn die Länge der Leiter groß ist im Vergleich zu ihrem Abstand,
3. wenn das umgebende Medium überall die Permeabilität 1 besitzt.

Diese drei Bedingungen sind in unserem Falle nicht erfüllt. Die Bedingung 1 dürfte zwar deswegen nicht von allzu großer Bedeutung sein, weil der Abstand d linear in die Gleichung eingeht, um so größere Fehler ergibt aber die Nichterfüllung der Bedingungen 2 und 3. Der erstere Punkt bedeutet, daß wir die Streuungserscheinungen an den Enden der Leiter vernachlässigen, infolgedessen ergibt unsere Formel zu hohe Werte. Im selben Sinne wirkt die Nichterfüllung der Bedingung 3; das die Spulenköpfe umgebende Eisen des Stators und der Schutzkappen saugt einen Teil der magnetischen Kraftlinien ab und bewirkt so eine Verringerung der Feldstärke im Luftraum. Die Gl. 160) ergibt daher nur einen in Wirklichkeit nicht erreichten oberen Grenzwert, sie besitzt im vorliegenden Falle mehr den Charakter einer Schätzung, mit welcher wir uns allerdings sehr auf der sicheren Seite bewegen.

Wir können drei verschiedene Möglichkeiten in der Ausbildung magnetischer Zugkräfte unterscheiden.

Zunächst tritt zwischen Erreger- und Statorwicklung eine Abstoßungskraft auf, welche ihren Höchstwert erreicht, wenn beide gerade koaxial stehen. Fig. 104 zeigt den Verlauf der Erreger-Streulinien in jenem Augenblick; wie man sieht, hat die Abstoßungskraft das Bestreben, die Spulenköpfe in radialer Richtung umzubiegen. Ist $i_1 \cdot N_1'$ die maximale Amperewindungszahl eines Poles, $i_2 \cdot N_2'$ die des gegenüberstehenden Leiterbündels, a_p der mittlere Abstand beider und l_p die mittlere Länge der Erregerwicklung in der Drehrichtung, die stets geringer ist als die des Spulenkopfes, l_s, so folgt für die Größe der Abstoßungskraft:

$$P_1 = -\frac{2{,}04 \cdot l_p \cdot N_1' \cdot N_2' \cdot i_1 \cdot i_2}{a_p} \cdot 10^{-8}. \qquad 161\,a)$$

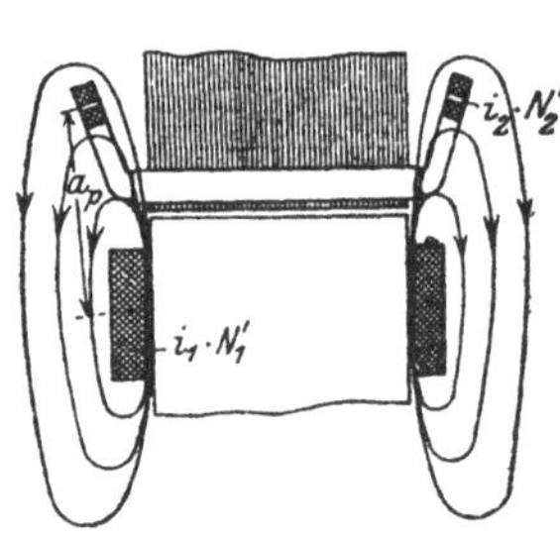

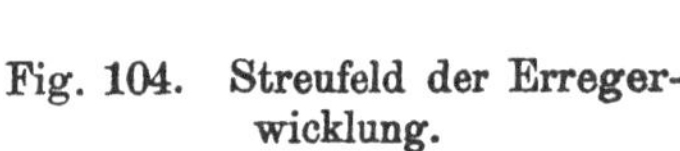

Fig. 104. Streufeld der Erregerwicklung.

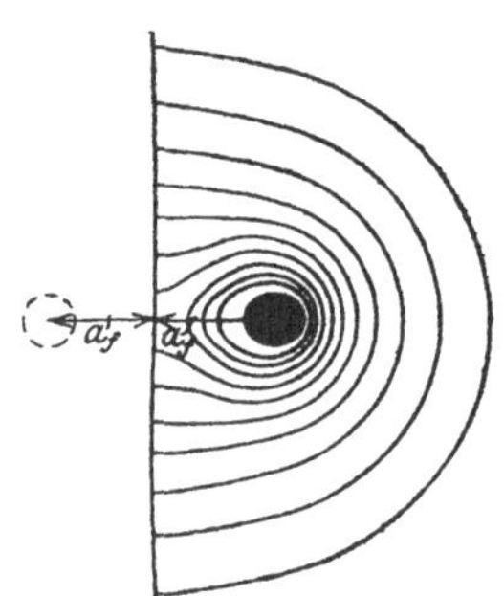

Fig. 105. Streufeld der Statorwickelköpfe.

Eine weitere Kraftäußerung tritt zwischen dem Spulenkopf und der gegenüberliegenden Eisenfläche des Stators auf, diese sucht das Leiterbündel an sich heranzuziehen. Fig. 105 zeigt den Verlauf der Induktionslinien des Eigenfeldes eines Strombündels gegenüber einer parallelliegenden Eisenfläche. Man wird mit der Annahme nicht fehlgehen, daß das für Gleichstrom gezeichnete Linienbild im großen ganzen auch im vorliegenden Falle Gültigkeit besitzt. Unter dieser Voraussetzung ist die Berechnung der magnetischen Zugkraft sehr einfach; denn nach dem Grundsatze der Spiegelung läßt sich die tatsächlich vorhandene Anordnung in ihren Wirkungen vollständig ersetzen durch eine Anordnung, bei welcher das Mittel sehr großer Permeabilität (Eisen) wegfällt und hinter der Trennebene Eisen-Luft ein vom gleichen Strome gleicher Richtung durchflossener Leiter im gleichen Abstande von dieser wie der reelle Leiter von der Ebene liegt. Wir können also die Zugkraft ebenfalls nach Gl. 160) berechnen und erhalten im vorliegenden Falle:

$$P_2 = \frac{1{,}02 \cdot l_s \cdot N_2'^2 \cdot i_2^2}{a_f} \cdot 10^{-8}. \qquad 161\,b)$$

l_s bezieht sich natürlich nur auf die Länge des Spulenkopfes in der Drehrichtung, N_1' gibt, um es nochmals hervorzuheben, die Anzahl sämtlicher in einem Spulenkopf zusammengefaßter Leiter an.

In Mehrphasenmaschinen können sich endlich noch Zugkräfte zwischen den Spulenköpfen verschiedener Phasen ausbilden. In Dreiphasenmaschinen tritt das Maximum der Zugkraft dann auf, wenn die Augenblickswerte der beiden Ströme gerade

$$+\frac{1}{2}\cdot\sqrt{3} \quad \text{und} \quad -\frac{1}{2}\cdot\sqrt{3}$$

sind. Deshalb wird, da die gemeinsame, gegenüberstehende Länge $l = \sim \frac{1}{3}\cdot l_s$:

$$P_3 = -\frac{0{,}51\cdot l_s\cdot N_2'^2\cdot i_2^2}{a_s}\cdot 10^{-8}, \qquad 161\,c)$$

wo a_s der Abstand zweier zu verschiedenen Phasen gehöriger Spulenköpfe, gemessen von Mitte zu Mitte der Drahtbündel, ist. Wegen der entgegengesetzten Richtung der Ströme im betrachteten Augenblick äußert sich die magnetische Zugkraft als Abstoßung zwischen den beiden Spulenköpfen, wie auch das negative Vorzeichen des Ausdruckes für P_3 angibt. Auch zwischen den einzelnen aus den Nuten austretenden Leiterbündeln können recht beträchtliche, in der Drehrichtung wirkende Anziehungs- bzw. Abstoßungskräfte auftreten, für die wir eine besondere Gleichung wohl nicht mehr hinzuschreiben brauchen.

Die betrachteten magnetischen Zugkräfte können im plötzlichen Kurzschluß für einen Spulenkopf auf Tausende von Kilogramm steigen und demgemäß, wenn eine besondere Befestigung der Wicklung fehlt, zu einem Umbiegen der Spulenköpfe führen. Aber selbst wenn es auch nicht unter allen Umständen zu einem Verbiegen der Wicklung kommt, so liegt doch eine große Gefährdung der Isolation vor, da die aus den Nuten heraustretenden Röhren aus Isolationsmaterial, z. B. Mikanit, mit den Leitern zusammen Biegungen ausgesetzt werden, denen die Röhren auf die Dauer wegen ihrer geringen Widerstandsfähigkeit gegen Biegungsbeanspruchung nicht standhalten können und so zum oft beobachteten Durchschlag an der Austrittsstelle aus den Nuten Anlaß geben. Gerade die letztere Erscheinung verlangt mit aller Sorgfalt durchkonstruierte Spulenabstützungen, da sonst eine Zerstörung der Nutenisolation im Laufe der Zeit kaum zu vermeiden ist.

33. Schutzmaßnahmen zur Begrenzung der Kurzschlußströme.

Die sehr häufig verhängnisvollen Folgeerscheinungen des plötzlichen Kurzschlusses großer Stromerzeuger beschränken sich in den wenigsten Fällen auf diese selbst. In der Kurzschlußbahn liegende

Transformatoren, Meßapparate, Relais, die Leitungen[1]) selbst und nicht zuletzt die den Kurzschluß unterbrechenden Ölschalter[2]) werden großen mechanischen und thermischen Beanspruchungen ausgesetzt, und endlich wird der Überstromschutz großer Netze sehr erschwert. Auch hatten wir Überspannungen kennen gelernt, die im Gefolge des einphasigen Kurzschlusses auftreten und die besonders in Kabelnetzen zerstörende Wirkungen ausüben können. Diese Folgen lassen es geraten erscheinen, schon möglichst durch vorbeugende Schutzmaßregeln einzugreifen, die ihren Sitz in oder an der Maschine haben müssen.

Die angestellten Betrachtungen führten zu dem Ergebnis, daß der Verlauf des plötzlichen Kurzschlusses fast nur durch die Größe der Streuung bestimmt wird. Je größer die Streuung einer Maschine ist, um so niedriger werden die zu erwartenden Überströme und Überspannungen ausfallen, und zwar sind diese Größen durch ein lineares Gesetz miteinander verbunden. Es ist also ein naheliegendes Schutzmittel, die Streuung einer Maschine künstlich zu vergrößern. Bei im Entwurf befindlichen Maschinen kann man in der Weise vorgehen, daß man entweder die Wickelköpfe der Stator- und Induktorspulen verlängert, oder daß man die Spulen sehr tief in die Nuten einbettet. Im ersten Falle vergrößert man die Stirn-, im zweiten Falle die Nutenstreuung. Die zweite Schutzmaßnahme ist im allgemeinen vorzuziehen; denn erstens spart sie Kupfer und zweitens vermeidet sie die bei der sicheren Befestigung der langen Spulenköpfe auftretenden Schwierigkeiten. Die Vergrößerung der Nutenstreuung hat allerdings den Nachteil, daß damit auch die zusätzlichen Kupferverluste anwachsen. Sehr günstige Streuungsverhältnisse ergeben Typen mit großem Kupfergewicht bei gleichzeitiger Verminderung der verwendeten Eisenmenge.

Ein vielfach angewandtes Schutzmittel, das gute Erfahrungen geliefert hat, ist die Vorschaltung von Drosselspulen vor den Stator. Auch hiermit vergrößert man die Streuung des Stromerzeugers. An sich wäre es gleichgültig, ob man diese Schutzdrosselspulen vor den Stator oder den Induktor schaltet. Doch ist zu bedenken, daß im Falle eines Kurzschlusses an dieser Drosselspule bedeutende Spannungen auftreten, welchen die Isolation der Erregerwicklung nie und nimmer gewachsen wäre. Ferner würden Wirbelströme im Induktoreisen sowie Ausgleichsströme in den Nutenverschlußkeilen und deren Stirnverbindungen die Wirkung der Schutzdrosselspule herabsetzen.

---

[1]) Vgl. L. Binder, Kurzschlußerwärmung in Kraftwerken und Überlandnetzen. ETZ 1916, S. 589.

[2]) Vgl. H. Probst, Bemerkungen zu den Richtlinien für Hochspannungsapparate. ETZ 1916, S. 700. — Vgl. G. Stern und J. Biermanns, Ölschalterversuche. ETZ 1916, S. 617.

Die vor den Stator geschaltete Drosselspule hat demgegenüber den Nachteil, daß sie die Regulierkurve des Stromerzeugers etwas verschlechtert, dagegen hat sie den großen Vorzug vor anderen Schutzmitteln, daß sie jederzeit in bereits im Betrieb befindliche Anlagen eingebaut werden kann.

Um die Induktivität der Schutzdrosselspule richtig zu bemessen, ist es wichtig, die Streuinduktivität der zu schützenden Maschine einigermaßen genau bestimmen zu können. Die Messung des Spannungsübersetzungsverhältnisses und ebenso die direkte Messung der Kurzschlußreaktanz versagt bei Synchronmaschinen wohl in den meisten Fällen, allerdings soll die letztere Messung bei Turbogeneratoren schon brauchbare Werte ergeben haben. In Amerika ist es üblich, die Reaktanz der Statorwicklung bei herausgenommenem Induktor zu messen und danach nach Gl. 62b) die Höhe des maximalen Kurzschlußstromes zu berechnen. Oszillographische Aufnahmen sollen in vielen Fällen die Zulässigkeit dieses Verfahrens erwiesen haben. Bei einem Asynchronmotor mittlerer Größe ergab auch tatsächlich die Messung der Statorreaktanz bei kurzgeschlossenem und bei herausgenommenem Rotor denselben Betrag. Dies ist damit zu erklären, daß man bei herausgenommenem Rotor einen Teil des Hauptfeldes mitmißt und daß dieser Teil im vorliegenden Falle gerade dem Streufelde des Rotors entsprach. Abgesehen davon bietet es keine Schwierigkeiten, den von Pol zu Pol durch die Luft verlaufenden Teil des Hauptfeldes zu berechnen,[1]) und man erhält nach dessen Abzug wenigstens einen ziemlich genauen Wert für die Statorstreuung. Bezüglich der Rotorstreuung dürfte man wohl in den meisten Fällen, namentlich bei Maschinen mit ausgeprägten Polen, auf mehr oder weniger rohe Schätzungen bzw. auf die Rechnung angewiesen sein.

Im allgemeinen kann man sagen, daß der Kurzschlußstrom zunimmt mit abnehmender Polzahl einer Maschine, da für große Polteilungen und damit große Feldenergie per Pol bei sonst gleichen Verhältnissen die relative Streuung kleiner wird. Andererseits wächst die Streuung mit zunehmendem Luftspalt, so daß also das Verhältnis $\frac{\text{Polteilung}}{\text{Luftspalt}}$ ein Maß für die Höhe des plötzlichen Kurzschlußstromes einer Maschine ist. Damit hängt es auch zusammen, daß Maschinen für niedrige Periodenzahlen besonders hohe Stromstöße ergeben, denn bei gleichbleibender Umdrehungszahl nimmt eben die Polzahl mit der Fre-

[1]) Die erregenden Amperewindungen sind ohne weiteres bekannt, der magnetische Widerstand des Eisens kann vernachlässigt werden und der in die Rechnung einzusetzende Luftweg ist $\frac{\text{Polteilung}}{\pi}$.

quenz ab. Man muß sich vor dem Trugschlusse hüten, daß die Periodenzahl an sich den Kurzschlußstrom beeinflußt, die Frequenz kommt in unseren Gleichungen für die Höhe des ersten Stromstoßes nicht vor. Im Gegenteil, eine niedrige Periodenzahl wirkt sogar günstig auf die Höhe des ersten Stromstoßes ein, insofern, als eine längere Zeit bis zur Erreichung seines Scheitelwertes vergeht und dadurch die zeitliche Dämpfung sich stärker bemerkbar macht.

Man kann die reine Statorstreuung einer Maschine verhältnismäßig genau berechnen. Jedes Lehrbuch gibt Formeln an, nach welchen die Nut-, Zahnkopf- und Stirnstreuung zu berechnen ist, und hiezu tritt bei Maschinen mit verteilter Wicklung auf dem Rotor (Induktionsmaschinen, Synchronmaschinen mit unausgeprägten Polen) noch die doppelt verkettete Streuung. Indem man die auf den stationären Kurzschlußstrom bezogene Streuspannung des Stators in Beziehung zur normalen Spannung der Maschine bringt, erhält man den Streuungskoeffizienten des Stators. Es sei nochmals darauf hingewiesen, daß wegen der starken Sättigung der Zähne im plötzlichen Kurzschluß die Gleichungen für die Nut- und Zahnkopfstreuung etwas zu hohe Werte ergeben. In genau gleicher Weise kann man bei Asynchronmaschinen und Turbodynamos bei der Berechnung der Rotorstreuung vorgehen. Schwierigere Verhältnisse liegen bei Maschinen mit ausgeprägten Polen vor. Einen Anhaltspunkt liefert die Größe der Polstreuung im Leerlauf, doch gilt hier, was für die Zähne gesagt wurde, in verstärktem Maße. Da der Wechselfluß kaum in das Eisen eindringt, sondern hauptsächlich in den Randschichten verläuft, ist mit wesentlich geringeren Werten der Streuung zu rechnen. Das Verhältnis des Streufeldes zum Leerlauffeld ergibt direkt den Streuungskoeffizienten des Induktors.

Bei dem Generator, der der Fig. 103 zu grunde gelegt wurde, errechnet sich nach den bekannten Methoden eine Statorstreuung von 7,6 %. Dieser Wert bezieht sich natürlich auf ungesättigten Zustand der Maschine, dem bei der normalen Spannung von 6600 Volt, wie Fig. 103 erkennen läßt, ein Erregerstrom von 165 Amp. entsprechen würde. Auf den tatsächlichen Erregerstrom von 310 Amp. bezogen beträgt die Statorstreuung demnach 14 %. Die Streuung des Induktors berechnet sich bei der normalen Sättigung zu 18 % und demgemäß ist der totale Streuungskoeffizient

$$\tau = 1 - \frac{1}{1{,}14 \cdot 1{,}18} = 0{,}26.$$

Bei einem Erregerstrom von 310 Amp. ist der stationäre Kurzschlußstrom des Generators 2600 Amp. mithin berechnet sich die Amplitude des Wechselstromgliedes im plötzlichen Kurzschlußstrom zu

$$\frac{1}{2} \cdot i_{\max} = \frac{2600}{0{,}26} = 10\,000 \text{ Amp.}$$

Dies ist nun genau der Wert, den die gestrichelte Kurve in der Fig. 103 ergibt, und der sich einstellen würde, wenn die Streureaktanzen von den Sättigungserscheinungen unberührt blieben. In Wirklichkeit ergibt die Maschine einen Kurzschlußstrom mit einem Wechselstromglied von 13 000 Amp., also um 30% mehr.

Man kann, wie wir sehen, den plötzlichen Kurzschlußstrom einer Maschine ziemlich genau vorherbestimmen, wenn man die Streuungskoeffizienten nach den üblichen Methoden berechnet und zu dem sich ergebenden Stromwert einen Erfahrungszuschlag macht, der die Abnahme der Streureaktanzen im Kurzschluß berücksichtigt.

Die vor den Stator geschaltete sog. Schutzreaktanz besitzt den Nachteil, daß sie ständig im Betriebe eine gewisse Spannung verzehrt und daß infolgedessen die Erregung der Maschine um einen entsprechenden Betrag verstärkt werden muß. Immerhin darf nicht vergessen werden, daß diese Spannung dem Strome um 90° voreilt und daß sie infolgedessen geometrisch von der Maschinenspannung zu subtrahieren ist, nichtsdestoweniger zieht aber die Forderung eines nicht zu hohen Spannungsabfalles der Bemessung der Reaktanzen enge Grenzen. Um dieser Schwierigkeit zu entgehen, die besonders dann auftritt, wenn es sich um den nachträglichen Einbau von Schutzreaktanzen in eine vorhandene Anlage mit mehreren parallelarbeitenden Stromerzeugern handelt, ist es zweckmäßig, die Sammelschienen in Sektionen von annähernd gleicher Leistungsabgabe zu unterteilen und diese Sektionen über Drosselspulen untereinander zu verbinden. Auf jede Sektion werden je ein oder mehrere Stromerzeuger geschaltet, welchen außerdem noch je eine Drosselspule verhältnismäßig geringer Induktivität vorgeschaltet werden kann. Fig. 106 zeigt das Schema einer derartigen Anlage. In den Drosselspulen y fließt dann normalerweise nur ein geringer Ausgleichsstrom, so daß man diesen eine verhältnismäßig große Induktivität bei geringem Kupfergewicht geben kann. Sollte der Ausgleichsstrom zwischen zwei Sektionen ausnahmsweise einmal größere Beträge annehmen, so kann man die betreffende Drosselspule leicht durch einen Umgehungstrennschalter kurzschließen.

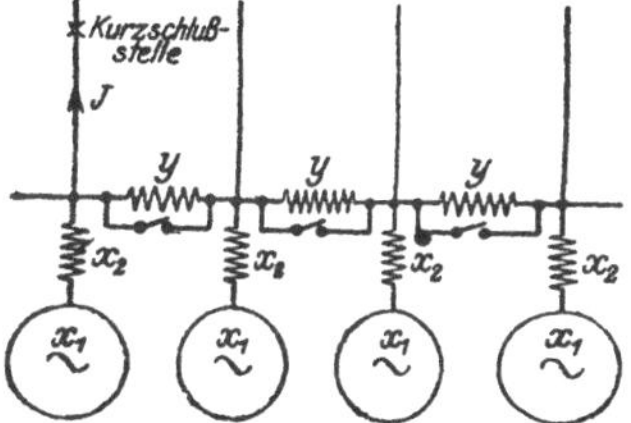

Fig. 106. Schaltungsschema einer Zentrale mit Sammelschienenreaktanzen.

Tritt nun an der in der Fig. 106 bezeichneten Stelle plötzlich ein Kurzschluß ein, so findet der von den vier Generatoren nach der Kurzschlußstelle fließende Strom einen resultierenden induktiven Widerstand:

$$X = \frac{\left(\frac{\left(\frac{(x+y)\cdot x}{x+y+x}+y\right)\cdot x}{\frac{(x+y)\cdot x}{x+y+x}+y+x}+y\right)\cdot x}{\frac{\left(\frac{(x+y)\cdot x}{x+y+x}+y\right)\cdot x}{\frac{(x+y)\cdot x}{x+y+x}+y+x}+y+x} \tag{162)}$$

vor, wo

$$x = x_1 + x_2 \tag{162a)}$$

und x_1 die Streureaktanz der unter sich gleichen Generatoren, x_2 die Reaktanz der vor jeden Generator geschalteten Drosselspule ist.

Wäre beispielsweise $x_1 = x_2 = 5\,\%$ (auf den Vollaststrom bezogen) und denken wir uns die in den Sammelschienen liegenden Drosselspulen, deren Reaktanz $y = 10\,\%$ betragen möge, zunächst überbrückt, so ergäbe sich der höchstmögliche momentane Kurzschlußstrom an der bezeichneten Stelle zu:

$$J = J_{1/1}\cdot 4\cdot\frac{200}{10} = J_{1/1}\cdot 80,$$

er betrüge also das 80fache des Vollaststromes eines Generators. Öffnen wir dagegen die die Drosselspulen y überbrückenden Trennschalter, so kann sich im Höchstfalle

$$J = J_{1/1}\cdot\frac{200}{6{,}2} = J_{1/1}\cdot 32$$

ergeben, der Kurzschlußstrom würde also ganz wesentlich reduziert. Arbeiten nun nicht vier, sondern unendlich viel Generatoren auf die Sammelschienen, so errechnet sich für diesen ungünstigsten Fall:

$$J = J_{1/1}\cdot\frac{200}{5} = J_{1/1}\cdot 40.$$

Die Sammelschienenreaktanz ist also ein sehr wirksames und nicht allzu kostspieliges Mittel, um den Kurzschlußstrom großer Zentralen auf erträgliche Werte zu begrenzen.

An die günstige Wirkung einer auf dem Induktor angebrachten Dämpferwicklung, die besonders die überspannungstechnische Seite betraf, wollen wir uns noch einmal besonders erinnern.

IX. Beispiel.

34. Vergleich eines Langsamläufers mit einem Schnelläufer gleicher Leistung.

Die Erfahrung hat gezeigt, daß Schnelläufer sehr stark unter den Folgeerscheinungen des plötzlichen Kurzschlusses zu leiden haben, während Langsamläufer hiervon viel weniger betroffen werden. Dieser Unterschied im Verhalten der beiden Maschinengattungen soll uns an folgendem Beispiel klar werden, in welchem wir zwei normale Maschinentypen gleicher Leistung, aber mit sehr verschiedener Polzahl bezüglich ihres Verhaltens im plötzlichen Kurzschluß miteinander vergleichen. Die einschlägigen Daten der beiden Maschinen sind:

	Langsamläufer	Schnelläufer
Leistung	1500 kVA	1500 kVA
Klemmenspannung	6000 Volt	6000 Volt
Vollaststrom	145 Amp.	145 Amp.
Umdrehungszahl	115	1500
Periodenzahl	50	25

Nun folgen die Hauptabmessungen, die ein genügend deutliches Bild von der Konstruktion beider Maschinen ergeben.

Stator:	Langsamläufer	Schnelläufer
Bohrung	500 cm	104,4 cm
Luftspalt	0,7 »	4,2 »
Äußerer Eisendurchmesser	540 »	175 »
Kernlänge	44 »	102 »
Reine Eisenlänge	38 »	80,5 »
Zahl der Luftschlitze	4	11
Nutenzahl	312	72
» je Pol und Phase	2	12
Nutenform rechteckig, halbgeschlossen bzw. offen	24×32	23×50
Stabzahl je Nut	5	5
Drahtzahl einer Phase	520	120
Querschnitt	11×5, 53 mm²	13×4, 51 mm²
Ohmscher Widerstand einer Phase	0,21 Ohm	0,145 Ohm
Schaltung des Stators	Stern	Stern
Länge eines Spulenkopfes	55 cm ($l_s = 30$ cm)	200 cm ($l_s = 150$ cm)
Abstand vom Eisen	$a_f = 15$ cm	$a_f = 10$ cm

Stator:	Langsamläufer	Schnelläufer
Gegenseitiger Abstand zweier Spulenköpfe	$a_s = 10$ cm	$a_s = 8$ cm
Mittlerer Abstand von der Erregerwicklung	$a_p = 23$ cm	$a_p = 29$ cm
Induktor:		
Durchmesser	498,6 cm	96 cm
Polbreite bzw. Kernlänge . . .	43 cm	97 »
Polbedeckung bzw. Verhältnis der Nutenzahl je Pol zur Zahl der bewickelten Nuten	0,65	18;12
Polzahl	52	2
Windungszahl je Pol	60	216
Drahtquerschnitt	65 mm²	75 mm²
Widerstand der Erregerwicklung .	0,96 Ohm	0,5 Ohm
Mittlere Länge der Erregerwicklung in der Drehrichtung	$l_p = 22$ cm	$l_p = 110$ cm

Die Figuren 107 und 108 zeigen noch je eine Leerlaufcharakteristik beider Maschinen, Fig. 107 bezieht sich auf den Langsamläufer, Fig. 108 auf den Turbogenerator.

Wir stellen uns nun die Aufgabe, zunächst den Höchstwert des plötzlichen Kurzschlußstromes beider Maschinen zu berechnen.

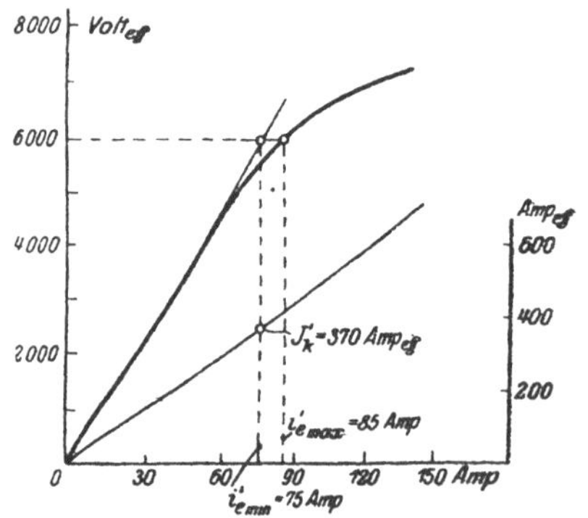

Fig. 107. Charakteristische Kurven des Langsamläufers.

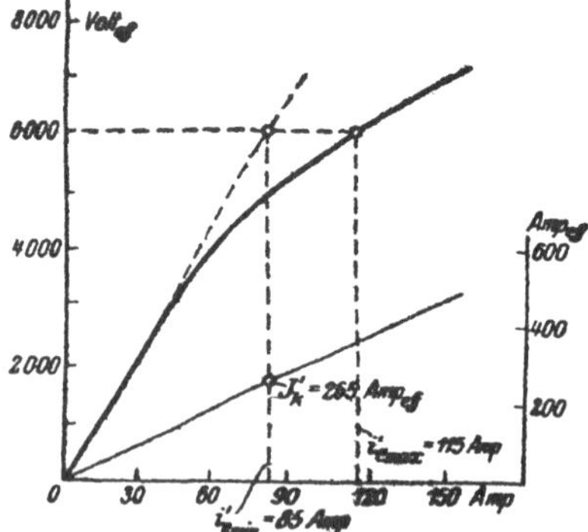

Fig. 108. Charakteristische Kurven des Schnelläufers.

Aus den Figuren 107 und 108 entnehmen wir, wenn wir uns der im 28. Abschnitt angegebenen einfachen Methode zur Berücksichtigung der Sättigungserscheinungen des Eisens bedienen, einen zur normalen

Leerlaufspannung von 6000 Volt gehörigen reduzierten Erregerstrom von $i_e' = 75$ bzw. 85 Amp. Hierzu kann aus der Gleichung

$$E_m = i_e' \cdot M \cdot \omega,$$

wo E_m den Scheitelwert der normalen Leerlaufspannung einer Phase der Generatoren bedeutet, leicht der Koeffizient der gegenseitigen Induktion zwischen Erregerwicklung und einer Statorphase berechnet werden. Durch Multiplikation mit dem Verhältnis der Windungszahlen und der Amperewindungsfaktoren folgen weiter die Werte für die Selbstinduktionskoeffizienten L_{11} und L_{22} von Erregerwicklung und Statorwicklung. Die Streureaktanz des Stators beider Maschinen, ebenso die Streureaktanz des Induktors der Turbodynamo kann aus den Abmessungen ohne weiteres berechnet werden, beim Induktor des Langsamläufers legen wir der Rechnung die Polstreuung bei Leerlauf und ungesättigtem Zustand zugrunde. Die Statorstreuung ist auf den ebenfalls reduzierten stationären Kurzschlußstrom $J_k' = \frac{M}{L} \cdot i_e' \cdot 0{,}66$ zu beziehen, den wir indes noch nicht kennen. Wir berechnen zu dem Zwecke zunächst J_k' mit einem geschätzten Werte der Statorstreuung und können das Ergebnis dann ohne weiteres, sobald der Streuungskoeffizient des Stators festliegt, verbessern. Wir können so schrittweise die folgende Tafel berechnen:

	Langsamläufer	Schnelläufer
Koeffizient der gegenseitigen Induktion, M	0,208 Henry	0,37 Henry
Selbstinduktionskoeffizient der Erregerwicklung, L_{11}	2,50 »	2,66 »
Selbstinduktionskoeffizient der Statorwicklung, L_{22}	0,017 »	0,051 »
Streuungskoeffizient der Erregerwicklung, τ_1	0,20	0,062
» » Statorwicklung, τ_2	0,16	0,085
Totaler Streuungskoeffizient, τ	0,285	0,13
» Selbstinduktionskoeffizient der Erregerwicklung, L_1	2,9 Henry	2,9 Henry
Totaler Selbstinduktionskoeffizient der Statorwicklung, L_2	0,02 »	0,056 Henry
Reziproke Zeitkonstante der Erregerwicklung, $\frac{r_1}{L_1}$	0,33	0,17
Reziproke Zeitkonstante der Statorwicklung, $\frac{r_2}{L_2}$	10,7	2,6

1) Dreiphasiger Kurzschluß:	Langsamläufer	Schnelläufer
Dämpfungskonstante des Induktorfeldes, a_i	1,16	1,3
» » Statorfeldes, a .	24,0	11,3
Schlupfgeschwindigkeit des Statorfeldes, q	0,33	0,32
Induktor mit Querfelddämpfung		
Dämpfungskonstante des Induktorfeldes, a_1	1,35	1,35
» » Statorfeldes, a_2 .	38,0	20
Schlupfgeschwindigkeit beider Felder, q .	1,0	0,5
2) Einphasiger Kurzschluß:		
Dämpfungskonstante des Induktorfeldes, a_1	0,62	0,47
» » Statorfeldes, a_2 .	20,0	7,2
Induktor mit Querfelddämpfung		
Dämpfungskonstante des Induktorfeldes, a_i	0,745	0,73
» » Statorfeldes, a .	37,5	20,0
Schlupfgeschwindigkeit des Induktorfeldes, q	2,3	1,4

Wir können nun jede gewünschte Größe sofort angeben. Was uns jetzt schon auffällt, ist einesteils die verhältnismäßig große Totalstreuung des Langsamläufers, dann die, besonders beim Langsamläufer außerordentlich starke Dämpfung des Statorfeldes. Wir sehen also, daß der Turbogenerator in jeder Beziehung viel ungünstiger gestellt ist als der Langsamläufer. Wenn uns noch etwas auffällt, so ist es die Verstärkung der Dämpfung, die eine auf dem Induktor angebrachte Dämpferwicklung in allen Fällen zustande bringt.

Betrachten wir uns beispielsweise den dreiphasigen Kurzschluß ohne Dämpferwicklung etwas näher. Die Gl. 124) ergeben unter Berücksichtigung der Dämpfung folgende Beträge für die maximalen Kurzschlußströme:

$$\left.\begin{array}{l} i_{i\,\max} = 390 \text{ Amp.} \\ i_{III\,\max} = 3200 \quad » \end{array}\right\} \text{für den Langsamläufer}$$

und

$$\left.\begin{array}{l} i_{i\,\max} = 1070 \text{ Amp.} \\ i_{III\,\max} = 5100 \quad » \end{array}\right\} \text{für den Turbogenerator.}$$

In der Erregerwicklung der Turbodynamo fließt also ein im Vergleich zum Langsamläufer annähernd dreimal so hoher Kurzschlußstrom, und so ist das bei Turbomaschinen häufig beobachtete und jedem Betriebsleiter wohlbekannte Rundfeuer am Kollektor der Erregermaschine sehr erklärlich. Solange keine induktiven Widerstände vor der

Erregerwicklung liegen, ist mit diesem außerordentlichen Überstrome für die Erregerwicklung keine besondere Gefahr verbunden. Denn der Überstrom vernichtet die induzierte Wechselspannung in der Erregerwicklung an Ort und Stelle ihrer Bildung. Bereits in sehr kleinen vorgeschalteten Induktanzen, z. B. dem Anker oder der Kompoundwicklung einer Erregermaschine, verursacht der Überstrom aber derartige Überspannungen, daß die Isolation in dieser wie auch in der Erregerwicklung mit Leichtigkeit durchbrochen wird. Daß die häufig auftretenden Durchschläge nicht zur Außerbetriebsetzung der Maschine führen, hat seinen Grund in der glücklicherweise sehr kurzen Dauer des Vorganges. Die Durchschlagsbahn erwärmt sich nicht genügend, und die Erregerniederspannung kann nicht nachfolgen. Die zwischen den einzelnen Windungen der Erregerwicklung infolge ihrer Streuinduktivität induzierte Überspannung ist übrigens gar nicht so niedrig, wie man vielfach annimmt. So konnte Verfasser folgenden interessanten Fall beobachten.

Ein Wasserturbogenerator von 15000 kVA normaler Leistung besaß aus Flachkupfer hochkant gewickelte Feldspulen, und jede dritte der blanken Windungen war der besseren Kühlung wegen etwas überstehend gewickelt worden. Als der Generator nach der Montage in Betrieb kam und der erste Kurzschluß passierte, machte sich am Induktor eine heftige Feuererscheinung derart bemerkbar, daß der ganze Polkranz in Feuer gehüllt schien. Die Ursache wurde darin gefunden, daß sich zwischen den vorstehenden Windungen Staub festgesetzt hatte, der es den im Gefolge des plötzlichen Kurzschlusses auftretenden Überspannungen ermöglichte, von Windung zu Windung überzuschlagen. Nach sorgfältiger Reinigung der Feldspulen und Anstrich mit Emaillelack war die Erscheinung beseitigt.

Es läßt sich denken, daß die auf die Wickelköpfe ausgeübten magnetischen Zugkräfte beim Turbogenerator nicht gering sein werden. Hier ergeben die Gl. 161), wenn wir beachten, daß die Anzahl sämtlicher in einem Spulenkopf vereinigter Leiter beim Langsamläufer $N_2' = 10$ und beim Schnelläufer $N_2' = 60$ ist, folgende Werte:

	Langsamläufer	Turbogenerator
Maximale Abstoßungskraft zwischen Erregerwicklung und Spulenkopf, P_1	14,5 kg	5500 kg
Maximale Anziehungskraft zwischen Spulenkopf und Statoreisen, P_2 .	21,0 kg	14500 kg
Maximale Anziehungskraft zwischen zwei Spulenköpfen verschiedener Phase, P_3.	15,5 kg	9000 kg

Wenn diese Zahlen auch in Wirklichkeit nicht erreichte Höchstwerte angeben, so stimmt doch wenigstens ihre Größenordnung, und der Leser wird jetzt begreifen, daß die Schwierigkeiten der Spulenkopfbefestigungen erst mit dem Bau großer Schnelläufer begannen. Der Langsamläufer unseres Beispiels besaß keinerlei Wickelkopfbefestigung, wozu, wie die Zahlen der ersten Spalte beweisen, ja auch keine Veranlassung vorlag, dagegen mußte beim Turbogenerator auf eine unverrückbare Befestigung der Spulenköpfe ganz besonderes Augenmerk gerichtet werden. Es handelt sich ja nicht nur darum, die Wicklung vor Verbiegungen zu schützen, es soll vielmehr jede Erschütterung von den Spulenköpfen ferngehalten werden, um eine Beschädigung der spröden Mikanithülsen zu vermeiden. Die kurzschlußsichere Befestigung der Wickelköpfe ist auch heute noch ein schwieriges Problem, besonders da man noch die Forderung stellen muß, daß eine Maschine auch jenen Beanspruchungen standhält, die beim fehlerhaften Synchronisieren auftreten können.

Wird nämlich ein Generator infolge ungeschickter Schaltmanipulationen gerade in Phasenopposition auf ein großes Netz geschaltet, so wird der Kurzschlußstrom in der Statorwicklung annähernd doppelt so groß als die Gl. 124) angibt, und die Anziehungskräfte auf die Spulenköpfe werden vervierfacht. Das heißt, daß bei unserm Turbogenerator auf einen Spulenkopf eine größte Anziehungskraft von annähernd 60000 kg ausgeübt wird. Selbst wenn diese Zahl die tatsächlich auftretenden Kräfte um das Zehnfache zu hoch angibt, verbleiben immer noch ganz gewaltige Werte, die unsere volle Aufmerksamkeit herausfordern, und wir verstehen es, daß selbst bei modernen, gut durchkonstruierten Maschinen noch gelegentlich eine Zerstörung der Wicklung eintritt.

Aber auch die Kräfte, die infolge der Streufelder des Induktors in dessen Drehrichtung auf die Wickelköpfe ausgeübt werden, sind gar nicht so gering, und Verfasser konnte an einer großen, sonst gut durchkonstruierten Maschine, die häufigen Kurzschlüssen ausgesetzt war, ein allmähliches »Wandern« der Spulenköpfe in der Drehrichtung des Induktors beobachten, was, wenn nicht rechtzeitig Einhalt geboten worden wäre, unweigerlich zu einem Abbrechen der aus den Nuten herausragenden Mikanithülsen geführt hätte.

Die der Vollastleistung entsprechende Umfangskraft am Induktor beträgt bei unserm Langsamläufer 5100 kg, beim Schnelläufer 1900 kg. Die Gl. 127) ergibt für die betrachteten Maschinen einen infolge der magnetischen Kontrastwirkung zwischen Induktor und Stator sich Halbperiode für Halbperiode wiederholenden Druckwechsel vom anfänglich 11,3- bzw. 18fachen Werte des normalen Drehmomentes. Infolge der dauernden Abnahme der magnetischen Felder verbleibt ein gleichgerichtetes Drehmoment in der Drehrichtung des Induktors, das beim Langsamläufer maximal das 2,9-, beim Schnelläufer das 5,4-fache normale Drehmoment erreicht. Wenn dieses Drehmoment auch den kleineren Betrag besitzt, so ist doch zu beachten, daß mit ihm das Fundament der Maschine und ferner die Welle des Induktors voll beansprucht wird, was bei ihrer Berechnung wohl zu berücksichtigen ist.

Wie bereits früher gesagt wurde, wird das periodisch sein Vorzeichen ändernde Drehmoment zum größten Teil von der lebendigen Kraft der sich drehenden Massen aufgenommen, und es verbleibt nur ein verhältnismäßig geringer Rest, der für die Torsionsbeanspruchung der Welle in Frage kommt. Wir wollen die Größe dieser Torsionsbeanspruchung einmal nachrechnen.

Die von dem bremsenden Drehmoment während der ersten Halbperiode entzogene Energie ist:

$$A' = \int_0^{\frac{\pi}{\omega}} D \cdot \omega \cdot dt = D_{\text{norm}} \cdot \frac{J_k}{J_{1/1}} \cdot \omega \cdot \int_0^{\frac{\pi}{\omega}} \left(\frac{1}{\tau} \cdot \sin \omega \cdot t - \frac{1-\tau}{2 \cdot \tau} \cdot \sin 2\,\omega \cdot t \right) =$$

$$= 2 \cdot D_{\text{norm}} \cdot \frac{J_k}{J_{1/1}} \cdot \frac{1}{\tau} \cdot \qquad 163)$$

Dieser Energiebetrag wurde der kinetischen Energie der rotierenden Massen entzogen, und infolgedessen sank die elektrische Winkelgeschwindigkeit des Induktors von ihrem ursprünglichen Betrag ω auf einen etwas geringeren Wert ω_1. Der dadurch freigewordene Energiebetrag ist:

$$A'' = \frac{M}{4 \cdot p^2} \cdot (r_1^2 + r_2^2) \cdot (\omega^2 - \omega_1^2) = \sim \frac{M}{2 \cdot p^2} \cdot (r_1^2 + r_2^2) \cdot \omega \cdot (\omega - \omega_1). \qquad 164)$$

Hierbei denken wir uns die ganze Masse M des Induktors in einem Hohlzylinder von dem Innenradius r_1 und dem Außenradius r_2 vereinigt (Fig. 109), p ist die Polpaarzahl. Für einen Turbogenerator mit walzenförmigem Induktor ist natürlich $r_1 = 0$ und r_2 ist der halbe Außendurchmesser des Induktors. Säßen nun auf der Welle des Generators außer dem Induktor keine nennenswerten Massen mehr, so hätten wir

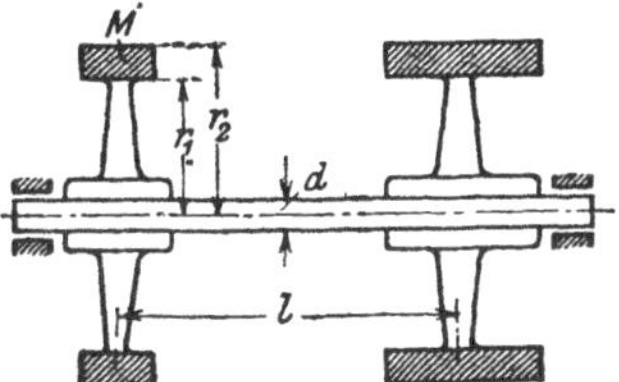

Fig. 109. Schematische Darstellung des schwingungsfähigen Systems.

$$A' = A''$$

und daraus:

$$\omega - \omega_1 = 4 \cdot \frac{D_{\text{norm}}}{M} \cdot \frac{J_k}{J_{1/1}} \cdot \frac{p^2}{\tau \cdot \omega \cdot (r_1^2 + r_2^2)} \cdot \qquad 165)$$

Um diesen Betrag würde also der Induktor während der ersten Halbperiode des Kurzschlusses abgebremst, und, wenn wir von den Verlusten absehen, während der nächsten Halbperiode wieder beschleunigt werden. Der Betrag dieser Geschwindigkeitsänderungen ist herzlich gering.

Bei unserm Langsamläufer hat der Induktor ein gesamtes Gewicht von 11 000 kg, ferner ist $r_1 = 200$ und $r_2 = 250$ cm, $p = 26$. Mit diesen Werten ergibt sich:

$$\omega - \omega_1 = 0{,}7 = 0{,}22\,\%.$$

Für den Turbogenerator mit einem Induktorgewicht von 6500 kg und $r_1 = 48$ cm, $p = 1$ wird

$$\omega - \omega_1 = 0{,}0215 = 0{,}014\,\%.$$

Der Induktor hat also während der ersten Halbperiode eine Nacheilung um einen Winkel

$$\xi = \pi \cdot \frac{\omega - \omega_1}{2 \cdot \omega \cdot p} \tag{166}$$

erfahren, der beim Langsamläufer 0,46, beim Schnelläufer 0,74 Bogenminuten ausmacht. Gl. 166) gilt allerdings streng nur dann, wenn die Geschwindigkeitsabnahme des Induktors gleichmäßig erfolgt, was in Wirklichkeit nicht genau zutrifft.

In Wirklichkeit sitzen nun auf der Welle des Generators außer dem Induktor noch andere Massen, z. B. das Schwungrad der Antriebsmaschine oder das Schaufelrad der Turbine, die sich vermöge ihrer lebendigen Kraft den Geschwindigkeitsänderungen des Induktors widersetzen, und zwar um so mehr, je größer ihre Masse, oder richtiger ausgedrückt, je größer ihr Trägheitsmoment ist. Die Welle erfährt also eine ihre Richtung ständig wechselnde Torsionsbeanspruchung, deren Größe wir unter der ungünstigsten Voraussetzung berechnen wollen, daß z. B. an dem einen Ende der Welle (Fig. 109) ein Schwungrad mit unendlich großem Trägheitsmoment aufgekeilt sei, das also seine gleichförmige Winkelgeschwindigkeit $\frac{\omega}{p}$ dauernd beibehält.

Zur Verdrehung einer an einem Ende fest eingespannten Welle von der freien Länge l und dem Durchmesser d um einen Winkel ψ ist ein Drehmoment

$$D' = K \cdot \psi \tag{167}$$

erforderlich, wobei für die Torsionskonstante K die Beziehung gilt:

$$K = \frac{J_p}{\beta \cdot l} = \frac{\pi \cdot d^4}{32 \cdot \beta \cdot l}. \tag{167a}$$

J_p ist das polare Flächenträgheitsmoment der Welle, l, um es nochmals zu sagen, die verdrehte Wellenlänge und β die Schubzahl, wobei für Wellenstahl $\frac{1}{\beta} = 0,85 \cdot 10^9$ gesetzt werden kann.

Bei der Verdrehung der Welle um den Winkel ψ wurde eine Arbeitsleistung

$$A''' = \frac{1}{2} \cdot K \cdot \psi^2 = 4,17 \cdot 10^7 \cdot \frac{d^4 \cdot \psi^2}{l} \qquad 168)$$

aufgewendet, die ebenfalls von der magnetischen Abstoßung zwischen Induktor und Stator aufgebracht werden mußte. Unsere Arbeitsgleichung lautet also jetzt während der ersten Halbperiode des Kurzschlusses:

$$A' = A'' + A'''$$

oder

$$\psi^2 \cdot 4,17 \cdot 10^7 \cdot \frac{d^4}{l} + \psi \cdot \frac{M}{p} \cdot (r_1^2 + r_2^2) \cdot \frac{\omega^2}{\pi} = 2 \cdot D_{\text{norm}} \cdot \frac{J_k}{J_{1/1}} \cdot \frac{1}{\tau} \cdot \qquad 169)$$

Aus dieser Gleichung ist der Winkel ψ, um den die Welle sich verdreht, leicht auszuwerten, und damit ist ohne weiteres die Torsionsbeanspruchung der Welle gegeben. In dieser Gleichung sind natürlich alle Größen mit absolutem Maß zu messen, d. h. die Längen in cm und die Gewichte und Kräfte in g und der Winkel ψ wird im Bogenmaß erhalten.

In unserm Beispiel hat der Langsamläufer einen Wellendurchmesser von 30 cm, der Schnelläufer einen solchen von 20 cm, die verdrehte Länge l wollen wir in beiden Fällen zu 200 cm annehmen. Dann ergeben sich folgende Bedingungsgleichungen für den Winkel ψ:

$$\psi^2 + \psi \cdot 10^3 = 0,134$$

bzw.

$$\psi^2 + \psi \cdot 357 = 0,0764$$

und als Lösung erhalten wir wieder fast genau dieselben Werte, die sich ohne Berücksichtigung der elastischen Kraft der Welle ergaben, nämlich $\psi = 0,134 \cdot 10^{-3}$ bzw. für den Schnelläufer $\psi = 0,214 \cdot 10^{-3}$. Der Winkel ψ ist eben so geringfügig, daß die Welle ihrer Verdrehung keinen nennenswerten Widerstand entgegensetzt. In der Tat ergibt sich dieses widerstehende Drehmoment, wenn wir den für ψ gefundenen Wert in die Gl. 167) einsetzen, zu 453 bzw. 142 mkg, oder auf den Induktorumfang umgerechnet, zu 180 bzw. 300 kg, d. h. die Welle wird durch die Halbperiode für Halbperiode ihr Vorzeichen ändernden magnetischen Kräfte beim Langsamläufer nur mit 3,5 % und beim Schnelläufer mit 16 % ihrer normalen Belastung beansprucht. Auch erscheint beim Langsamläufer durch diese Kräfte die Befestigung der Pole nicht sehr gefährdet, denn diese repräsentieren einen erheblichen

Teil der im Induktor aufgespeicherten lebendigen Energie. Sehr viel ungünstiger wirkt hingegen das beim plötzlichen Kurzschluß auftretende gleichgerichtete Drehmoment, dieses beansprucht die Welle beim Langsamläufer mit dem 2,9fachen, beim Schnelläufer mit dem 5,4fachen normalen Drehmoment.

Es ließe sich noch der Fall denken[1]), daß das System Induktor — elastische Welle eine Eigenschwingungszahl besäße, die mit der Frequenz des periodischen Druckwechsels, also mit der elektrischen Frequenz des Generators übereinstimmt und daß so durch Resonanz erhebliche Torsionsbeanspruchungen der Welle zustande kommen. Die Eigenschwingungszahl unseres mechanischen Systems ist bekanntlich:

$$\nu = \frac{1}{2 \cdot \pi} \cdot \sqrt{\frac{K}{J}}. \qquad 170)$$

Hierin ist K die aus Gl. 167a) zu entnehmende Torsionskonstante oder Direktionskraft der Welle, und

$$J = \frac{M}{2} \cdot (r_1^2 + r_2^2)$$

das Trägheitsmoment des Induktors in bezug auf seine Achse.

Resonanz wäre also möglich, wenn ν mit der elektrischen Frequenz übereinstimmt. Dazu ist nun aber folgendes zu sagen. Im Resonanzfalle wird die höchste Beanspruchung erst nach einer Reihe anschwellender Schwingungen erreicht, wozu je nach der Größe der Maschine Bruchteile von Sekunden oder auch mehrere Sekunden erforderlich sind. In dieser Zeit ist aber das Statorfeld und damit die ganze magnetische Kontrastwirkung zwischen Induktor und Stator längst verschwunden, und die Resonanz hat also gar keine Zeit zu ihrer Ausbildung. Ferner liegt die mechanische Eigenschwingungszahl ν in den meisten Fällen beträchtlich unterhalb der elektrischen Frequenz, in unserm Falle ergibt sich z. B. für den Langsamläufer $\nu = 0{,}35$ und für den Schnelläufer $\nu = 1{,}5$, während die elektrische Frequenz 50 bzw. 25 beträgt. Den im Gefolge des plötzlichen Kurzschlusses auftretenden mechanischen Wellenschwingungen ist also keine besondere Bedeutung beizumessen, und Verfasser hat auch noch niemals von diesbezüglichen Wellenbrüchen gehört.

Beim einphasigen Kurzschluß treten bereits im stationären Kurzschluß mit der Netzfrequenz verlaufende periodische Abstoßungskräfte zwischen Stator und Induktor auf. Es könnte also immerhin möglich sein, daß, wenn man eine Maschine im einphasigen Kurzschluß aus-

[1]) Vergl. hierzu: Niethammer: Mechanische Wellenschwingungen elektrischer Maschinen, besonders von Synchronmaschinen bei plötzlichem Kurzschluß. E. u. M. 1916. S. 509.

laufen läßt, bei einer bestimmten Umdrehungszahl Resonanzgefahr eintritt. Doch ist auch hier zu sagen, daß in der Zeit, in welcher die Wellenschwingungen beträchtliche Stärke erreichen würden, der Induktor die kritische Umdrehungszahl längst unterschritten hat.

Interessant ist auch noch eine Verfolgung der während des Kurzschlußvorganges sich abspielenden Energieumsetzungen. Wir werden auch hier wieder sehen, daß die magnetische Feldenergie nur einen geringen Beitrag zur Deckung der durch die Kurzschlußströme bedingten Stromwärmeverluste liefert.

Der Einfachheit halber wollen wir von den Größen der asynchronen Verkettung wegen ihrer im vorliegenden Falle außerordentlich starken Dämpfung ganz absehen; ihr Einfluß kann gegenüber den so sehr schwach gedämpften Größen der synchronen Verkettung, wenn wir die volle Dauer des Kurzschlußvorganges in Betracht ziehen, nur geringfügig sein. Unter dieser Voraussetzung können wir den Gl. 123) folgende Ausdrücke für die freien Schwingungen entnehmen:

$$i_{if} = i_{e} \cdot \frac{1-\tau}{\tau} \cdot e^{-a_i \cdot t},$$

$$i_{3f} = -\frac{M}{L} \cdot i_e \cdot \frac{1-\tau}{\tau} \cdot e^{-a_i \cdot t} \cdot \sin \omega \cdot t,$$

$$i_{4f} = -\frac{M}{L} \cdot i_e \cdot \frac{1-\tau}{\tau} \cdot e^{-a_i \cdot t} \cdot \cos \omega \cdot t.$$

Wir wollen nun die im Verlauf des ganzen Kurzschlußvorganges zur Deckung sämtlicher Stromwärmeverluste erforderliche Energie berechnen und bilden zu dem Zweck den Ausdruck

$$V = \int_0^\infty \left(i_{if}^2 \cdot r_i + (i_{3f}^2 + i_{4f})^2 \cdot r \right) \cdot dt =$$

$$= \frac{i_e^2}{2 \cdot a_i} \cdot \frac{(1-\tau)^2}{\tau^2} \cdot \left(r_i + \left(\frac{M}{L} \right)^2 \cdot r \right) = \frac{1}{2} \cdot i_e^2 \cdot L_i \cdot \frac{(1-\tau)^2}{\tau^2} \cdot \left(1 + \left(\frac{M}{L} \right)^2 \cdot \frac{r}{r_i} \right) \cdot \quad 171)$$

Ist der Stator dreiphasig bewickelt, so ist in dem erhaltenen Ausdruck der rechte Summand durch 1,5 zu dividieren.

Dagegen hat die freiwerdende magnetische Feldenergie nur einen Betrag von

$$W_f = \frac{1}{2} \cdot i_e^2 \cdot L_i \cdot (1-\tau). \quad 172)$$

Betrachten wir z. B. den Turbogenerator. Im Verlaufe des Kurzschlußvorganges wird ein Betrag von

$$V = 580 \cdot 10^3 \text{ Joule} = 59 \cdot 10^3 \text{ mkg}$$

in Wärme umgesetzt, während die freigewordene magnetische Energie nur

$$W_f = 9 \cdot 10^3 \text{ Joule} = 0{,}92 \cdot 10^3 \text{ mkg}$$

ausmacht, d. s. 1,55% der verbrauchten Energie.

Die an unser Beispiel geknüpften Betrachtungen führten zu dem Ergebnis, daß der Turbogenerator sich im plötzlichen Kurzschluß in jeder Beziehung viel ungünstiger verhielt als der Langsamläufer gleicher Leistung, und zwar ist dies in erster Linie auf dessen viel geringere Streuung zurückzuführen. Es muß also eine Vergrößerung der Totalstreuung der Turbodynamo als sehr erwünscht erscheinen, und wir könnten dies z. B. in der Weise erreichen, daß wir dem Stator eine eisenlose Drosselspule vorschalten. Deren Induktivität möge so bemessen sein, daß sie bei Durchgang des Vollaststromes 5% der Generatorspannung abdrosselt, dies ergibt bei einem $\cos \varphi = 0{,}8$ einen Abfall der Generatorspannung um 3%, also einen ganz unwesentlichen Betrag.

Wir vergrößern durch diese Drosselspule zunächst den Streuungskoeffizienten des Stators, τ_2 von 0,085 auf 0,18 und damit den Koeffizienten der Gesamtstreuung, τ von 0,13 auf 0,20. Die Stromstöße beim plötzlichen Kurzschluß sinken, selbst wenn man die etwas verringerte Dämpfung berücksichtigt, auf

$$i_{l\,\max} = 700 \text{ Amp.}$$

und

$$i_{\mathrm{III}\,\max} = 3200 \text{ Amp.},$$

der abgegebene Kurzschlußstrom ist also genau so groß geworden wie beim Langsamläufer. Demgemäß fallen auch die mechanischen Kräfte wesentlich kleiner aus, die größte, auf einen Spulenkopf ausgeübte Kraft sinkt von $P_2 = 14\,500$ kg auf 6000 kg und die maximale Umfangskraft am Induktor vom 18- bzw. 5,4fachen normalen Wert auf den 11,7- bzw. 2,3fachen Betrag.

Die günstige Wirkung der sogen. Schutzreaktanz kommt auch allen sonstigen, in der Kurzschlußbahn liegenden Apparaten und besonders auch dem den Kurzschluß unterbrechenden Ölschalter zugute. Im Falle daß das den Ölschalter betätigende Überstromrelais Schnellauslösung besitzt, also im ungünstigsten Falle, kann man annehmen, daß der Kurzschluß etwa $^1/_5$ Sekunde nach seiner Entstehung unterbrochen wird. Bis dahin sind die Größen der asynchronen Verkettung praktisch verschwunden, und auch der durch die synchrone Verkettung bedingte Kurzschlußstrom, d. h. das Wechselstromglied des Statorstromes hat schon einen nennenswerten Teil seiner ursprünglichen Höhe eingebüßt, was wir durch einen Faktor

$$\delta = 1 - e^{-a_i \cdot t'} = 1 - e^{-\frac{a_i}{5}} \quad .$$

berücksichtigen müssen, der bei der ungeschützten Maschine $\delta = 0{,}77$, bei der geschützten Maschine $\delta = 0{,}85$ ausmacht. Bei der ungeschützten Maschine hat also der Kurzschlußstrom im Momente der Unterbrechung noch einen Betrag von 2240, oder wenn wir mit Effektivwerten rechnen, von 1600 Amp., die 5%-Reaktanz drückt jenen Wert auf 1000 Amp_{eff} herunter.

Maßgebend für die Beanspruchung des Ölschalters ist nicht nur der zu unterbrechende Strom, sondern auch die Höhe der im Kurzschlußkreis wirkenden EMK, die der Höhe des in der Maschine noch vorhandenen magnetischen Feldes proportional ist. Wenn wir annehmen, daß das massive Eisen und die Nutenverschlußkeile des Induktors die im 27. Abschnitt betrachtete Abschalte-Überspannung genügend unterdrücken, können wir die Höhe dieser EMK aus der Gl. 159) berechnen und erhalten für die ungeschützte Maschine einen verketteten Wert von 4600, für die geschützte einen solchen von 5100 Volt_{eff}. Auf diesen Betrag springt also die Statorspannung im Momente der Unterbrechung, und der Ölschalter hat im ersteren Falle eine Leistung von 13000 kVA, im letzteren Falle eine solche von 9000 kVA zu unterbrechen.

Wir haben bisher den denkbar ungünstigsten Fall betrachtet, in welchem der plötzliche Kurzschluß direkt an oder wenigstens in nächster Nähe der Generatorklemmen eingeleitet wird. Längere in der Kurzschlußbahn liegende Leitungsstrecken und vor allem auch zwischen dem Generator und der Kurzschlußstelle liegende Transformatoren üben eine nicht zu unterschätzende dämpfende Wirkung aus. Unser Turbogenerator arbeite direkt auf einen Transformator gleicher Leistung, der bei seinem Vollaststrom einen Ohmschen Spannungsabfall von 1% und einen induktiven Spannungsabfall von 5% seiner normalen Spannung besitze. Das Übersetzungsverhältnis des Transformators sei 6000/30000 Volt. Zunächst möge der plötzliche Kurzschluß direkt an den Oberspannungsklemmen des Transformators eingeleitet werden.

Die Streuinduktivität des Transformators erhöht die Totalstreuung wieder auf $\tau = 0{,}2$, der auf die 6000 Volt-Seite bezogene Ohmsche Widerstand beider Transformatorenwicklungen beträgt 0,24 Ohm je Phase, so daß sich die Dämpfungskonstanten zu $a_i = 0{,}85$ und $a = 19$ errechnen. Die Kurzschlußströme erreichen im ungünstigsten Fall nur mehr folgende Werte:

$$i_{i\,\max} = 620 \text{ Amp.},$$
$$i_{\text{III}\,\max} = 2850 \text{ Amp.},$$

der Ohmsche Widerstand des Transformators macht sich also schon bemerkbar.

Nun ereigne sich der Kurzschluß nicht direkt an den Transformatorklemmen, sondern am Ende einer 25 km langen Freileitung aus 6 m/m starkem Kupferdraht. Wir können Selbstinduktion und Widerstand je Phase der Freileitung zu $0{,}7 \cdot 10^{-3}$ Henry bzw. 0,06 Ohm je km annehmen, dies ergibt im ganzen 0,0175 Henry und 1,5 Ohm, auf die Generatorseite bezogen also 0,0007 Henry und 0,06 Ohm je Phase. Die 25 km lange Freileitung erhöht also den induktiven Widerstand des Kurzschlußkreises überhaupt nicht merklich und den Ohmschen Widerstand nur sehr wenig, die letztere Widerstandserhöhung bewirkt, daß die Stromspitzen beim plötzlichen Kurzschluß um etwa 5% zurückgehen.

Ist die Freileitung nicht 25, sondern 100 km lang, ist also ihre Induktivität 0,0028 Henry und ihr Widerstand 0,24 Ohm je Phase, so wird $\tau = 0{,}225$, $a_i = 0{,}75$ und $a = 25$ und die Kurzschlußströme berechnen sich zu

$$i_{i\,\max} = 510 \text{ Amp.},$$
$$i_{\mathrm{III}\,\max} = 2300 \text{ Amp.}$$

Also selbst eine 100 km lange Freileitung vermag im vorliegenden Falle die Stromstöße nur um etwa 20% zu erniedrigen.

X. Die Kollektormaschinen.

35. Allgemeines.

Die Kollektormaschinen unterscheiden sich in wesentlichen Punkten von den bisher betrachteten Wechselstromerzeugern. Ein Kollektoranker besitzt keine bestimmte Wicklungsachse, es liegt ferner im Wesen des Kollektors, daß die elektrische Achse, unbekümmert um die Drehung des Ankers im Raume stillsteht und in ihrer Richtung mit der Bürstenachse zusammenfällt. Im Gegensatz hierzu dreht sich bei den kollektorlosen Maschinen die elektrische Achse ebenso wie die Wicklungsachse mit der synchronen absoluten oder relativen Geschwindigkeit des Ankers.

Diese unterscheidenden Merkmale der beiden betrachteten Maschinenarten bedingen natürlich entsprechende Unterschiede in ihrem elektrischen Verhalten. Während bei den kollektorlosen Maschinen der Koeffizient der gegenseitigen Induktion zwischen Stator und Induktor ein harmonisches Gesetz befolgte, ist bei den Kollektormaschinen der Koeffizient der gegenseitigen Induktion zwischen Erreger- und Ankerwicklung, wenn wir von den Sättigungserscheinungen des Eisens absehen, eine konstante Größe und nur von den geometrischen Abmessungen der Wicklungen und von der Bürstenstellung abhängig, unabhängig dagegen von der Drehung des Ankers. Diese letztere bewirkt in diesem lediglich das Auftreten einer Rotationsspannung, die — bei Vernachlässigung der Sättigungserscheinungen — mit dem Erregerstrom durch ein lineares Gesetz verknüpft ist, ebenso mit der Drehzahl. Dieser, den Zusammenhang zwischen Rotationsspannung und Erregerstrom angebende Koeffizient besitzt somit die Dimension eines Ohmschen Widerstandes, er kann allerdings auch negative Werte annehmen. Dabei ist natürlich, wie bisher stets, Konstanz der Drehzahl vorausgesetzt.

Gerade diese letztere Eigenschaft, nämlich die Fähigkeit des Koeffizienten der Rotationsspannung, auch negative Werte annehmen zu können, bedingt eine ganz besondere Eigentümlichkeit im Verhalten der Kollektormaschinen, die diese vor allen kollektorlosen Maschinen auszeichnet. Kollektormaschinen besitzen nämlich die Fähigkeit der Selbsterregung, d. h. sie vermögen, wenn die sonstigen äußeren Bedingungen günstig liegen, irgendwelche Schwingungsvorgänge aus kleinen Anfängen zu bedeutenden Amplituden zu entwickeln, wir haben also hier, im Gegensatz zu den kollektorlosen Maschinen, auch Ausgleichsvorgänge mit zeitlich wachsender Amplitude zu erwarten. Daß hierdurch wiederum besondere Formen des Verlaufes magnetischer Ausgleichsvorgänge bedingt werden, sollen uns einige Beispiele sogleich zeigen.

36. Der plötzliche Kurzschluß der Gleichstrom-Hauptschlußmaschine.

Gleichstrom-Maschinen werden heute fast nur noch mit Wendepolen ausgeführt, die Bürsten stehen also in der neutralen Zone, d. h. senkrecht zur Achse der Erregerwicklung, und jede induktive Beeinflussung zwischen Anker- und Erregerwicklung fällt fort. Die Gleichung einer kurzgeschlossenen Gleichstrom-Hauptschlußmaschine läßt sich also, wie ein Blick auf Fig. 110 lehrt, schreiben:

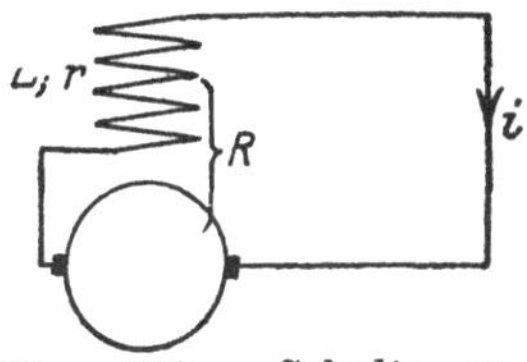

Fig. 110. Schaltungsschema der Hauptschlußmaschine.

$$L \cdot \frac{di}{dt} + r \cdot i \pm R \cdot i = 0 . \qquad 173)$$

L ist der Selbstinduktionskoeffizient des gesamten Stromkreises, r dessen Ohmscher Widerstand, R ist der Koeffizient der Rotationsspannung und $R \cdot i$ somit die im Anker induzierte EMK. Bei einer Hauptschlußmaschine ist bekanntlich die Drehrichtung für Motor- und Generatorbetrieb verschieden, aus diesem

Grunde wechselt auch das Vorzeichen von R und zwar gilt das Pluszeichen für Motorbetrieb, das Minuszeichen für Generatorbetrieb.

Gl. 173) hat folgende Lösung:

$$i = A \cdot e^{\frac{\mp R - r}{L} \cdot t}, \tag{174}$$

wobei die Integrationskonstante A dem im Augenblicke des Kurzschlusses fließenden Strome entspricht. War die Maschine im Augenblicke des Kurzschlusses stromlos, so entspricht A dem durch die Remanenzspannung erzeugten Strom, wobei allerdings zu berücksichtigen ist, daß der Remanenzstrom nicht sofort, sondern allmählich, entsprechend der Zeitkonstante des Stromkreises, auf seinen Endwert ansteigt.

Denken wir uns zunächst folgenden Fall. Ein Hauptschlußmotor, der an einem Gleichstromnetz liegt, werde zur Zeit $t = 0$ an seinen Klemmen plötzlich kurzgeschlossen und wir wollen nun wissen, welchen Verlauf von diesem Zeitpunkt an der Motorstrom nimmt.

Zweifellos gehorcht der Strom folgendem Gesetz:

$$i = i_0 \cdot e^{-\frac{R + r}{L} \cdot t}, \tag{174a}$$

wo i_0 der zur Zeit $t = 0$ vom Motor aufgenommene Strom ist. Der Motorstrom sinkt also nach einem Exponentialgesetz auf Null, wie dies die Fig. 111 für einen Motor von 150 kW, 1000 Volt, 1500 Umdr./Min. mit

$$r = 0{,}22 \text{ Ohm},$$

$$R = 6{,}7 \text{ Ohm}$$

und

$$L = 0{,}16 \text{ Henry}$$

zeigt.

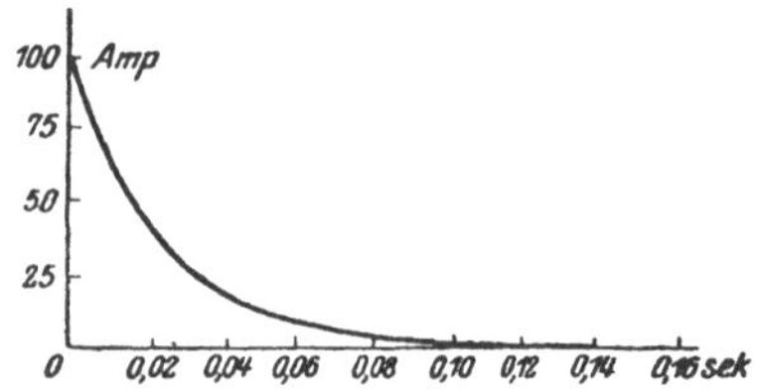

Fig. 111. Stromabfall des kurzgeschlossenen Hauptschlußmotors.

Dieselbe Maschine laufe als Generator. Der sich ausbildende Kurzschlußstrom gehorcht in diesem Falle folgender Gleichung:

$$i = i_0 \cdot e^{\frac{R - r}{L} \cdot t}. \tag{174b}$$

Bei praktisch ausgeführten Maschinen ist im Kurzschluß stets:

$$\dot{R} > r, \tag{175}$$

der Exponent in Gl. 174b) wird also positiv, und die Gleichung ergibt einen zeitlich anwachsenden Strom. Der Ansatz 175) enthält somit die Bedingung für Selbsterregung des Generators.

Fig. 112 zeigt das Anwachsen des Stromes für unser vorher benütztes Beispiel; es ist vorausgesetzt, daß den Anker zur Zeit $t = 0$ ein Remanenzstrom von 5% des Vollaststromes durchfloß. Der Ausgleichsvorgang besteht diesmal im Aufbau eines magnetischen Feldes, die hierzu nötige Energie wird der Maschine auf mechanischem Wege zugeführt. Im Gegensatz hierzu handelte es sich im vorhergehenden Falle um ein Verschwinden magnetischer Feldenergie, die teils in den Ohmschen Widerständen in Wärme umgewandelt, teils an die Welle des Motors als nutzbare mechanische Leistung abgegeben wurde; beide Anteile verhalten sich in ihrer Größe wie $r : R$.

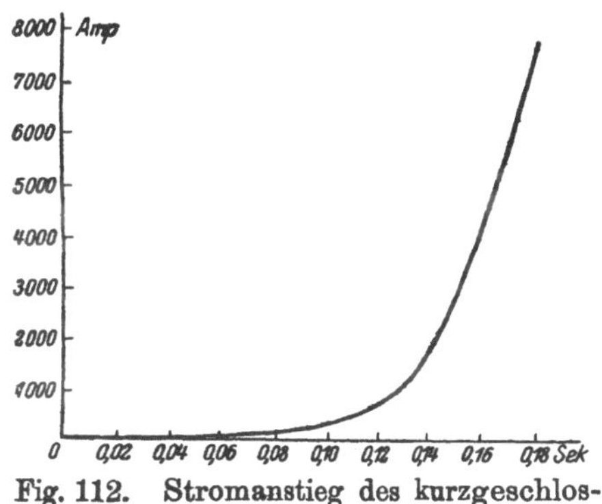

Fig. 112. Stromanstieg des kurzgeschlossenen Hauptschlußgenerators.

Es muß uns auffallen, daß die Gl. 174) einen bis ins Unendliche anwachsenden Kurzschlußstrom ergibt, obwohl uns die Erfahrung sagt, daß dies ganz bestimmt nicht der Fall ist. Dieser Widerspruch zwischen Theorie und Praxis klärt sich aber sofort auf, wenn wir uns erinnern, daß die Gl. 173) die Sättigungserscheinungen des Eisens nicht berücksichtigt. Gerade die Sättigung des Eisens ist es aber, welche ein allzu hohes Anwachsen des Kurzschlußstromes hintanhält. Dies wird uns bei Betrachtung der Fig. 113 sofort klar.

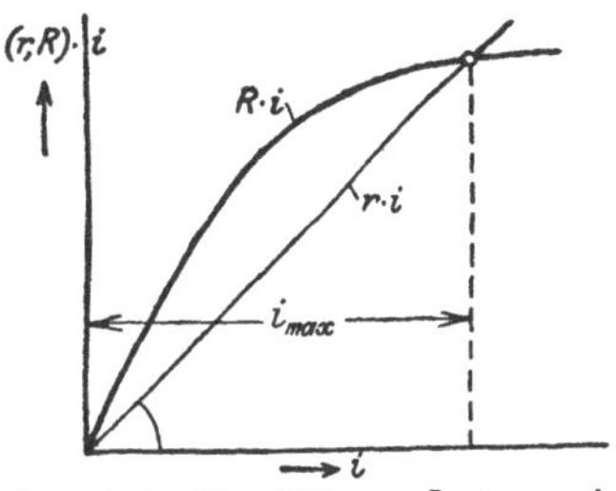

Fig. 113. Ermittlung des maximalen Kurzschlußstromes.

Der Ohmsche Widerstand ist eine konstante Größe; zeichnen wir also den Ohmschen Spannungsabfall als Funktion des Stromes in ein Koordinatensystem ein, so erhalten wir eine Gerade mit einem Neigungswinkel, dessen Tangente dem Ohmschen Widerstande gleich ist. Dahingegen ergibt die im Anker induzierte EMK $R \cdot i$ infolge der Eisensättigung eine Kurve, die in ihrer Form der Magnetisierungskurve unserer Maschine entspricht und die ebenfalls in das Koordinatensystem der Fig. 113 eingezeichnet ist. Beide Kurven schneiden sich, und zwar ist vor dem Schnittpunkte

$$R > r,$$

hingegen hinter dem Schnittpunkte

$$R < r.$$

Nun ergab die Gl. 174b), daß der Strom in unserer Maschine nur solange ansteigen kann, als die Ungleichung 175) erfüllt ist, d. h. der Schnittpunkt der Kurven $r \cdot i$ und $R \cdot i$ muß den höchstmöglichen Kurzschlußstrom ergeben, denn in diesem ist

$$R \doteq r$$

und das System somit im Gleichgewicht.

Der Verlauf des plötzlichen Kurzschlusses der Gleichstrom-Hauptschluß-Maschine wird also durch die Sättigung des Eisens in ausschlaggebender Weise beeinflußt, und wollen wir ein auch nur annähernd richtiges Bild über den zeitlichen Verlauf des Kurzschlußstromes erhalten, so müssen wir in der Differentialgleichung des vorliegenden Problems unbedingt den Einfluß der Eisensättigung berücksichtigen.

Unsere nächste Aufgabe muß sein, eine analytische Funktion aufzufinden, welche nicht nur die Magnetisierungskurve einer gegebenen Maschine genügend genau wiederzugeben gestattet, sondern auch eine Integration der vorgelegten Differentialgleichung ermöglicht. Wir wählen hierzu den Ansatz:

$$i = \frac{N_e}{L_1} \cdot \Phi + \frac{N_e}{L_2} \cdot \Phi^5. \qquad 176)$$

Hierin sind N_e die effektive Windungszahl der Erregerwicklung, Φ der dieselbe durchsetzende Kraftlinienfluß und $L_{1,2}$ willkürliche Konstanten. Wir können durch geeignete Wahl dieser Konstanten die angeschriebene Funktion zwingen, außer dem Nullpunkt noch zwei vorgegebene Punkte der Magnetisierungskurve zu durchlaufen. Zweckmäßig setzt man nun L_1 gleich dem dem unteren, geradlinigen Teil der Magnetisierungskurve entsprechenden Selbstinduktionskoeffizienten der Erregerwicklung und bestimmt L_2 so, daß die gewählte Funktion den Schnittpunkt der $R \cdot i$-Kurve mit der Widerstandsgeraden (Fig. 113) durchläuft. Dies ist leicht möglich, denn der Kraftlinienfluß Φ und die induzierte EMK $R \cdot i$ unterscheiden sich nur durch einen konstanten Faktor, der aus den Daten einer gegebenen Maschine ohne weiteres zu ermitteln ist.

Fig. 114 zeigt die Magnetisierungskurve unserer schon öfter als Beispiel benützten Maschine von 150 kW und 1000 Volt. Die Maschine besitzt zwei Pole, eine Windungszahl pro Polpaar von $N_e = 108$ und einen der Spannung von 1000 Volt entsprechenden nützlichen Kraftlinienfluß von $\Phi = 0{,}18 \cdot 10^8$ cgs. Diese Angaben, sowie der in die Fig. 114 eingezeichnete Schnittpunkt mit der $r \cdot i$-Geraden genügen zur Bestimmung der Konstanten L_1 und L_2, und es ergibt sich:

$$i = 4{,}6 \cdot 10^2 \cdot \Phi + 4{,}9 \cdot 10^6 \cdot \Phi^5.$$

Zur Erzielung einer kürzeren Schreibweise ist Φ des Faktors 10^8 entkleidet worden. Damit errechnet sich nämlich:

$$L_1 = 3{,}92 \cdot 10^{-2},$$

$$L_2 = 3{,}68 \cdot 10^{-6},$$

ferner

$$R' = \frac{E}{\Phi} = \frac{1000}{0{,}18} = 5550,$$

endlich war

$$r = 0{,}037.$$

Die berechnete Magnetisierungskurve ist gestrichelt in die Fig. 114 eingezeichnet, die Übereinstimmung mit der tatsächlichen Kurve ist, wie man sieht, nicht besonders gut. Es möge aber betont werden, daß es uns weniger auf quantitative Genauigkeit ankommt, als vielmehr darauf, ein Bild über den prinzipiellen Verlauf des Kurzschlußvorganges zu erhalten, und dazu reicht die erzielte Genauigkeit vollständig aus. Es bietet keine besonderen Schwierigkeiten, den Ansatz 176) durch Einführung noch höherer Potenzen von Φ zu verbessern, doch wollen wir hierauf zugunsten größerer Klarheit und Kürze der folgenden Rechnungen verzichten.

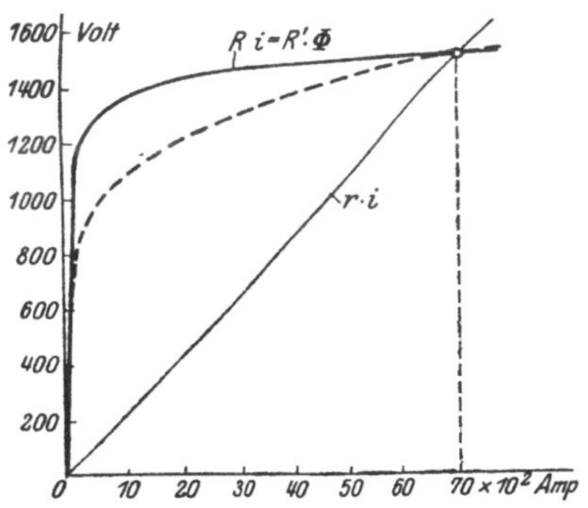

Fig. 114. Zeichnerische Bestimmung des maximalen Kurzschlußstromes einer Hauptschlußmaschine von 150 kW.

Die Spannungsgleichung der kurzgeschlossenen Hauptschlußmaschine lautet nun, wenn wir Motorbetrieb ausschließen:

$$(N_e + N_a') \cdot \frac{d\Phi}{dt} + r \cdot i - R' \cdot \Phi = 0. \qquad 177)$$

Diese Gleichung enthält in der Hauptsache zwei Vernachlässigungen. Wir berücksichtigen nicht den Einfluß der Ankerrückwirkung, der hier, da die Bürsten in der neutralen Zone stehen sollen, lediglich in einer Verschiebung der Sättigungsverhältnisse besteht. Das läßt sich aber leicht umgehen, indem man die der Rechnung zugrundeliegende Magnetisierungskurve an der kurzgeschlossenen Maschine aufnimmt, sie enthält dann bereits den Einfluß der Ankerrückwirkung. Ferner berücksichtigt die Gl. 177) nicht, daß das vom Anker erzeugte Feld andere magnetische Widerstände vorfindet als das Erregerfeld. Da aber das Ankerfeld niedrig ist im Vergleich zum Hauptfeld, will das nicht viel besagen. Daß Anker- und Erregerfeld nicht in ihrer absoluten Höhe übereinstimmen, läßt sich ja leicht durch Einführung einer reduzierten Ankerwindungszahl N_a' an Stelle der tatsächlichen effektiven Windungszahl N_a berücksichtigen. Zu erwähnen wäre schließlich noch die Vernachlässigung des Streufeldes der Erregerwicklung.

Die angeschriebene Differentialgleichung geht mit Berücksichtigung der Gl. 176) über in:

$$\frac{d\Phi}{dt} + \frac{N_e}{N_e + N_a'} \cdot \left[\left(\frac{r}{L_1} - \frac{R'}{N_e}\right) \cdot \Phi + \frac{r}{L_2} \cdot \Phi^5\right], \tag{177a}$$

woraus durch Trennung der Variabeln folgt:

$$dt = \frac{N_e + N_a'}{N_e} \cdot \frac{d\Phi}{\left(\frac{R'}{N_e} - \frac{r}{L_1}\right) \cdot \Phi - \frac{r}{L_2} \cdot \Phi^5}.$$

In dieser Form läßt sich die Gleichung direkt integrieren; das Ergebnis lautet:

$$t = \frac{N_e + N_a'}{R' - N_e \cdot \frac{r}{L_1}} \cdot \left[ln\, \Phi - \frac{1}{4}\, ln\left(\left(\frac{R'}{N_e} - \frac{r}{L_1}\right) - \frac{r}{L_2} \cdot \Phi^4\right)\right] + A. \tag{178}$$

Man könnte das Ergebnis auch umformen in:

$$\frac{\Phi}{\sqrt[4]{\left(\frac{R'}{N_e} - \frac{r}{L_1}\right) - \frac{r}{L_2} \cdot \Phi^4}} = A' \cdot e^{\frac{\frac{R'}{N_e} - \frac{r}{L_1}}{1 + \frac{N_a'}{N_e}} \cdot t}, \tag{178a}$$

doch eignet sich der vorher angeschriebene Ausdruck besser zur numerischen Auswertung.

Die Integrationskonstante A ist wieder mit Hilfe des Anfangszustandes zu bestimmen. Zunächst bemerken wir, daß die Gl. 178) nur so lange reelle Werte für die Zeit t liefert, als die unter dem zweiten Logarithmus stehende Klammer positive Werte ergibt, das Verschwinden der Klammer ist also ein Kriterium für die Höhe der im Kurzschluß erreichten größten Sättigung. Da die Gl. 178) nicht die geeignete Form besitzt, um uns ohne weiteres einen Überblick über das Verhalten der kurzgeschlossenen Gleichstrom-Hauptschluß-Maschine zu verschaffen, wollen wir unsere Betrachtung an einem speziellen Beispiel fortsetzen.

Wir wählen hierzu unsere alte Maschine, deren Magnetisierungskurve die Fig. 114 zeigt. Mit den uns bereits bekannten Werten und $N_a' = 51$ folgt:

$$t = 0{,}029 \cdot \left[ln\,\Phi - \frac{1}{4} \cdot ln(53 - (10 \cdot \Phi)^4)\right] + A.$$

Die Integrationskonstante ergibt sich aus der Forderung, daß zur Zeit $t = 0$ bereits ein Remanenzfluß $\Phi_0 = 0{,}05 \cdot \Phi_{norm}$ vorhanden sei, zu:

$$A = 0{,}029 \cdot \left[\frac{1}{4} \cdot ln(53 - (10 \cdot \Phi_0)^4 - ln\,\Phi_0)\right] = 0{,}18.$$

Fig. 115 zeigt zunächst das mit Hilfe der eben angeschriebenen Gleichungen gezeichnete Anwachsen des Kraftlinienstromes bzw. der im Anker induzierten EMK mit zunehmender Zeit. Es ist mit Hilfe der Magnetisierungskurve ein leichtes, hieraus die Kurve für das zeitliche Ansteigen des Kurzschlußstromes zu ermitteln, sein Verlauf ist, wie die Figur zeigt, sehr charakteristisch. Zum leichteren Vergleich wurde nochmals der unter Vernachlässigung der Eisensättigung berechnete Kurzschlußstrom eingezeichnet.

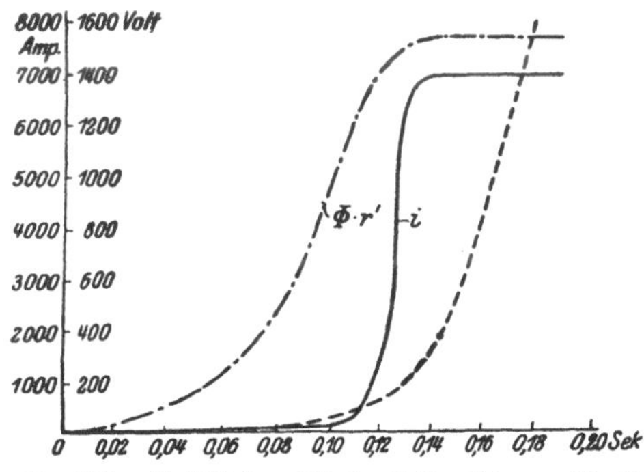

Fig. 115. Zeitlicher Verlauf des Kurzschlußstromes bei Berücksichtigung der Eisensättigung.

Wie man sieht, steigt der Kurzschlußstrom erst noch langsamer an, als selbst die letzterwähnte, gestrichelte Kurve angibt. Dies kommt daher, daß, solange die Maschine im geradlinigen Teil der Magnetisierungskurve arbeitet, ihre Induktivität noch größer ist als die der normalen Sättigung entsprechende Betriebsinduktivität, die der gestrichelten Kurve zugrunde gelegt wurde. Sobald aber das Knie der Magnetisierungskurve erreicht wird, beginnt der Strom schnell anzusteigen, um dann ziemlich unvermittelt auf seinem Endwert stehen zu bleiben. Dieser letztere ist sehr hoch, und gewaltig ist vor allem das am Umfang des Ankers wirkende bremsende Drehmoment. Es besitzt im vorliegenden Falle nicht weniger als den 72fachen normalen Wert.

In Wirklichkeit liegen natürlich die Verhältnisse so, daß der Anker bereits vor Erreichung des Strommaximums stark abgebremst sein wird, so daß der errechnete Kurzschlußstrom auch nicht annähernd erreicht wird, ganz abgesehen von dem bereits viel früher zu erwartenden Überschlagen des Kollektors. Vom Augenblicke des Auftretens von Rundfeuer am Kollektor an ist ein weiteres Ansteigen des Kurzschlußstromes ausgeschlossen.

37. Das Verhalten des Hauptschlußmotors mit überbrückter Feldwicklung bei Netzkurzschlüssen.

Straßenbahnmotoren werden zum Zwecke der Tourenregulierung häufig mit Parallelwiderständen zur Erregerwicklung ausgerüstet. Da hat nun die Erfahrung gezeigt, daß derart überbrückte Motoren bei Netzkurzschlüssen zu Kollektorüberschlägen neigen, obwohl doch, wie wir sahen, der gewöhnliche Hauptschlußmotor bei Kurzschlüssen keinerlei Stromerhöhung zeigt. Der parallel zur Feldwicklung liegende Widerstand muß also das Verhalten des Hauptschlußmotors gegenüber Kurzschlüssen von Grund auf ändern, was, wie die folgenden Entwicklungen zeigen werden, in der Tat zutrifft.

Wir können diesmal den Einfluß der Eisensättigung vernachlässigen, da, wie vorweggenommen werden soll, das Hauptfeld im Verlaufe des Ausgleichsvorganges seinen normalen Betriebswert nicht überschreitet. Damit entfällt auch die Berücksichtigung der Ankerrückwirkung. Es soll aber nicht gesagt werden, daß eine Berücksichtigung des Einflusses der Eisensättigung nach den im 28. Abschnitt angegebenen Regeln nicht möglich wäre.

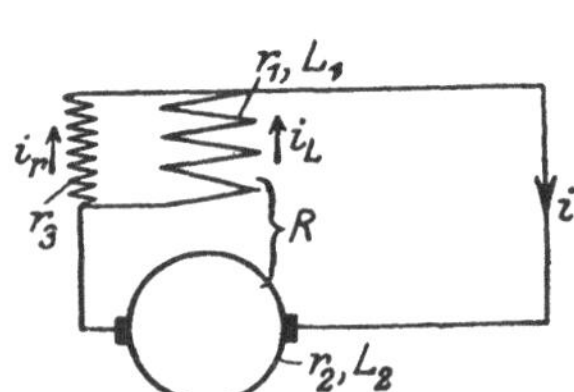

Fig. 116. Hauptschlußmotor mit überbrückter Feldwicklung.

Fig. 116 zeigt das unseren Betrachtungen zugrunde liegende Schaltungsschema. Es bedeuten r_1 und L_1 bzw. r_2 und L_2 Ohmschen Widerstand und Selbstinduktion der Erregerwicklung bzw. des Ankers, r_3 den Ohmschen Widerstand des Parallelwiderstandes, ferner i_r den in ihm fließenden Strom, i_L den Strom in der Erregerwicklung und endlich i den Strom im Anker. Damit schreiben wir die Spannungsgleichung unserer Maschine:

$$L_1 \cdot \frac{di_L}{dt} + r_1 \cdot i_L + L_2 \cdot \frac{di}{dt} + r_2 \cdot i + R \cdot i_L = 0. \qquad 179)$$

Nun ist aber

$$L_1 \cdot \frac{di_L}{dt} + r_1 \cdot i_L = r_3 \cdot i_r$$

und

$$i = i_L + i_R,$$

woraus

$$i = \frac{L_1}{r_3} \cdot \frac{di_L}{dt} + \frac{r_1 + r_3}{r_3} \cdot i_L. \qquad 180)$$

Setzen wir hieraus den Wert für i in die Gl. 179) ein, so ergibt sich eine lineare Differentialgleichung zweiter Ordnung für den Erregerstrom i_L, die folgendermaßen lautet:

$$\frac{d^2 i_L}{dt^2}+\frac{d i_L}{dt}\cdot\left(\frac{r_1+r_3}{L_1}+\frac{r_2+r_3}{L_2}\right)+i_L\cdot\left(\frac{r_1\cdot r_2}{L_1\cdot L_2}+\frac{r_1\cdot r_3}{L_1\cdot L_2}+\frac{r_2\cdot r_3}{L_1\cdot L_2}+\frac{R\cdot r_3}{L_1\cdot L_2}\right)=0. \quad 181)$$

Die Differentialgleichung hat folgendes allgemeine Integral:

$$i_L = A_1'\cdot e^{a_1\cdot t} + A_2'\cdot e^{a_2\cdot t}, \quad 182a)$$

wo

$$a_{1,2} = -\left(\frac{r_1+r_3}{2\cdot L_1}+\frac{r_2+r_3}{2\cdot L_2}\right) \pm \sqrt{\left(\frac{r_1+r_3}{2\cdot L_1}+\frac{r_2+r_3}{2\cdot L_2}\right)^2 - \frac{r_3\cdot(r_1+r_2+R)+r_1\cdot r_2}{L_1\cdot L_2}}. \quad 182b)$$

Hieraus folgt nun endlich mit Hilfe der Gl. 180):

$$i = \left(\frac{L_1}{r_3}\cdot a_1 + \frac{r_1+r_3}{r_3}\right)\cdot A_1'\cdot e^{a_1\cdot t} + \left(\frac{L_1}{r_3}\cdot a_2 + \frac{r_1+r_3}{r_3}\right)\cdot A_2'\cdot e^{a_2\cdot t}$$

$$= A_1\cdot e^{a_1\cdot t} + A_2\cdot e^{a_2\cdot t}. \quad 183)$$

Im Augenblicke des Kurzschlusses werde dem Motor ein Strom i_0 zugeführt, wir haben also:

$$\left.\begin{aligned} i &= i_0 \\ i_L &= i_0\cdot\frac{r_3}{r_1+r_3} \end{aligned}\right\} \text{ für } t = 0. \quad 184)$$

Durch Einsetzen der Werte für i und i_L aus den Gl. 182) und 183) ergibt sich hiermit:

$$\left.\begin{aligned} A_1 &= -\,i_0\cdot\left(\frac{L_1}{r_1+r_3}\cdot\frac{a_1\cdot a_2}{a_1-a_2}+\frac{a_2}{a_1-a_2}\right), \\ A_2 &= i_0\cdot\left(\frac{L_1}{r_1+r_3}\cdot\frac{a_1\cdot a_2}{a_1-a_2}+\frac{a_1}{a_1-a_2}\right). \end{aligned}\right\} \quad 185)$$

Es ist bemerkenswert, daß die Exponenten a_1 und a_2 bei genügender Größe von R komplex werden können, d. h., wie wir wissen, daß der betrachtete Ausgleichsvorgang in diesem Falle periodischen Charakter annimmt. Wir schreiben in diesem Falle

$$\left.\begin{aligned} a_{1,2} &= -\alpha \pm j\cdot\nu, \\ \text{wo}\quad \alpha &= \frac{r_1+r_3}{2\cdot L_1}+\frac{r_2+r_3}{2\cdot L_2}, \\ \nu &= \sqrt{\frac{r_3\cdot(r_1+r_2+R)+r_1\cdot r_2}{L_1\cdot L_2}-\left(\frac{r_1+r_3}{2\cdot L_1}+\frac{r_2+r_3}{2\cdot L_2}\right)^2}, \\ j &= \sqrt{-1}, \end{aligned}\right\} \quad 186)$$

und erhalten weiterhin:

$$i = e^{-\alpha \cdot t} \cdot [(A_1 + A_2) \cdot \cos \nu \cdot t + j \cdot (A_1 - A_2) \cdot \sin \nu \cdot t].$$

Nun ist aber

$$A_1 + A_2 = i_0,$$

$$A_1 - A_2 = -\frac{i_0}{j} \cdot \left[\frac{r_3 \cdot (r_1 + r_2 + R) + r_1 \cdot r_2}{\nu \cdot L_2 \cdot (r_1 + r_3)} + \frac{\alpha}{\nu}\right],$$

und es wird somit:

$$i = e^{-\alpha \cdot t} \cdot \left[i_0 \cdot \cos \nu \cdot t - i_0 \cdot \left(\frac{r_3 \cdot (r_1 + r_2 + R) + r_1 \cdot r_2}{\nu \cdot L_2 \cdot (r_1 + r_3)} + \frac{\alpha}{\nu}\right) \cdot \sin \nu \cdot t\right]. \quad 187)$$

Fig. 117 zeigt die Auswertung dieser Gleichung für unser schon mehrfach benutztes Beispiel, wobei

$$r_3 = 3 \cdot r_1$$

angenommen wurde.

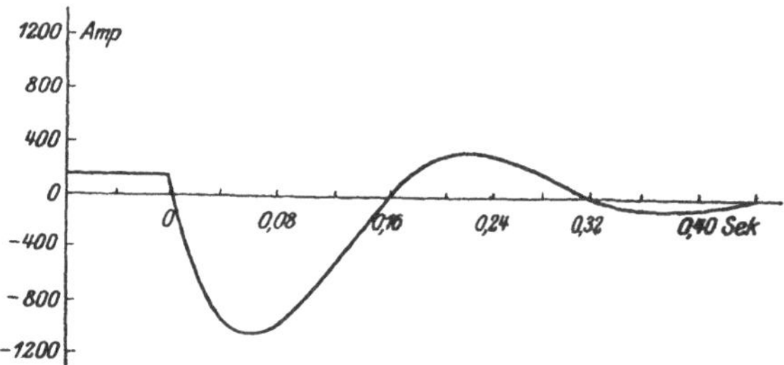

Fig. 117. Kurzschlußstrom eines Hauptschlußmotors mit überbrückter Feldwicklung. (Periodischer Verlauf.)

Wir haben uns den Verlauf des Ausgleichsvorganges folgendermaßen vorzustellen. Im Augenblicke des Kurzschlusses hört jede Stromzufuhr von außen auf. Nun hat aber der Strom in der Erregerwicklung wegen der im magnetischen Felde aufgespeicherten Energie das Bestreben, in seiner alten Stärke und Richtung weiterzufließen, wobei ihm der Parallelwiderstand r_3 einen willkommenen Weg bietet. Das Erregerfeld wird also zunächst noch aufrecht erhalten, klingt aber wegen der Stromwärmeverluste allmählich ab. Die im Anker induzierte EMK ist der von außen aufgedrückten Spannung entgegengerichtet, bleibt diese letztere weg, so wird der im Anker fließende Strom seine Richtung zu ändern suchen, was ihm wegen seiner verhältnismäßig geringen Selbstinduktion rasch gelingt. Auch der Ankerstrom schließt sich über den Widerstand r_3, so daß dieser die Summe von Anker- und Feldstrom führt. Der betrachtete Ausgleichsvorgang besteht also im wesentlichen in einem Kurzschluß des Ankers auf den Widerstand r_3; in dem Maße, in welchem das Erregerfeld abnimmt, erlischt auch der Kurzschlußstrom.

Den Parallelwiderstand r_3 durchfließt der gesamte Kurzschlußstrom, von ihm wird somit ein ziemlich hoher Spannungsabfall erzeugt, der dem ursprünglichen Erregerstrome entgegenarbeitet und ihn nicht nur zu unterdrücken, sondern ihm entgegengesetzte Richtung vorzuschreiben und so das Feld umzukehren sucht. Gelingt ihm das, was bei genügender Selbstinduktion des Ankers der Fall ist, so nimmt der Ausgleichsvorgang den aus der Fig. 117 ersichtlichen periodischen Verlauf.

Daß der Ausgleichsvorgang auch aperiodisch verlaufen kann, zeigt das an einer Gleichstrommaschine von 100 kW ($r_3 = 2 \cdot r_1$) aufgenommene Oszillogramm Fig. 118. Die Wirbelströme im massiven Eisen werden dem Auftreten eines Wechselstromes in der Erregerwicklung ohnehin nicht förderlich sein.

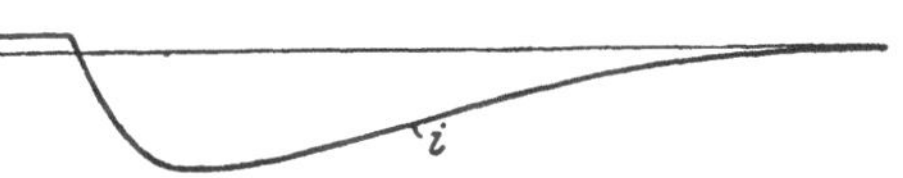

Fig. 118. Kurzschlußstrom eines Hauptschlußmotors mit überbrückter Feldwicklung. (Aperiodischer Verlauf.)

Es möge übrigens darauf hingewiesen werden, daß sich die betrachteten Überstromerscheinungen durch Einbau einer passend abgestimmten Drosselspule in den Stromkreis des Parallelwiderstandes vollständig vermeiden lassen. Und zwar ist ihre Induktivität so zu bemessen, daß die Zeitkonstanten von Widerstandskreis und Erregerkreis gleich werden, jedoch ist die Schutzanordnung selbst gegen verhältnismäßig starke Abweichungen der Schutzinduktivität vom theoretisch richtigen Wert nicht besonders empfindlich.

38. Die allgemeinen Differentialgleichungen der Kollektormaschine und ihre Lösung.

Wir haben im Vorhergehenden eine besonders einfache Maschinengattung betrachtet, die nur aus einem einzigen elektrischen Stromkreis bestand; immerhin konnten wir bereits an ihr interessante Eigenschaften feststellen, die nur den Kollektormaschinen eigentümlich sind.

Im allgemeinen wird nun eine Kollektormaschine mindestens zwei getrennte Stromkreise besitzen, die sich nicht nur durch den rotierenden Anker, sondern auch durch gegenseitige Induktion beeinflussen. Wie wir sehen werden, bedingt diese allgemeinere Anordnung weitere Erscheinungsformen magnetischer Ausgleichsvorgänge.

Die Spannungsgleichungen zweier, nach Fig. 119 geschalteter Stromkreise lauten:

$$\left.\begin{aligned} L_1 \cdot \frac{d i_1}{d t} + r_1 \cdot i_1 + M \cdot \frac{d i_2}{d t} &= 0 \\ L_2 \cdot \frac{d i_2}{d t} + r_2 \cdot i_2 + M \cdot \frac{d i_1}{d t} \pm R \cdot i_1 &= 0. \end{aligned}\right\} \qquad 188)$$

Hierin bedeutet i_1 den Strom in der Erregerwicklung, i_2 den im Stromkreis des Ankers, M ist der Koeffizient der gegenseitigen Induktion zwischen beiden Stromkreisen. Für Generatorbetrieb ist bei Maschinen mit Reihenschlußcharakteristik R positiv, für Motorbetrieb negativ zu nehmen, bei Maschinen mit Nebenschlußcharakteristik ist R stets positiv.

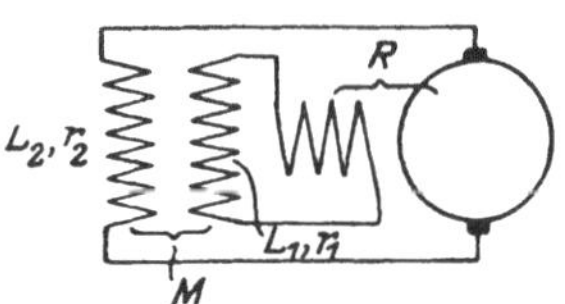

Fig. 119. Allgemeines Schaltungsschema der Kollektormaschine.

Die beiden simultanen Differentialgleichungen lassen sich durch Differentiation nach t und einige naheliegende Umformungen auf eine einzige Differentialgleichung zweiter Ordnung zurückführen, die sowohl für i_1 als auch für i_2 gilt. Die neue Gleichung lautet:

$$(L_1 \cdot L_2 - M^2) \cdot \frac{d^2 i}{d t^2} + (L_1 \cdot r_2 + L_2 \cdot r_1 \mp M \cdot R) \cdot \frac{di}{dt} + r_1 \cdot r_2 \cdot i = 0.$$

Setzen wir weiterhin

$$1 - \frac{M^2}{L_1 \cdot L_2} = \tau, \tag{189}$$

womit wir den Streuungskoeffizienten unserer Maschinen bezeichnen, so erhalten wir die Differentialgleichung unseres Problems in folgender Form:

$$\frac{d^2 i}{d t^2} + \frac{1}{\tau} \cdot \left(\frac{r_1}{L_1} + \frac{r_2}{L_2} \mp \frac{R}{M} \cdot (1 - \tau)\right) \cdot \frac{di}{dt} + \frac{1}{\tau} \cdot \frac{r_1 \cdot r_2}{L_1 \cdot L_2} \cdot i = 0. \tag{190}$$

Sie besitzt folgende Lösung:

$$i = A_1 \cdot e^{a_1 \cdot t} + A_2 \cdot e^{a_2 \cdot t}, \tag{191a}$$

wobei $a_{1,2}$ sich aus der charakteristischen Gleichung:

$$a^2 + a \cdot \frac{1}{\tau} \cdot \left(\frac{r_1}{L_1} + \frac{r_2}{L_2} \mp \frac{R}{M} \cdot (1 - \tau)\right) + \frac{1}{\tau} \cdot \frac{r_1 \cdot r_2}{L_1 \cdot L_2} = 0$$

zu

$$\left.\begin{aligned} a_{1,2} = - \left(\frac{r_1}{2 \cdot L_1 \cdot \tau} + \frac{r_2}{2 \cdot L_2 \cdot \tau} \mp \frac{R}{2 \cdot M \cdot \tau} \cdot (1 - \tau)\right) \pm \\ \pm \sqrt{\left(\frac{r_1}{2 \cdot L_1 \cdot \tau} + \frac{r_2}{2 \cdot L_2 \cdot \tau} \mp \frac{R \cdot (1 - \tau)}{2 \cdot M \cdot \tau}\right)^2 - \tau \cdot \frac{r_1 \cdot r_2}{L_1 \cdot \tau \cdot L_2 \cdot \tau}} \end{aligned}\right\} \tag{191b}$$

bestimmt. Wir können für jeden der Ströme i_1 und i_2 somit folgende Gleichung anschreiben:

$$\left.\begin{aligned} i_1 &= A_1' \cdot e^{a_1 \cdot t} + A_2' \cdot e^{a_2 \cdot t}, \\ i_2 &= A_1 \cdot e^{a_1 \cdot t} + A_2 \cdot e^{a_2 \cdot t}. \end{aligned}\right\} \tag{191c}$$

Zur Bestimmung der Integrationskonstanten nehmen wir ganz allgemein an, zur Zeit $t = 0$ fließe in der Erregerwicklung ein Strom i, im Stromkreis des Ankers ein Strom J. Wir haben also:

$$\left.\begin{aligned} i_1 &= i \\ i_2 &= J \end{aligned}\right\} \text{ für } t = 0. \tag{192)}$$

So leicht wie bei den Wechselstrommaschinen können wir uns jetzt die Bestimmung der Integrationskonstanten nicht mehr machen. Denn einmal spielt der Ohmsche Widerstand bei Kollektormaschinen eine viel größere Rolle, so daß er nicht mehr vernachlässigt werden kann und dann enthalten die Differentialgleichungen 188) ja die noch viel weniger zu vernachlässigende Rotationsspannung $R \cdot i$, die ebenfalls dem Strome selbst proportional ist. Wir gewinnen zwei weitere Bestimmungsgleichungen für die Integrationskonstanten, indem wir die Werte für i_1 und i_2 aus Gl. 191c) und die Gl. 188) einführen und dann $t = 0$ setzen. Dies ergibt:

$$\left.\begin{aligned} &L_1 \cdot A_1' \cdot a_1 + L_1 \cdot A_2' \cdot a_2 + r_1 \cdot A_1' + r_1 \cdot A_2' + M \cdot A_1 \cdot a_1 + M \cdot A_2 \cdot a_2 = 0 \\ &L_2 \cdot A_1 \cdot a_1 + L_2 \cdot A_2 \cdot a_2 + r_2 \cdot A_1 + r_2 \cdot A_2 + M \cdot A_1' \cdot a_1 + \\ &\qquad + M \cdot A_2' \cdot a_2 \pm R \cdot A_1' \pm R \cdot A_2' = 0. \end{aligned}\right\} \tag{193a)}$$

Aus Gl. 192) folgt ferner durch Einsetzen der Werte für i_1 und i_2:

$$\left.\begin{aligned} A_1' + A_2' &= i \\ A_1 + A_2 &= J. \end{aligned}\right\} \tag{193b)}$$

Die Gl. 193) sind hinreichend zur Bestimmung sämtlicher Konstanten, das Ergebnis der Ausrechnung lautet:

$$\left.\begin{aligned} A_1' &= \frac{J}{(a_1 - a_2) \cdot \tau} \cdot \frac{M}{L_1} \cdot \frac{r_2}{L_2} + \frac{i}{(a_1 - a_2) \cdot \tau} \cdot \left(\pm \frac{R}{M} \cdot (1 - \tau) - \frac{r_1}{L_1} - a_2 \cdot \tau\right), \\ A_2' &= - \frac{J}{(a_1 - a_2) \cdot \tau} \cdot \frac{M}{L_1} \cdot \frac{r_2}{L_2} - \frac{i}{(a_1 - a_2) \cdot \tau} \cdot \left(\pm \frac{R}{M} \cdot (1 - \tau) - \frac{r_1}{L_1} - a_1 \cdot \tau\right), \\ A_1 &= - \frac{J}{(a_1 - a_2) \cdot \tau} \cdot \left(\frac{r_2}{L_2} + a_2 \cdot \tau\right) + \frac{i}{(a_1 - a_2) \cdot \tau} \cdot \left(\frac{M}{L_2} \cdot \frac{r_1}{L_1} \mp \frac{R}{L_2}\right), \\ A_2 &= \frac{J}{(a_1 - a_2) \cdot \tau} \cdot \left(\frac{r_2}{L_2} + a_1 \cdot \tau\right) - \frac{i}{(a_1 - a_2) \cdot \tau} \cdot \left(\frac{M}{L_2} \cdot \frac{r_1}{L_1} \mp \frac{R}{L_2}\right). \end{aligned}\right\} \tag{194}$$

Damit könnten wir den Gang der allgemeinen Rechnung beschließen. Wir wollen aber, bevor wir zu speziellen Beispielen übergehen, beachten, daß die Dämpfungsexponenten a_1 und a_2, wie die Gl. 191b) erkennen läßt, bei positivem R auch komplex werden können. Das heißt, wie wir wissen, daß unser System auch zu Eigenschwingungen mit periodischem Charakter befähigt ist. Um eine für diesen Fall übersichtlichere Schreibweise zu erhalten, setzen wir

$$a_{1,2} = -\alpha \pm j \cdot \nu \tag{195)}$$

und können dann folgende Gleichungen für die Ströme anschreiben:

$$\left.\begin{aligned} i_1 &= e^{-\alpha \cdot t} \cdot [(A_1' + A_2') \cdot \cos \nu \cdot t + j \cdot (A_1' - A_2') \cdot \sin \nu \cdot t], \\ i_2 &= e^{-\alpha \cdot t} \cdot [(A_1 + A_2) \cdot \cos \nu \cdot t + j \cdot (A_1 - A_2) \cdot \sin \nu \cdot t], \end{aligned}\right\} \tag{196a)}$$

wo

$$\left.\begin{aligned} &A_1' + A_2' = i, \\ &j \cdot (A_1' - A_2') = \frac{J}{\nu} \cdot \frac{M}{L_1} \cdot \frac{r_2}{L_2 \cdot \tau} + \frac{i}{\nu} \cdot \left(\frac{R}{M \cdot \tau} \cdot (1 - \tau) - \frac{r_1}{L_1 \cdot \tau} + \alpha\right), \\ &A_1 + A_2 = J, \\ &j \cdot (A_1 - A_2) = -\frac{J}{\nu} \cdot \left(\frac{r_2}{L_2 \cdot \tau} - \alpha\right) - \frac{i}{\nu} \cdot \frac{M}{L_2} \cdot \left(\frac{R}{M \cdot \tau} - \frac{r_1}{L_1 \cdot \tau}\right), \end{aligned}\right\} \tag{196b)}$$

und

$$\left.\begin{aligned} \alpha &= \frac{r_1}{2 \cdot L_1 \cdot \tau} + \frac{r_2}{2 \cdot L_2 \cdot \tau} - \frac{R}{2 \cdot M \cdot \tau} \cdot (1 - \tau), \\ \nu &= \sqrt{\tau \cdot \frac{r_1 \cdot r_2}{L_1 \cdot \tau \cdot L_2 \cdot \tau} - \left(\frac{r_1}{2 \cdot L_1 \cdot \tau} + \frac{r_2}{2 \cdot L_2 \cdot \tau} - \frac{R}{2 \cdot M \cdot \tau} \cdot (1 - \tau)\right)^2}. \end{aligned}\right\} \tag{196c)}$$

39. Der plötzliche Kurzschluß der Gleichstrom-Nebenschlußmaschine.

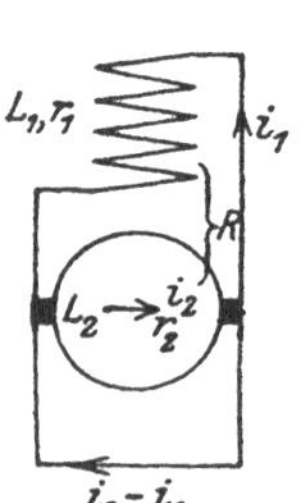

Fig. 120. Schaltungsschema der Nebenschlußmaschine.

Wir denken uns eine nach Fig. 120 geschaltete Nebenschlußmaschine, die zur Zeit $t = 0$ plötzlich kurzgeschlossen werde. Die Maschine habe sich vor dem Kurzschluß im Leerlaufzustand befunden und sei mit einem Strome i_0 erregt gewesen, wir haben also von folgendem Anfangszustand auszugehen:

$$i = J = i_0, \tag{197)}$$

der in die Gl. 194) einzuführen ist. Diese ergeben, wenn wir weiterhin bedenken, daß wegen der Stellung der Bürsten in der neutralen Zone die gegenseitige Induktion zwischen Erreger- und Ankerwicklung gleich Null und damit $\tau = 1$ ist:

$$\left.\begin{aligned} A_1' &= -\frac{i_0}{a_1 - a_2} \cdot \left(\frac{r_1}{L_1} + a_2\right), \\ A_2' &= \frac{i_0}{a_1 - a_2} \cdot \left(\frac{r_1}{L_1} + a_1\right), \\ A_1 &= -\frac{i_0}{a_1 - a_2} \cdot \left(\frac{R}{L_2} + \frac{r_2}{L_2} + a_2\right), \\ A_2 &= \frac{i_0}{a_1 - a_2} \cdot \left(\frac{R}{L_2} + \frac{r_2}{L_2} + a_1\right), \end{aligned}\right\} \tag{198a)}$$

ferner wird unter der angegebenen Voraussetzung:

$$a_{1,2} = -\left(\frac{r_1}{2 \cdot L_1} + \frac{r_2}{2 \cdot L_2}\right) \pm \sqrt{\left(\frac{r_1}{2 \cdot L_1} + \frac{r_2}{2 \cdot L_2}\right)^2 - \frac{r_1 \cdot r_2}{L_1 \cdot L_2}}. \qquad 198\text{b})$$

Die Gl. 198) lassen sich noch wesentlich vereinfachen. Bei praktisch ausgeführten Maschinen ist nämlich das zweite Glied unter der Wurzel der zuletzt angeschriebenen Gleichung stets klein gegenüber dem ersten. So lange dies nun zutrifft, ergibt sich mit guter Annäherung:

$$a_1 = -\frac{r_1}{L_1},$$

$$a_2 = -\frac{r_2}{L_2},$$

$$A_1' = i_0,$$

$$A_2' = 0,$$

$$A_1 = -i_0 \cdot \frac{R}{r_2 - r_1 \cdot \frac{L_2}{L_1}} = \sim -i_0 \cdot \frac{R}{r_2},$$

$$A_2 = i_0 \cdot \left(1 + \frac{R}{r_2 - r_1 \cdot \frac{L_2}{L_1}}\right) = \sim i_0 \cdot \left(1 + \frac{R}{r_2}\right),$$

und wir erhalten die Gleichungen für die Ströme i_1 und i_2 in folgender Form:

$$\left.\begin{aligned} i_1 &= i_0 \cdot e^{-\frac{r_1}{L_1} \cdot t}, \\ i_2 &= -i_0 \cdot \frac{R}{r_2} \cdot e^{-\frac{r_1}{L_1} \cdot t}, \\ &\quad + i_0 \cdot \left(1 + \frac{R}{r_2}\right) \cdot e^{-\frac{r_2}{L_2} \cdot t}. \end{aligned}\right\} \qquad 199)$$

Diese Gleichungen beschreiben die beim plötzlichen Kurzschluß der Nebenschlußmaschine sich abspielenden Ausgleichsvorgänge sehr anschaulich. Im Augenblicke des Kurzschlusses beginnt, da die Spannung plötzlich wegbleibt, der Erregerstrom und mit ihm das magnetische Feld langsam abzufallen, um nach einiger Zeit zu verschwinden. Der Ankerstrom steigt, da bei praktisch ausgeführten Maschinen $\frac{r_2}{L_2}$ groß gegenüber $\frac{r_1}{L_1}$, zunächst ziemlich rasch an, erreicht bald sein Maximum und fällt dann, im selben Maße, in welchem das magnetische Feld der Maschine erlischt, langsam ab. Es handelt sich eben um einen Kurzschluß des Ohmschen Widerstand und Selbstinduktion besitzenden Ankers auf eine nach einer Exponentialfunktion absterbende Spannung.

Fig. 121 zeigt den Verlauf des Kurzschlußstromes einer Dynamo von 150 kW, 1000 Volt, 1500 Umdr./Min. Die wichtigsten Daten der Maschine waren:

$$r_1 = 580 \text{ Ohm},$$
$$r_2 = 0{,}16 \quad »$$
$$R = 625 \quad »$$
$$L_1 = 1140 \text{ Henry},$$
$$L_2 = 0{,}03 \quad » \,.$$

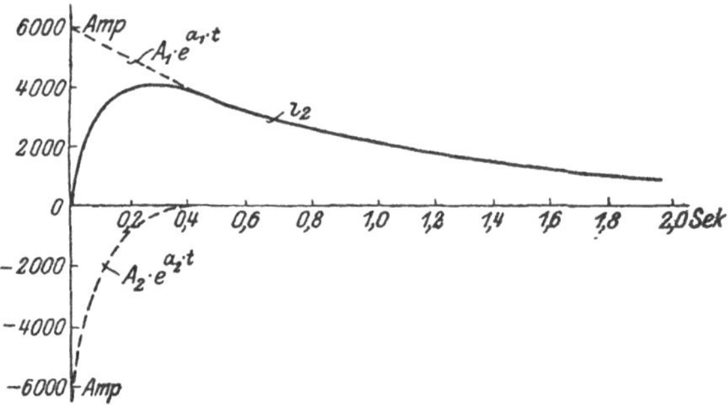

Fig. 121. Zeitlicher Verlauf des Kurzschlußstromes einer Nebenschlußmaschine von 150 kW.

Wie wir sehen, bleibt der Kurzschlußstrom wesentlich unter dem Wert, den die Maschine erreichen würde, wenn wir sie uns als Hauptschlußmaschine gewickelt denken.

Wir hatten für den Ankerstrom gefunden:

$$i_2 = A_1 \cdot e^{a_1 \cdot t} + A_2 \cdot e^{a_2 \cdot t}. \tag{191c}$$

Der Zeitpunkt, in welchem er sein Maximum erreicht, ergibt sich als Lösung der Gleichung

$$\frac{d i_2}{d t} = 0$$

zu

$$t = l n \left(- \frac{A_2 \cdot a_2}{A_1 \cdot a_1} \right)^{\frac{1}{a_1 - a_2}}. \tag{200}$$

Indem wir diesen Wert in die Gl. 191c) einführen, errechnen wir den Höchstwert des Kurzschlußstromes zu:

$$i_{2\,max} = A_1 \cdot \left(- \frac{A_2 \cdot a_2}{A_1 \cdot a_1} \right)^{\frac{a_1}{a_1 - a_2}} + A_2 \cdot \left(- \frac{A_2 \cdot a_2}{A_1 \cdot a_1} \right)^{\frac{a_2}{a_1 - a_2}}, \tag{201}$$

oder, wenn wir uns der Näherungswerte 198c) bedienen:

$$\dot{i}_{2\max} = \dot{i}_0 \cdot \frac{R}{r_2} \cdot \left[- \frac{r_2 \cdot L_1}{L_2 \cdot r_1}^{\frac{\frac{r_1}{L_1}}{\frac{r_1}{L_1} - \frac{r_2}{L_2}}} + \frac{r_2 \cdot L_1}{L_2 \cdot r_1}^{\frac{\frac{r_2}{L_2}}{\frac{r_1}{L_1} - \frac{r_2}{L_2}}} \right]. \qquad 201\,a)$$

Wenn wir uns die zuletzt angeschriebene Gleichung etwas näher betrachten, so finden wir, daß sich die Höhe des Kurzschlußstromes unserer Maschine durch Vergrößerung der Selbstinduktion L_2 des Ankers vermindern läßt. Man könnte beispielsweise daran denken, zur Begrenzung des Kurzschlußstromes eine Schutzinduktivität vor den Anker zu schalten, wie dies bei den Wechselstromerzeugern üblich ist. Leider ist, wie gleich gezeigt werden soll, von einer solchen Schutzmaßnahme nicht viel zu erhoffen.

Denken wir uns etwa der unserem Beispiel vorausgesetzten Maschine eine Drosselspule von der Induktivität des Ankers vorgeschaltet. Dann sinkt der Kurzschlußstrom von 4100 auf 3300 Amp., besitzt also immer noch eine mit Rücksicht auf zu erwartendes Rundfeuer ganz unzulässige Höhe, obwohl eine für einen Betriebsstrom von 150 Amp. bemessene eisenlose Drosselspule von 3,0 M-Henry bereits ein sehr kostspieliger Apparat ist. Es ist eben zu bedenken, daß Gl. 201a) die Leerlaufinduktivität des Ankers enthält, während bei den Wechselstromerzeugern die Streuinduktivität maßgebend für die Höhe des Überstromes war.

Es ist noch ein anderes Mittel zur Begrenzung der Kurzschlußströme von Gleichstromgeneratoren und damit zur Vermeidung der im Betriebe sehr lästigen Kollektorüberschläge vorgeschlagen worden. Man legt in den Stromkreis des Ankers einen Schalter mit Maximalauslösung, der auf möglichst kurze Auslösezeit eingestellt wird. Gleichzeitig schaltet man dem Anker eine Drosselspule vor, die den Stromanstieg im Falle eines Kurzschlusses so stark verlangsamen soll, daß der Schalter bereits lange vor Erreichung des Strommaximums unterbricht. Aber auch dieses Schutzmittel erscheint wenig aussichtsvoll, da es Drosselspulen von solcher Größe erfordert, daß sie sich praktisch nicht mehr ausführen lassen. Schalten wir beispielsweise unserer Maschine einen Schalter vor, der 0,1 Sekunden nach Eintritt des Kurzschlusses diesen wieder unterbricht. Der Kurschlußstrom hat bis zu diesem Zeitpunkt eine Höhe von 2500 Amp. erreicht, dieser Wert läßt sich durch Verdoppelung der Induktivität des Ankers auf 1400 Amp. herunterdrücken. Aber auch das ist noch ein Wert, der unbedingt zum Überschlagen des Kollektors führen muß und somit unzulässig ist.

Ein weiteres Schutzmittel wäre, wie Gl. 201a) erkennen läßt, die Vergrößerung des Ohmschen Widerstandes r_1 der Erregerwicklung.

Man würde hierdurch allerdings den Wirkungsgrad der Maschine etwas verschlechtern.

Man kann im allgemeinen sagen, daß Kurzschlüsse in Gleichstromnetzen lange nicht die große Rolle spielen wie in Wechselstromnetzen. Das ist auf verschiedene Ursachen zurückzuführen. So haben wir gesehen, daß beim plötzlichen Kurzschluß von Gleichstrommaschinen gewaltige, bremsende Drehmomente auftreten, und da eine verhältnismäßig lange Zeit bis zur Erreichung des Strommaximums vergeht, im Gegensatz zu den Erscheinungen bei den kollektorlosen Maschinen, resultiert ein starker Abfall der Drehzahl und damit des ihr annähernd proportionalen Kurzschlußstromes. Ferner haben Gleichstrommaschinen eine im Vergleich zu Wechselstrommaschinen geringe Spannung, so daß der Widerstand der zwischen Maschine und Kurzschlußstelle liegenden Leistungen die Höhe des Kurzschlußstromes verhältnismäßig stark beeinflußt.

Durch Bildung des Ausdrucks

$$\int_0^\infty i_2^2 \cdot r_2 \cdot dt$$

erhalten wir die gesamte im Verlaufe des Ausgleichsvorganges im Anker in Wärme umgesetzte elektrische Arbeit, die weitaus zum größten Teil von der in den rotierenden Teilen aufgespeicherten kinetischen Energie

$$\frac{M}{2} \cdot v^2$$

gedeckt werden muß. Unter der Voraussetzung, daß sich die Drehzahl des Ankers während des Kurzschlußvorganges nicht ändert, verbraucht die unserem Beispiel zugrunde gelegte Maschine zur Deckung der Stromwärmeverluste eine Arbeitsmenge von $0{,}52 \cdot 10^6$ mkg. Nehmen wir an, daß der Anker einen Schwungmoment $(G \cdot D^2)$ von 500 kg $\times$ m² besitzt, so steht diesem riesigen Verbrauch eine kinetische Energie von nur $0{,}015 \cdot 10^6$ mkg gegenüber, der Anker muß also in kürzester Zeit zum Stillstand kommen.

Wir ersehen daraus, daß unsere an Gleichstrommaschinen unter Voraussetzung konstanter Drehzahl durchgeführten Rechnungen nur orientierenden Charakter besitzen können, eine quantitative Übereinstimmung mit der Wirklichkeit, wie wir sie etwa bei den Wechselstromerzeugern erreichten, ist ausgeschlossen. Unsere Gleichungen ergeben vielmehr viel zu hohe Kurzschlußströme, sie gestatten uns jedoch einen für unsere Zwecke genügend genauen Einblick in die Natur der betrachteten Ausgleichsvorgänge.

40. Der Repulsionsmotor.

Wir lernen in diesem Abschnitt zum erstenmal eine Maschinengattung kennen, welche zur Ausbildung selbsterregter, periodischer Schwingungen befähigt ist, nämlich die der Wechselstrom-Kollektormaschinen. Einer ihrer einfachsten Vertreter, an dem sich diese Schwingungsphänomene verfolgen lassen, ist der Repulsionsmotor, auf ihn wollen wir denn auch unsere Betrachtungen beschränken.

Fig. 122 zeigt schematisch das Schaltungsschema eines Repulsionsmotors. Die Bürsten stehen für gewöhnlich nahezu in der Achse der Erregerwicklung, den Winkel, den die Bürstenachse mit dieser einschließt, wollen wir mit ε bezeichnen. ε ist also für gewöhnlich klein, im Gegensatz zu den Verhältnissen bei den Gleichstrommaschinen, wo ε annähernd 90° beträgt. Wir können aus diesem Grunde die gegenseitige Induktion zwischen Erreger- und Ankerwicklung nicht mehr vernachlässigen und müssen daher auf die allgemeinen Gleichungen 191) und 194) zurückgreifen. Ferner hat der Repulsionsmotor Reihenschlußcharakteristik, so daß wir unterscheiden müssen zwischen Motorbetrieb und Generator(Brems-)betrieb.

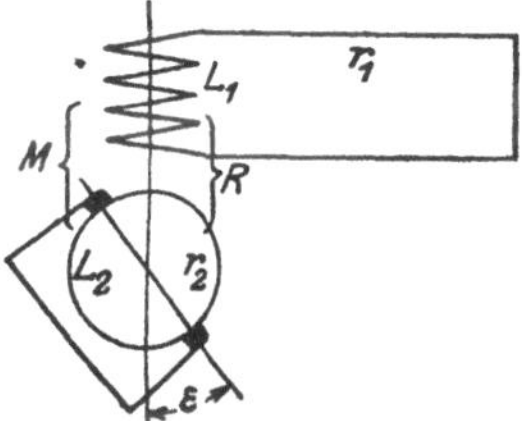

Fig. 122. Schaltungsschema des Repulsionsmotors.

Wir betrachten zunächst einen im Betriebe befindlichen Repulsionsmotor, der zu irgend einer Zeit ($t = 0$) plötzlich kurzgeschlossen werde und sich weiterhin selbst überlassen bleibe. In der Erreger- oder Arbeitswicklung fließe zu dieser Zeit ein Strom i_0, während die Ankerwicklung gerade stromlos sei.

Konnten wir bei der Behandlung der Gleichstrom-Nebenschlußmaschine in Gl. 191b) das zweite Glied unter der Wurzel vernachlässigen, so können wir dies hier, da R gegenüber den Widerständen relativ groß ist, mit noch viel größerer Berechtigung. Damit ergeben sich, wie eine einfache Rechnung zeigt, die folgenden übersichtlicheren Ausdrücke:

$$\left.\begin{aligned} a_1 &= -\frac{r_1}{L_1\cdot\tau}, \\ a_2 &= -\left(\frac{r_2}{L_2\cdot\tau}+\frac{R}{M\cdot\tau}\cdot(1-\tau)\right), \\ i_1 &= \frac{i_0}{1-\tau+\frac{M}{L_2}\cdot\frac{r_2}{R}}\cdot\left[\frac{M}{L_2}\cdot\frac{r_2}{R}\cdot e^{a_1\cdot t}+(1-\tau)\cdot e^{a_2\cdot t}\right], \\ i_2 &= \frac{i_0}{1-\tau+\frac{M}{L_2}\cdot\frac{r_2}{R}}\cdot\frac{M}{L_2}\cdot\left[e^{a_1\cdot t}-e^{a_2\cdot t}\right]. \end{aligned}\right\} \qquad 202)$$

Für einen Repulsionsmotor von 150 kW, 1000 Volt, $16^2/_3$ Perioden, 1500 Umdr/Min mit

$$\begin{aligned} r_1 &= 0{,}066, & r_2 &= 0{,}156 \\ L_1 &= 0{,}132, & L_2 &= 0{,}031 \\ R &= 0{,}35, & \tau &= 0{,}2 \end{aligned}$$

ergeben die obigen Gleichungen z. B.:

$$\begin{aligned} i_1 &= 0{,}61 \cdot i_0 \cdot [0{,}83 \cdot e^{-2{,}5 \cdot t} + 0{,}8 \cdot e^{-50 \cdot t}], \\ i_2 &= 1{,}13 \cdot i_0 \cdot [e^{-2{,}5 \cdot t} \qquad - e^{-50 \cdot t} \qquad]. \end{aligned}$$

Wir bemerken, ähnlich wie bei der Hauptschlußmaschine, ein Erlöschen des magnetischen Feldes, ohne daß damit Überstromerscheinungen verbunden wären. Der Erregerstrom fällt beim Repulsionsmotor anfangs sehr schnell, dann verhältnismäßig langsam ab, umgekehrt steigt der Ankerstrom sehr schnell an, um nach Erreichung des Höchstwertes mit dem Erregerstrom zusammen zu erlöschen. Der Erregerkreis gibt eben einen Teil seiner magnetischen Energie an den Anker ab, und das beiden Systemen gemeinsame magnetische Feld erlischt dann nach Maßgabe der Zeitkonstante der Erregerwicklung. Eine derartige direkte Übertragung magnetischer Energie von einem System ins andere war bei den Gleichstrommaschinen, da jede gegenseitige Induktion fehlte, nicht möglich; diese bedurften stets einer weiteren Energiequelle, nämlich der in den rotierenden Massen aufgespeicherten kinetischen Energie.

Unser Repulsionsmotor werde nun in umgekehrter Richtung als Generator angetrieben, d. h. mathematisch gesprochen, wir ändern in den Gl. 191) und 194) das Vorzeichen von R. Da fällt uns nun vor allem auf, daß die Exponenten a_1 und a_2 positiv werden können, der Repulsionsgenerator also selbsterregter Schwingungen fähig ist. Die Bedingung für Selbsterregung lautet:

$$\frac{R}{M} \cdot (1 - \tau) > \frac{r_1}{L_1} + \frac{r_2}{L_2},$$

oder auch:

$$R \cdot i > \left(\frac{L_2}{M} \cdot r_1 + \frac{L_1}{M} \cdot r_2\right) \cdot i.$$

Die letzte Umgleichung läßt sich noch etwas umformen. Setzen wir

$$\left.\begin{aligned} L_1 &= L_{11} \cdot (1 + \tau_1), \\ L_2 &= L_{22} \cdot (1 + \tau_2), \end{aligned}\right\} \qquad 203)$$

wo τ_1 und τ_2 die Streuungskoeffizienten der primären, bzw. der sekundären Wicklung allein bedeuten, bezeichnen wir ferner mit N_1

die primäre und N_2 die sekundäre Windungszahl, so können wir die Bedingung für Selbsterregung auch schreiben:

$$R \cdot i > \left(\frac{N_2}{N_1} \cdot r_1 \cdot (1 + \tau_2) + \frac{N_1}{N_2} \cdot r_2 \cdot (1 + \tau_1)\right) \cdot i. \qquad 204)$$

Hierin bedeutet nun $R \cdot i$ die im Anker durch Rotation erzeugte EMK, deren Abhängigkeit vom Strom für jede Maschine als Leerlaufcharakteristik bekannt ist und in Fig. 123 in ein Koordinatensystem eingetragen wurde. Die rechte Seite der Ungleichung 204) ergibt die Ohmschen Spannungsabfälle und ist in Fig. 123 ebenfalls als Widerstandsgerade eingetragen. Selbsterregung tritt also ein, sobald die Neigung der Widerstandsgeraden kleiner ist als die anfängliche Neigung der Leerlaufcharakteristik.

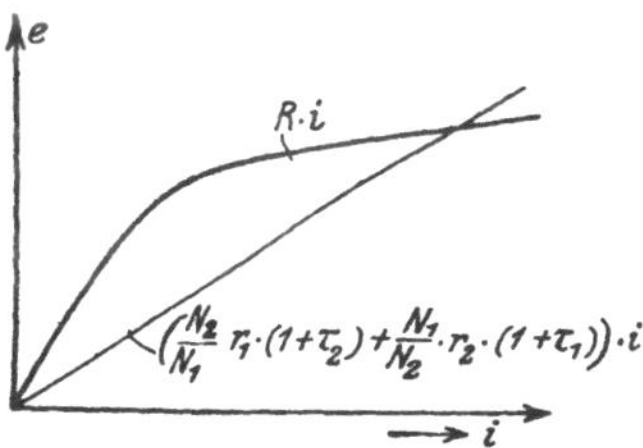

Fig. 123. Ermittlung des maximalen Kurzschlußstromes eines Repulsionsgenerators.

Hat die Maschine sich einmal erregt, so steigt der Strom an und mit ihm die Sättigung des Eisens, die $R \cdot i$-Kurve neigt sich der Abszissenachse zu und gelangt schließlich zum Schnitt mit der Widerstandsgeraden. Der durch diesen Schnittpunkt gegebene Strom entspricht dem allein möglichen stationären Betriebszustand der Maschine, gekennzeichnet durch die Bedingung:

$$\frac{R}{M} \cdot (1 - \tau) = \frac{r_1}{L_1} + \frac{r_2}{L_2}. \qquad 205)$$

Wie nun ein Blick auf die Gl. 191b) lehrt, wird in diesem Falle die Wurzel stets imaginär, der Repulsionsgenerator gibt also Wechselstrom ab, dessen Frequenz sich aus Gl. 196c) unter Beachtung der Bedingung 205) zu

$$\nu = \sqrt{\frac{r_1 \cdot r_2}{L_1 \cdot L_2 \cdot \tau}} \qquad 206)$$

ergibt, es ist dies die Eigenfrequenz des Repulsionsgenerators. Diese ist nur von den Zeitkonstanten beider Wicklungen, der Streuung zwischen Stator und Rotor und, wie wir gleich sehen werden, vom Bürstenwinkel ε abhängig. Wir können nämlich, wie Fig. 122 zeigt, schreiben:

$$\left.\begin{aligned} R &= R_0 \cdot \sin \varepsilon, \\ M &= M_0 \cdot \cos \varepsilon, \end{aligned}\right\} \qquad 207)$$

wo R_0 und M_0 die der Bürstenstellung $\varepsilon = \frac{\pi}{2}$ bzw. $\varepsilon = 0$ entsprechenden Werte der Koeffizienten der Rotationsspannung und der gegenseitigen Induktion sind. Wir können dann weiterhin schreiben:

$$\tau = \sin^2 \varepsilon + \tau_0 \cdot \cos^2 \varepsilon$$

und Gl. 206) geht über in:

$$\nu = \sqrt{\frac{r_1 \cdot r_2}{L_1 \cdot L_2 \cdot (\sin^2 \varepsilon + \tau_0 \cdot \cos^2 \varepsilon)}}. \qquad 206a)$$

Ferner ändert sich die Bedingung für Selbsterregung in;

$$\sin 2\varepsilon \cdot \frac{R_0 \cdot (1 - \tau_0)}{4 \cdot M_0} > \frac{r_1}{L_1} + \frac{r_2}{L_2}. \qquad 204a)$$

Durch Verschiebung der Bürsten ändert sich somit nicht nur die Frequenz, sondern gleichzeitig auch die Stärke der Erregung, der Repulsionsgenerator ist also zur Abgabe nutzbaren Wechselstromes nicht sehr geeignet. Die stärkste Selbsterregung tritt ein, wenn die Bürstenachse mit der Achse der Erregerwicklung einen Winkel von 45° einschließt.

Kehren wir zurück zu den freien Ausgleichsvorgängen. Da jeder Ausgleichsvorgang, sofern es sich um Selbsterregung handelt, der Bedingung 205) zustrebt, wenn wir ferner bei gedämpften Schwingungen die Fälle ausschließen, in welchen die Maschine sich sehr weit von dieser Bedingung entfernt, wenn also die Gl. 196) Gültigkeit besitzen, so lassen sich die Ausdrücke für die Ausgleichsströme unter Berücksichtigung der Gl. 205) sehr vereinfachen:

$$\left.\begin{aligned} i_1 &= e^{-\alpha \cdot t} \cdot i_0 \cdot \left[\cos \nu \cdot t + \left(\sqrt{\frac{R^2 \cdot (1-\tau)}{r_1 \cdot r_2 \cdot \tau}} - \sqrt{\frac{r_1 \cdot L_2}{L_1 \cdot r_2 \cdot \tau}}\right) \cdot \sin \nu \cdot t\right], \\ i_2 &= -e^{-\alpha \cdot t} \cdot i_0 \cdot \frac{M}{L_2} \cdot \left(\sqrt{\frac{R^2}{r_1 \cdot r_2 \cdot (1-\tau) \cdot \tau}} - \sqrt{\frac{r_1 \cdot L_2}{L_1 \cdot r_2 \cdot \tau}}\right) \cdot \sin \nu \cdot t. \end{aligned}\right\} \qquad 208)$$

Behalten wir unser beim Repulsionsmotor gewähltes Beispiel bei, so ergeben die eben angeschriebenen Gleichungen:

$$\begin{aligned} i_1 &= e^{-0{,}75 \cdot t} \cdot i_0 \cdot [\cos 3{,}2 \cdot t + 6{,}15 \cdot \sin 3{,}2 \cdot t], \\ i_2 &= -e^{-0{,}75 \cdot t} \cdot i_0 \cdot 13{,}5 \cdot \sin 3{,}2 \cdot t, \end{aligned}$$

die Ströme erreichen also im Verlauf des Ausgleichsvorganges, obwohl derselbe zeitlich gedämpft ist, immerhin den 4fachen Anfangswert.

Verdrehen wir nun die Bürsten um einen kleinen Winkel weiter, so daß

$$R = 0{,}4,$$

so ergeben die Gl. 208):

$$\begin{aligned} i_1 &= e^{0{,}85 \cdot t} \cdot i_0 \cdot [\cos 3{,}2 \cdot t + 7{,}1 \cdot \sin 3{,}2 \cdot t], \\ i_2 &= -e^{0{,}85 \cdot t} \cdot i_0 \cdot 15{,}8 \cdot \sin 3{,}2 \cdot t, \end{aligned}$$

der Generator erregt sich also selbst bis zu einem Endwerte, der lediglich durch die Sättigungsverhältnisse bestimmt wird.

Verdrehen wir die Bürsten noch weiter, so daß R ungefähr auf den doppelten Wert steigt, so wird die Wurzel in Gl. 191b) wieder reell, es tritt also zunächst Selbsterregung mit Gleichstrom ein. Mit wachsender Eisensättigung wird aber R wieder kleiner und die Wurzel schließlich wieder imaginär, der vom Generator abgegebene Gleichstrom geht allmählich in Wechselstrom über.

Wenn wir uns nun fragen, wie der im Repulsionsgenerator sich abspielende Schwingungsvorgang, vom energetischen Standpunkt aus betrachtet, verläuft, so kann die Antwort keinen Augenblick zweifelhaft sein. Denn, wie die Gl. 208) lehren, fallen die Maxima magnetischer Energien im Stator und Rotor nahezu zeitlich zusammen, so daß es sich etwa keinesfalls nur um ein Pendeln der magnetischen Energie zwischen zwei gleichartigen Reservoiren, nämlich dem Felde des Stators und dem des Rotors, handeln kann. Vielmehr pendelt die Energie zwischen zwei verschiedenen Formen, zwischen kinetischer und magnetischer Energie. Während der ersten Viertelperiode des Stromanstieges wird dem rotierenden Anker kinetische Energie entzogen, er wird abgebremst. Hat der Strom in beiden Systemen sein Maximum erreicht und beginnt er wieder zu fallen, so nimmt auch die während der ersten Viertelperiode im Generator aufgespeicherte magnetische Energie wieder ab, sie setzt sich wieder in kinetische Energie um, beschleunigt also den Anker. Insofern ist das Energiespiel ähnlich, wie wir es z. B. bei der Synchronmaschine kennen lernten. Beide Vorgänge unterscheiden sich aber doch in einem wesentlichen Punkt voneinander. Während bei der Synchronmaschine der Schwingungsvorgang gedämpft war, verläuft er im vorliegenden Falle zeitlich ungedämpft. Dies ist stets dann der Fall, wenn der vom Anker der kinetischen Energie entzogene und durch Transformation teilweise auf den Stator übertragene Energieanteil mindestens gleich oder größer ist, als der im Ohmschen Widerstand des Stators verzehrte Energiebetrag. Also nur, so lange Stator und Rotor gegenseitige Induktion besitzen, ist die Kollektormaschine zur Ausbildung ungedämpfter Schwingungen befähigt.

XI. Rückblick.

Wenn wir am Schlusse unserer Betrachtungen noch einmal zurückblicken, so wird unsere erste Frage sein, ob es nicht möglich ist, einige allgemeine Gesichtspunkte zu finden, unter welche sich die sämtlichen untersuchten Ausgleichsvorgänge einordnen lassen, oder gar, ob es nicht gelingt, eine allgemeine Theorie zu entwickeln, die uns ähnliche Dienste zu leisten imstande wäre, wie das allgemeine Transformatorendiagramm bei der Untersuchung des Verhaltens der Wechselstrommaschinen im stationären Zustand. Und selbst wenn uns dies gelingen sollte, können wir uns einen Gewinn nur dann versprechen, wenn wir dadurch zu einem klareren Einblick in die Natur der Ausgleichserscheinungen gelangen könnten als es uns bisher möglich war.

Als das Primäre, das die Ausgleichsvorgänge ins Leben rief und ihr Auftreten überhaupt erst ermöglichte, fanden wir stets die Energie des magnetischen Feldes. Und zwar handelte es sich seitens der betr. Maschine um eine Abgabe magnetischer Energie, also Entmagnetisierung, z. B. bei Kurzschlußvorgängen, oder um eine Zufuhr magnetischer Energie aus einer fremden Stromquelle, also Magnetisierung, z. B. bei Einschaltvorgängen. Im ersteren Falle war zu Beginn des Ausgleichsvorganges ein magnetisches Feld bestimmter Stärke in unserer Maschine vorhanden, im letzteren Falle dachten wir uns das dem stationären Endzustande entsprechende magnetische Feld ebenfalls beseits bestehend und lagerten ihm im Geiste ein zweites, genau gleiches aber entgegengesetzt gerichtetes magnetisches Feld über, so daß die Anfangsbedingung des Problems, die unmagnetischen Zustand erforderte, erfüllt war. Indem nun im ersteren Falle das tatsächlich vorhandene, im letzteren Falle das gedachte magnetische Feld unter dem Einfluß der Stromwärmeverluste der Ausgleichsströme allmählich verschwand und so der Übergang vom Anfangs- zum Endzustand vermittelt war, hatten wir beide Probleme auf ein und denselben physikalischen Vorgang zurückgeführt.

Wenn wir uns zunächst mit dieser allgemeinen Skizzierung der Ausgleichsvorgänge begnügen, ist ein Unterschied im Verhalten des Transformators und der übrigen Wechselstrommaschinen, falls wir von den Kollektormaschinen absehen, nicht zu entdecken. Die Übereinstimmung gilt, wenn wir, um einen speziellen Fall heranzuziehen, den Restbetrag der magnetischen Energie beim plötzlichen Kurzschluß des Serientransformators — nur diese spezielle Schaltungsform des Transformators kann in Frage kommen — und der Synchronmaschine miteinander vergleichen, auch noch in quantitativer Beziehung. Die

Einphasenmaschine ohne Dämpferwicklung muß allerdings bereits ausscheiden.

Wir wollen einen Schritt weitergehen. Das durch die plötzliche Änderung des jeweiligen Betriebszustandes freiwerdende magnetische Feld wurde von beiden Wicklungssystemen, dem primären (Rotor) sowohl, wie dem sekundären (Stator) abgefangen, d. h. das magnetische Feld bildete seinen Magnetisierungsstrom in beiden Wicklungen aus. Nun aber beginnt ein grundlegender Unterschied im Verhalten des Transformators und der Maschinen. Beim Transformator sind beide Wicklungen ruhend angeordnet und das magnetische Feld klingt, ohne weitere Begleiterscheinungen zu zeitigen, langsam in ihrer gemeinsamen Achse ab. Selbst wenn man annimmt, daß, indem beide Wicklungen sich an der Aufrechterhaltung des gemeinsamen Feldes beteiligen, bereits eine Spaltung desselben in zwei Teile eingetreten wäre, deren einer der Primärseite und deren anderer der Sekundärseite verbleibt, kann diese Spaltung, da beide Teilfelder ihre ursprüngliche Lage beibehalten, nicht nach außen in die Erscheinung treten.

Bei den Maschinen sind beide Wicklungssysteme in relativer Bewegung zu einander begriffen und da jedes System seinen Feldanteil festhält und über den anderen, kurzgeschlossenen Teil mit hinwegnimmt, macht sich die Feldspaltung mit allen ihren Folgen bemerkbar. Nicht nur daß jedes System allein die Lebensdauer seines Feldanteiles bestimmt, sondern auch die Ausgleichserscheinungen sind, soweit die Ströme in Frage kommen, ungleich heftiger. Zwar ist die zeitliche Dämpfung der magnetischen Felder, den höheren Stromwärmeverlusten entsprechend, wesenlich größer, aber deren Hauptanteil wird doch aus dem Vorrat an lebendiger Energie der rotierenden Massen gedeckt. Außerdem finden während des Verlaufes des Ausgleichsvorganges noch lebhafte Pendelungen der Energie zwischen magnetischer und mechanischer Form statt, und darin scheint mir ein prinzipieller Unterschied im Verhalten des ruhenden Transformators und der bewegten Maschine zu liegen, der von der Aufstellung einer allgemeinen Theorie wenig Gewinn erhoffen läßt.

Quellenverzeichnis.

J. Biermanns, Der plötzliche einphasige Kurzschluß der Drehstrom-Synchronmaschine. Archiv für Elektrotechnik, III. Band, S. 354.

—— Über die Vorgänge in Ein- und Mehrphasen-Synchronmaschinen bei der Unterbrechung des Kurzschlusses. A. f. E., IV. Band, S. 193.

—— Der plötzliche Kurzschlnß der Drehstrom-Synchronmaschine. ETZ. 1916, S. 579.

—— Ausgleichsvorgänge beim Kurzschluß von Kollektormaschinen. A. f. E., VII. Band, S. 1.

L. Dreyfus, Freie magnetische Energie zwischen verketteten Mehrphasensystemen. Elektrotechnik und Maschinenbau 1911, S. 891.

—— Ausgleichsvorgänge in der symmetrischen Mehrphasenmaschine. E. u. M. 1912, S. 25.

—— Ausgleichsvorgänge beim plötzlichen Kurzschluß von Synchrongeneratoren. A. f. E., V. Band, S. 103.

K. Kuhlmann, Die Rückwirkung des Einschaltstromes von Transformatoren auf das Netz. A. f. E., I. Band, S. 525.

W. Linke, Über Einschaltvorgänge bei elektrischen Maschinen und Apparaten. A. f. E., I. Band, S. 16.

F. Niethammer, Kurzschlußreaktanz von ein- und mehrphasigen Maschinen. E. u. M., 1916, S. 401.

—— Der plötzliche Kurzschluß von mehrphasigen Synchronmaschinen. E. u. M. 1916, S. 437.

W. Rogowski, Einschaltstromstoß und Vorkontaktwiderstand beim Transformator. A. f. E., I. Band, S. 344.